智能系统与技术丛书

大模型垂直领域低算力迁移

微调、部署与优化

程 戈◎著

图书在版编目（CIP）数据

大模型垂直领域低算力迁移：微调、部署与优化 / 程戈著. -- 北京：机械工业出版社，2024. 11.
（智能系统与技术丛书）. -- ISBN 978-7-111-76767-1

Ⅰ. TP18

中国国家版本馆 CIP 数据核字第 20248T7G77 号

机械工业出版社（北京市百万庄大街 22 号　邮政编码 100037）

策划编辑：杨福川　　责任编辑：杨福川　陈　洁

责任校对：杜丹丹　张慧敏　景　飞　　责任印制：郜　敏

三河市国英印务有限公司印刷

2025 年 1 月第 1 版第 1 次印刷

186mm×240mm · 13.75 印张 · 282 千字

标准书号：ISBN 978-7-111-76767-1

定价：89.00 元

电话服务
客服电话：010-88361066
010-88379833
010-68326294

网络服务
机 工 官 网：www.cmpbook.com
机 工 官 博：weibo.com/cmp1952
金 书 网：www.golden-book.com
机工教育服务网：www.cmpedu.com

PREFACE

前　言

2022年，ChatGPT的横空出世，彻底颠覆了我对人工智能能力上限的认知。同时，作为一名创业者，我也敏锐地感觉到大模型除了带来内容生产方式的变革外，还将成为新一代人机交互的核心，并作为智能代理来构建自动化和半自动化的工作流程，甚至能与工业控制、机器人、消费电子领域相结合，引发深刻的社会变革。

当前，在大模型领域，正在重演类似iPhone与Android的局面。OpenAI已经建立了类似iPhone的生态，通过应用市场提供ChatGPT插件和定制版本的GPT模型。这些模型允许ChatGPT接入外部数据或工具，使开发者能够创建针对特定用途或业务场景的定制化模型，从而将ChatGPT扩展到各个领域，以应对不同的使用场景。同时，面对通用大模型的高昂开发成本与OpenAI的先发优势，只有少量头部企业才有资源在这个领域与其竞争。

Meta和Hugging Face等公司不断推进大模型技术的开源发展，重演了Android在移动互联网中的开源竞争策略，吸引了众多中小创新企业加入，共同构建针对特定细分领域的垂直大模型生态系统。大模型在垂直领域的应用不仅遵循特定商业场景的逻辑，还注重挖掘和增强产业价值。基于开源的通用大模型，中小规模的创新企业可以通过定制化垂直领域解决方案来构筑其技术和数据的商业优势，这是它们在当前大模型发展浪潮中建立竞争壁垒的关键途径。

然而，这种大模型在垂直领域的迁移存在很高的技术门槛。例如，如何解决大模型在领域迁移中的数据处理问题，如何在有限的算力下进行高效微调，如何部署这些模型以满足实际应用的需求，以及如何持续优化以降低部署后的推理成本等。整个工业界与学术界都缺乏这样的专业人才，也没有合适的资料介绍垂直领域迁移所涉及的完整知识体系。

我们的团队在2023年初就开始尝试在司法以及工业设计等领域迁移开源的大模型，在不断的“填坑”过程中，逐渐积累了大模型垂直领域迁移的完整技术栈。2023年6月，写完了《ChatGPT原理与架构：大模型的预训练、迁移和中间件编程》[⊖]一书后，我就一直想把这部分知识和经验整理并分享出来，于是便有了这本书。

本书主要内容

本书旨在为读者提供关于大模型在垂直领域迁移的全面指南，深入探讨了大模型的领域迁移、微调、优化以及部署技术。全书共12章，各章内容简介如下。

第1章从大模型在垂直领域的生态系统出发，详细介绍行业变革的情况，并探讨领域迁移的动机和机遇。

第2章介绍垂直领域迁移所需的技术栈，包括迁移的方式、微调算法的选择、推理优化策略。

第3章讨论开源社区与基座模型的关系，并探讨选择基座模型的标准以及LLaMA系列成为首选基座模型的原因。

第4章介绍如何有效运用自举技术，减少对大量人工标注数据的依赖。

第5章介绍数据处理，先讨论与数据质量有关的技术，然后讨论高效的数据集访问技术，涉及数据集来源管理、列式内存格式的应用、向量化计算的优势以及零复制数据交换技术。

第6章从计算图的角度详细描述大模型表征为张量与算子的架构设计，以及在训练阶段和模型部署到生产环境阶段序列化的不同需求与应用。

第7章深入探讨如何基于LoRA技术进行大模型的继续预训练、人类反馈强化学习（RLHF）以及直接偏好优化（DPO）等多种微调技术。

第8章围绕分布式计算中的大模型训练，详细介绍Transformer架构中的自注意力机制和前馈神经网络如何进行张量拆分，以及优化与内存管理技术。

第9章深入探讨实现推理优化的关键技术，包括计算加速、内存优化、吞吐量优化

[⊖] 该书已由机械工业出版社出版，书号为978-7-111-73956-2。——编辑注

和量化等，为降低垂直领域应用大模型推理的成本提供了主要的优化方向。

第 10 章详细讨论编译优化在大模型训练与部署阶段所扮演的角色，包括优化目标和策略。

第 11 章着重讨论大模型部署中的非性能需求，例如内容安全、水印、监控和评估。

第 12 章讨论垂直领域大模型在服务器端的架构与优化方法，包括实际部署时需要考虑的多种因素，并以 TGI 案例研究展示了一个完整的服务器端推理解决方案。

本书读者对象

- AI 领域的工程师：将从书中关于算法选择、模型训练、微调和推理优化的深入讨论中获益，从而提升他们在实际项目中应用大模型的技术水平。
- AI 研究人员：对于那些专注于探索人工智能前沿技术的研究者来说，本书中关于自举技术、分布式计算优化和新兴训练方法的内容将为他们提供宝贵的学术和应用见解。
- 技术架构师和系统设计师：在设计大规模 AI 系统和解决方案时，可以参考本书提供的关于大模型架构设计、序列化、内存管理以及服务器端优化的详细信息。
- 计算机科学领域的本科生：通过学习大模型在垂直领域迁移的基础理论和实际应用，他们可以在未来的学习和职业生涯中具备使用和评估 AI 技术的能力。本书将为他们提供必要的技术背景和案例研究，从而帮助他们更好地理解复杂的概念。
- 计算机科学领域的研究生：他们通常涉及更深入的研究项目，可以从本书的高级主题（如算法深度微调、优化策略和系统部署）中获得灵感。本书将为他们提供丰富的资源，帮助他们在学术研究或行业应用中开展创新工作。
- 商业战略规划者和技术决策制定者：对于涉及 AI 技术采购、部署和策略制定的专业人士来说，学习本书中关于大模型部署的非性能需求、成本优化策略和商业使用限制的章节，对制定长远且符合成本效益的 AI 战略至关重要。

联系作者

鉴于我的水平有限，书中难免存在不妥之处，如在阅读过程中有任何疑问或建议，可以通过邮箱 chenggextu@hotmail.com 联系我。非常期待得到广大读者的反馈，因为这将对我未来的写作提供巨大帮助。希望读者在阅读本书的过程中能获得深刻的启示，加深对大模型和人工智能的理解。

致谢

感谢我的家人。在本书的撰写过程中，我陪伴他们的时间大大减少，但他们始终给予我支持与理解，让我能够全心投入到写作中。

还要感谢我的研究生李伟华、李泳和谢芃，他们为本书绘制了大量的插图，对他们的付出表示衷心的感谢！

程戈

CONTENTS

目　　录

CHAPTER 1

第1章

垂直领域大模型的行业变革与机遇

技术革新是人类社会发展和文明进步的重要动力。随着ChatGPT等生成式人工智能（Artificial Intelligence，AI）的飞速发展，人类的生产与生活方式将会发生系统性变革。目前，ChatGPT等大语言模型（Large Language Model，LLM）引发的公众使用热潮主要体现在其通用人工智能能力上。随着大模型技术的加速成熟，医疗、教育、零售、金融、咨询、媒体和游戏等行业都将被重塑，细分领域的大模型必然与领域业务及数据紧密结合，形成垂直领域大模型的生态。

1.1 大模型下的行业变革

生成式人工智能技术的发展不仅标志着技术创新的新篇章，也预示着社会结构和人类活动方式的深刻变革。这种变革不仅带来了效率的提升和成本的降低，还带来了新的商业模式和服务方式，从而为消费者和社会带来前所未有的价值。

1.1.1 大模型的iPhone时刻

在个人计算机与互联网时代，内容、应用软件、操作系统和硬件是IT产业争夺的核心信息入口，它们对用户的控制力呈现出逐级增强的趋势。操作系统扮演着至关重要的角色，作为整个信息产业生态的基础，面向用户，上承应用，下接硬件。每一次迭代和更新都意味着“信息入口”的重新定义和争夺，同时也标志着一个新时代的开启。

以Windows和iOS系统为代表，图形用户界面代替了传统的命令行界面，显著降低了个人计算机的使用门槛。这一变革促进了个人计算机的广泛发展，引领了个人计算技术的繁荣。智能手机，尤其是iPhone的出现及其应用商店生态系统的建立，拉开了移动互联网时代的序幕。iPhone超越了传统手机的单一通信功能，成为集工作、休闲、娱乐和通信等多重功能于一体的综合性智能设备。它改变了手机作为通信运营商移动终端的既定生态，将流量导入入口转移至自身。与iPhone的封闭生态不同，Android的开源特性吸引了手机制造商、软件开发商和通信公司进入其生态系统。Android允许这些联盟成员免费使用和定制Android系统，从而成为移动互联网时代基础架构的关键组成部分。这种基础架构的变革不仅重新定义了信息获取的途径，而且具有深远的时代意义，标志着信息技术领域中权力结构和用户互动方式的根本变化。

从目前OpenAI、Google等头部企业的大模型产品演化路径来看，大模型将在多模态推理方面实现进一步的飞跃。ChatGPT与Gemini等大模型有望率先在理解和处理文字、语音与图像信息方面超越人类的平均水平，它们将具备更优秀的复杂场景理解与推理能力、更快的学习速度和更高的准确性。因此，大模型产业化的迭代方向将是作为基础架构从Web端向终端应用扩散或者与操作系统相融合（见图1.1），成为新的信息入口，这将标志着人工智能作为应用基础架构的"iPhone时刻"。

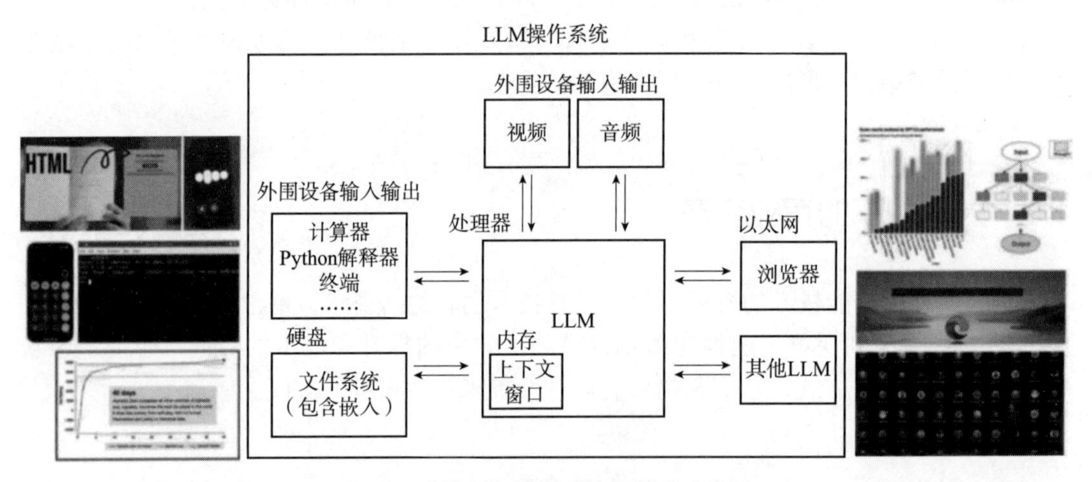

图1.1　大模型与操作系统的融合示意图

OpenAI已经建立了类似iPhone的生态，通过应用市场提供了ChatGPT插件和定制版本的GPT模型。这些模型允许ChatGPT接入外部数据或工具，使开发者能够创建针对特定用途或业务场景的定制化模型，从而将ChatGPT扩展到各个领域以应对不同的使用场景。而Meta和Hugging Face等公司则不断推进大模型技术的开源发展，重演了Android在移动互联网的开源竞争策略，吸引了众多中小创新企业加入，共同构建针对特定细分领域的垂直大模型生态系统。

1.1.2 大模型的全行业重塑

OpenAI 与 Meta 等企业的竞争加速了大模型技术在各行各业的渗透和应用。各海外头部公司已经基于大模型技术发布了 Microsoft 365 Copilot、New Bing、Dynamic 365 Copilot、BloombergGPT、Teladoc Health、Expedia 等应用软件。大模型开始进入产业验证期，实现了办公、教育、搜索引擎、金融、医疗、酒店差旅等各类场景的应用，必然带来全行业的深刻变革。其颠覆性的变革主要体现在以下几个方面。

1. 内容生产方式的变革

如图 1.2 所示，大模型和其他生成式 AI 将首先革新内容生产的方式，自动化许多复杂的创作过程。在体育新闻、格式合同等标准化内容的生产上，大模型基本上可以

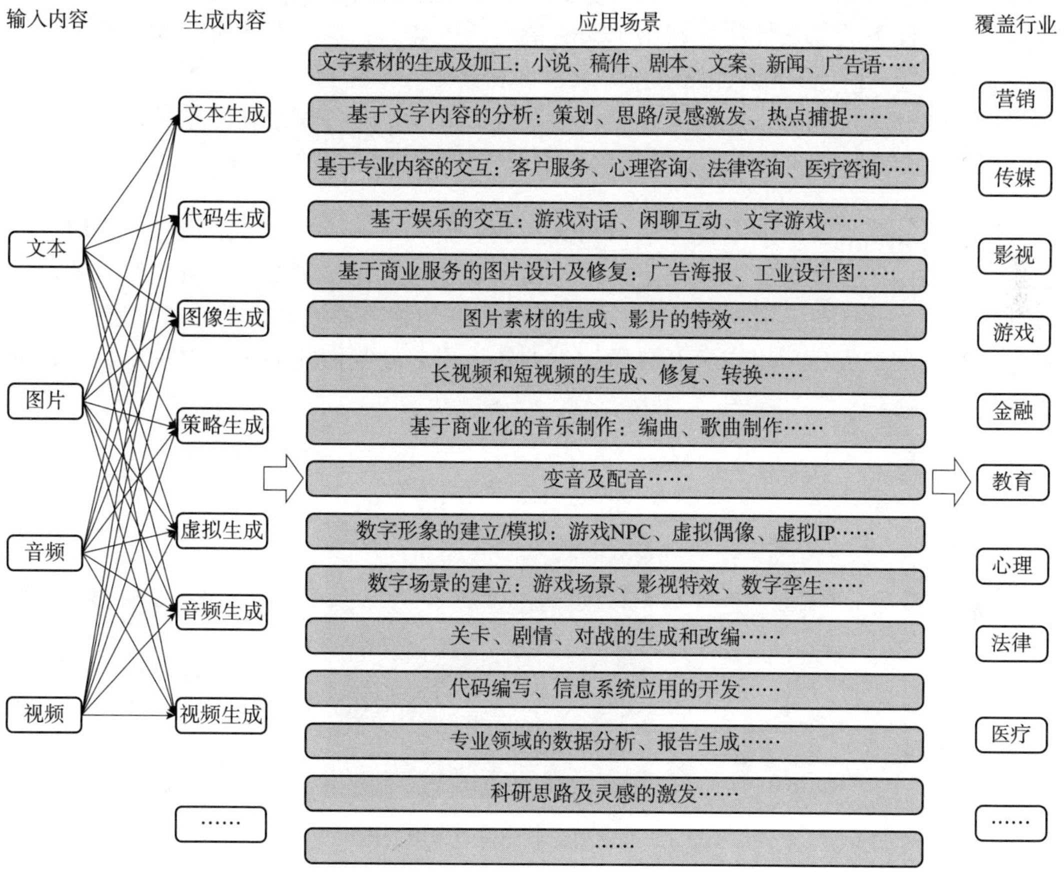

图 1.2　内容生产方式的变革

完全替代人工操作。而在美术、音乐等创意密集型领域，大模型可以降低专业门槛，使非专业人士也能够通过自然语言等交互方式创作高质量的作品。大模型等生成式AI的应用，不仅能极大提高内容生产的效率，快速生成或修改艺术作品，还能大幅缩短创作周期。

尽管这些工具能够高效地生成大量内容，但人类的鉴赏能力仍然非常关键。这包括对艺术的审美判断、对信息的批判性思考、对内容的情感和文化敏感性等。在内容过剩的时代，筛选、解读和赋予内容深层意义的能力将变得更加重要。人类的鉴赏能力将成为评估和利用生成内容的关键。在大模型时代，人文素养和批判性思维将变得更为重要和稀缺。

2. 科学研究方式的变革

科学的发现和创新通常建立在观察、建模、理论提出和实验验证的基础上。然而，现代科学的挑战之一在于如何从大量实验数据中提取有用信息，并将这些信息转化为知识。这一任务的复杂性往往超出了人类能力的范畴。在这一背景下，大模型的出现有望引领一场AI与科学结合的革命。大模型和其他人工智能技术正在增强人类对世界知识的获取和推理能力，极大地改变科学发现的方式。这些模型让复杂的推理过程不再受限于人类的经验和认知，而是能够探索超出传统思维范畴的领域。

目前，大模型已在多个科学领域得到应用，解决了一系列重大问题。如图1.3所示，它们被用于预测天气、预测蛋白质结构、设计和优化核聚变反应堆、自动化药物发现流程等，并且在识别复杂系统中的对称性和守恒律方面表现出类似科学家的能力。通过这些进展，大模型正在打开科学探索的新大门，使我们能够解决之前认为难以克服的科学难题。

分子和蛋白质结构、药物发现、基因组研究

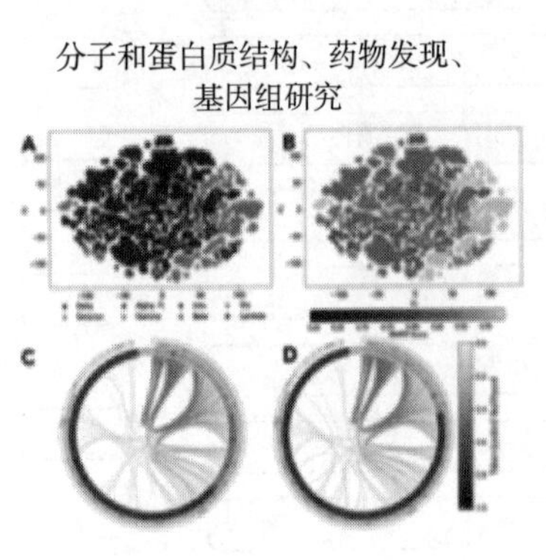

气候模型和天气预测

量子化学

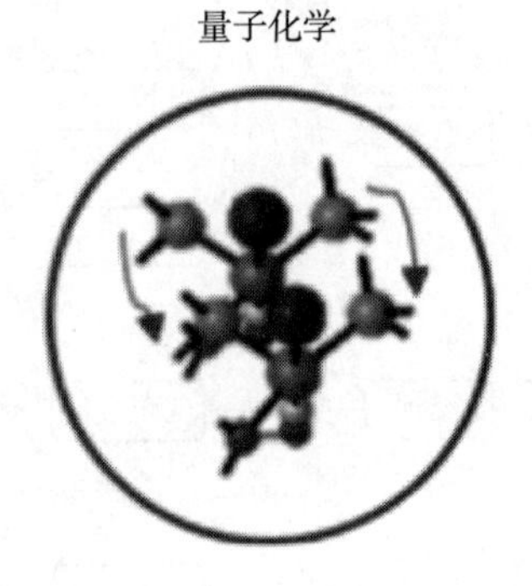

图1.3　大模型在部分科学领域的应用

3. 信息获取方式的变革

大模型正在改变人们获取和处理信息的方式。传统的信息检索需要用户通过搜索引擎输入关键词，然后在结果中筛选相关信息。而大模型可以直接理解复杂的查询，提供更准确、个性化的答案。这种变革使得信息获取过程更加直接和定制化，因为模型能够根据用户的具体问题，直接提供综合性答案而不需要用户从搜索结果中进行手动筛选。同时，大模型能从其庞大的训练数据中提取和整合信息，提供综合性答案。这意味着用户可以从单一的来源获取跨领域的综合信息，而不是从多个不同的来源手动整合。

大模型还带来了知识的民主化，可以毫不夸张地说，其历史地位可能比肩纸张、印刷机与互联网的发明。它通过易于理解的方式提供信息，包括解释复杂概念和回答具体问题，使得没有专业背景的普通用户也能够理解复杂的知识。这种普遍的信息可访问性为更广泛的人群提供了获取知识的机会，从而促进知识的民主化。

4. 人机交互方式的变革

大模型的发展将为人机交互方式带来革命性的变化。传统的人机交互主要依赖命令行接口和图形用户界面，要求用户通过键入特定命令或使用鼠标进行点击、拖曳等操作来与计算机系统交互。而大模型，特别是多模态大模型，能够采用更加贴近人类的交互方式，例如通过自然语言的口语形式或通过表情和肢体动作识别用户意图。同时，多模态大模型可以作为智能代理理解复杂的任务请求，自动分解并执行相关的工作流程，从而实现更高效的任务处理。

这种转变意味着未来的人机交互将更加自然、直观和高效。用户不再需要学习特定的命令或适应图形用户界面的限制，而是可以使用最自然的方式（如说话、表情和动作）来与信息系统进行交流。这不仅提高了交互的便捷性，也极大地拓宽了人机交互的应用场景，特别是在教育、智能家居、个人助理等领域。此外，智能代理的自动化处理能力将大大提高工作效率，减少重复性劳动，使人们能更多地专注于创造性和策略性的任务。

5. 智能硬件与智能化工作流的变革

现有的智能体，包括与硬件结合的机器人等具身智能，缺乏对其所解决的任务和环境的认知能力。智能体学到的策略即便在非常相似的任务中，也很难实现泛化。

大模型在处理和理解自然语言方面展现出强大的能力，可以认为其具备一定的世界知识，从而帮助智能体更好地理解复杂和模糊的任务与环境，在不同但相似的任务中做出更准确的决策。大模型还能够整合来自不同领域和场景的知识，这有助于智能体在面对新任务时应用已学到的策略。例如，一个经过训练而在特定环境中执行任务的机器人，在大模型的辅助下，能够更好地将其学到的策略应用到类似但不完全相同的新环境中。因此，大模型可以作为一个强大的决策支持工具，帮助智能体在难以泛化的情况下进行更好的判断。大模型能够提供与任务相关的附加信息或建议，从而提高智能体在新环境中的表现。

同时，多模态大模型能够处理和分析不同类型的数据（如视觉、语音、文本等），这有助于机器人更全面地理解其所处的环境。例如，机器人可以通过视觉信息识别物体，通过语音和文本理解人类指令，从而更有效地与物理世界互动。通过提供更丰富的环境信息和更精确的预测，多模态可以帮助机器人更好地适应复杂的物理交互。这对于需要精确操作和快速反应的自动化生产场景尤为重要。大模型推理成本的降低，使得在资源受限的环境（如边缘计算设备）中部署大模型变得可行。这意味着机器人可以在本地进行更复杂的数据处理和决策，减少对云计算资源的依赖，从而降低模型推理的延迟，解决计算复杂性问题，这将极大地推动机器人等具身智能的应用。例如，图 1.4 所示的特斯拉人形机器人设计使其更容易适应人类的工作环境，执行更多种类的任务，对自动化生产和家居等领域的应用具有深远的影响。

图 1.4　特斯拉人形机器人

1.1.3 劳动力市场的变革

大模型将重塑劳动力市场结构，这种影响会以多种形式体现。首先，职业结构将发生转变，高度依赖重复性、标准化流程的职业将面临自动化的压力，例如行政助理、会计师和审计师等。同时，创造性和战略决策职业的工作方式也会发生相应的改变，例如，数据分析师可利用大模型增强其数据解析和决策制定能力，但这并不意味着大模型能完全取代这些专业人员的角色。

随着大模型的发展，新的就业机会也将出现，尤其是在大模型的维护、开发和监管等领域。跨学科技能的需求预计将增加，特别是那些结合大模型与特定领域专业知识（如法律、医疗等）的职业。对于多数职业而言，由于大模型能够承担许多耗时任务（例如数据分析和文档审查），工作效率的提升可能会导致工作时间的减少。劳动力成本及其结构的变化，意味着随着边际成本的降低，企业可能更倾向于采用 AI 技术来降低长期成本，使劳动市场更倾向于那些掌握并能够有效利用 AI 技术的个体。

根据 OpenAI 发布的一份学术报告，预计在美国，涵盖所有薪资水平的约 80% 的劳动力将受到大模型技术的影响。特别是在法务、行政助理、会计、审计、Web 和数字界面设计、临床数据分析、气候政策分析、写作和新闻等领域，超过 95% 的职业可能会受到显著影响。而那些如护士、司机、厨师、清洁工等难以被 GPT 技术取代的职业，其受影响程度将低于 15%。正如工业时代的机器劳动取代了农业时代的体力劳动一样，信息时代可能会见证一种新型的劳动生产关系的形成，其中以人工智能为主、人类智力为辅的模式将成为常态。在这种新的劳动力市场结构下，产品或服务的边际成本可能趋近于零，而固定成本将不断上升。因此，未来市场的竞争优势将不再依赖于信息差异，而在于如何整合、规划和应用不同的模型来实现价值创造和管理高昂的固定成本。

1.2 垂直领域大模型迁移的动机

巨大的技术变革意味着巨大的商业机会，特别是在垂直领域。基于开源的通用大模型，中小规模的创新企业可以通过定制化垂直领域解决方案来构筑其技术和数据的商业优势，这是它们在当前大模型发展浪潮中建立竞争壁垒的关键途径。

1.2.1 商业价值

作为新技术革命的基础，通用大模型已经成为全球科技企业研发的焦点。这些模型利用庞大的数据和计算资源，能够学习深层的语言模式和知识结构，展现了处理跨领域任务的能力。然而，开发和维护这些模型所需的计算与数据资源庞大，通常只有资源丰富的大型企业如OpenAI、Meta、微软、百度、阿里巴巴、腾讯、字节跳动和华为等能够承担。这些公司已经在搜索引擎、社交媒体、电子商务和办公软件等领域部署了各自的通用大模型，利用在这些领域内积累的海量流量和数据进行快速的模型迭代和优化。

在目前的大模型生态系统中，面对通用大模型的竞争，初创公司和专注于细分市场的企业往往难以获得显著的竞争优势，主要是因为这些企业缺乏开发和迭代这类模型所需的资源。以Meta为代表的企业重现了以Android开源生态对抗iPhone的商业逻辑，推出了LLaMA等开源大模型，中小规模的创新企业可以将其作为基座模型，进行垂直领域迁移，这显著降低了垂直领域模型的开发成本，使得这些模型能利用特定领域的数据和专业知识，提供更精确和高效的解决方案，以更好地满足特定领域或场景中用户的需求。同时，阿里巴巴、百度和华为等国内企业也将垂直领域大模型视为其云服务的增值服务，不断推动开源大模型社区的发展，几乎涵盖了所有的服务业领域。

例如，达观数据宣布正在开发名为“曹植系统”的大模型，专为金融、政务和制造等特定垂直市场服务。学而思透露，它正在研发名为MathGPT的数学大模型，面向全球的数学爱好者和科学研究机构。深信服发布的国内首个自研安全领域大模型，标志着安全领域内大模型技术应用的开始。

在金融领域，盘古大模型为柜台工作人员提供基于客户问题的流程和操作指导，显著提高了工作效率，减少了平均操作次数并缩短了办结时间。大模型在商业领域也取得了显著进展，天眼查与华为云共同开发的商查大模型“天眼妹”，利用先进的自然语言处理（Natural Language Processing，NLP）能力和中控技术，准确识别用户意图并提供可靠的商业信息服务。

在医疗领域，商汤科技开发了中文医疗语言模型“大医”。该模型集成了医学知识和临床数据，能够在多种场景中进行多轮会话，提供导诊、问诊、健康咨询和辅助决策等服务。此外，“大医”还计划支持医学图像、文本和结构化数据的多模态综合分析。

此外，金山软件的WPS办公大模型和昆仑万维的AI音乐大模型分别为办公协同和音乐创作领域带来了革命性的进展。前者拥有广泛的应用功能，如文案生成、自动概括要点等；后者则赋予音乐创作者创作更多元化和个性化作品的能力。

垂直领域的大模型已经成为技术创新和应用发展的关键驱动力。这些模型专注于具体的行业或场景，利用定制化的数据和专业知识提供更精准、高效的解决方案，满足特定用户需求。垂直领域大模型的发展不仅为中小企业和专注于细分市场的企业提供了在人工智能浪潮中竞争和发展的新机遇，还推动了整个行业向更加专业化和个性化的服务方向迈进。

1.2.2　行业技术护城河

大模型在垂直领域的发展不仅要遵循特定应用和场景的逻辑，更需要重视产业价值的挖掘和增强。降低对某些主导通用大模型的技术公司的依赖是构建垂直领域的重要动机。其背后的想法是，所有公司、个人或开发者都应该能够访问和使用这些模型，而不是仅仅依赖少数几个科技巨头。发展垂直领域模型的企业可以在其领域内建立技术壁垒和竞争优势，即采取“人无我有”的策略。

当前，我国正经历一场大模型智能化的浪潮，这不仅推动了产业的数字化转型，还创造了巨大的市场需求。与国际市场相比，我国的大模型技术领域尚未出现 OpenAI 这样的技术垄断巨头，这种市场环境为国内的创业者提供了难得的机遇。他们可以利用这一机会，通过开发针对特定行业或应用场景的垂直大模型，填补市场空白或提供创新解决方案，从而在各自的领域内建立技术优势和市场竞争力。专注于垂直领域的大模型开发不仅可以更有效地解决行业痛点，还能够深化对特定领域的理解和影响力，进而推动相关行业的数字化升级和智能化转型。

此外，国内创业者在大模型领域的创新和实践，有望促进数据处理、模型训练和应用部署等关键技术的本土化进步，减少对国际技术平台的依赖。建立自主可控的 AI 技术和生态系统，不仅能够增强国内产业的竞争力，还能为全球 AI 技术的发展做出贡献。

1.2.3　领域数据优势

大模型的开发和优化基础在于高质量数据的获取和处理。例如，OpenAI 公开表示，为了赋予 GPT-3.5 类似人类的流畅交流能力，其使用了高达 45TB 的文本语料，突显了大规模、多样化数据在 AI 训练中的重要性。然而，在特定行业中，获取高质量、专业的数据更具挑战性。行业核心数据，如医疗、建筑、金融等领域的私有数据，是垂直领域大模型成功的关键，但这些数据往往由企业严格控制。考虑到数据的商业价值、安全和合规性，这些数据难以与外界共享。

长期深耕于垂直领域的企业则在这方面有很大的优势。这些企业拥有丰富的领域数据资源，对模型优化有着显著的优势。此外，它们对于 To B 客户的需求和实际应用场景有着深刻的理解，能够确保产品的可信性和可靠性，满足企业级用户对安全性、可控性和合规性的高要求。未来，随着越来越多的企业加入这一领域，预计将在各个行业和细分市场中涌现出大量的垂直大模型。那些深入探索垂直领域、利用高质量数据持续优化模型、实现商业闭环并构建产业生态的企业，将能够在价值链中占据更长远和稳固的地位。

1.3 垂直领域大模型迁移的机遇

众所周知，大模型的三大要素是算力、算法和数据。每个要素对于大模型在垂直领域的迁移都至关重要。大模型之所以被称为“大”，部分原因在于其庞大的参数量和所需处理的数据量，计算需求大体上是参数量和数据量的乘积。例如，与 GPT-3 相比，GPT-4 的参数量增加至 16 倍，达到了 1.6 万亿。当引入图像、音频、视频等多模态数据时，所需处理的数据量会急剧增加，这就要求拥有非常强大的算力。某些垂直领域模型的训练对算力的需求相对较低，如数字人技术，它所需的训练成本可能比相同参数规模的通用模型低一个数量级，但对算力的需求仍然是许多领域企业难以承担的。

大模型的开源生态为垂直领域迁移带来了机遇。细分领域的企业可以在开源模型基础上，通过低算力的微调，再结合特定领域的高质量数据进行精细调整，以适应特定领域或场景的需求。这些针对特定任务的模型借助如 LoRA（Low Rank Adaptation，低秩自适应）等低算力微调技术，能够在参数规模上与通用模型保持同等级别，同时在成本和效能上展现出更大的优势。

在算力、算法和数据三大要素中，算法的进步相对容易实现。部分原因是开源社区中存在众多可供参考的项目，从原理到代码实现的路径皆有可参考的例子，这为我国企业提供了快速缩小甚至消除与国际差距的可能。

同时，如前所述，高质量的数据对于训练大模型至关重要。在特定领域，尤其是垂直领域，拥有高质量和高精度的领域数据是成功构建垂直大模型的关键。在数据驱动和模型训练策略得到精细优化的情况下，垂直大模型在相关领域的表现可能会超过通用大模型，且成本更为可控。在这样的背景下，越来越多的企业加入了垂直大模型的赛道，医疗、金融和教育领域的应用就是一些典型的例子。

CHAPTER 2

第2章

垂直领域迁移技术栈

大模型的训练需要大量的资金投入，只有少数大型企业才有可能推出与 ChatGPT 竞争的大模型。中小规模的企业只能选择低成本的垂直领域迁移技术路线，通过结合领域数据在开源基座模型上进行微调，并结合提示工程，这可能是平衡垂直领域迁移效果与成本的最佳技术选型。基于开源大模型的低算力微调与部署技术无疑是垂直领域低算力迁移的关键部分。

2.1 垂直领域迁移的方式

如图 2.1 所示，有多种方式可以实现大模型在垂直领域的迁移与应用，每种方式所需资源差异巨大。提示工程通过设计专门的提示词来指导模型回应，不直接涉及模型参数的调整，因此是一种资源消耗较少的方法。检索增强生成在生成过程中结合了外

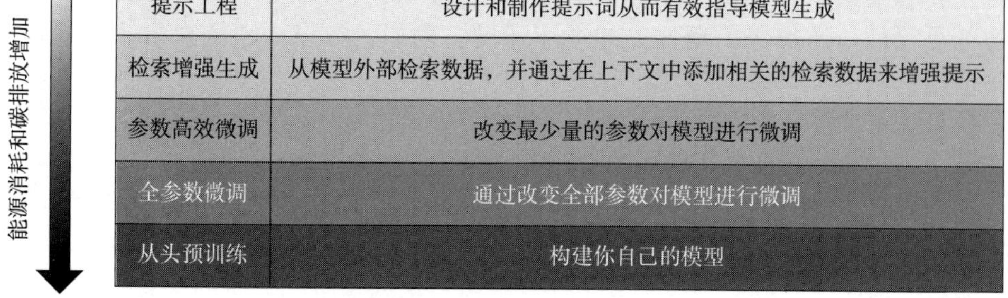

能源消耗和碳排放增加

提示工程	设计和制作提示词从而有效指导模型生成
检索增强生成	从模型外部检索数据，并通过在上下文中添加相关的检索数据来增强提示
参数高效微调	改变最少量的参数对模型进行微调
全参数微调	通过改变全部参数对模型进行微调
从头预训练	构建你自己的模型

图 2.1　垂直领域迁移的方式

部信息，提高了回答的质量和相关性，同样也是一种效率较高的方法。参数高效微调通过对模型参数的局部优化来实现性能提升，是一种既考虑性能又考虑资源消耗的折中方案。与此相对的是全参数微调，它通过更新模型的所有参数来适应特定任务，尽管能够达到最优性能，但需要更多的成本投入。最后，从头预训练需要构建一个全新的模型，这是所有方法中成本最高的一种方案。因此，在选择模型迁移的方法时，应权衡性能与成本，根据项目需求和资源限制做出合理决策。

2.1.1 提示工程

在大模型的垂直领域应用中，提示工程（Prompt Engineering）是一种重要的适应性方法。该方法基于一种前提：适当构造的提示（上下文）能够有效引导模型生成期望的输出，而无须对模型参数进行调整。这种方法在资源受限的环境下尤为重要，因为它避免了昂贵的模型重新训练的过程。提示工程可以被理解为一种“软微调”技术。在实践中，这要求开发者对大模型的响应方式有深入的理解，以便准确地构造提示。例如，当设计提示以引导模型在法律垂直领域中提供专业建议时，提示的上下文应紧密贴合法律术语和逻辑。

提示工程的有效性在很大程度上取决于提示的质量。过于冗长或复杂的提示可能导致模型处理更多的令牌（Token），增加计算成本和时间。因此，提示应尽可能简洁明了，同时提升模型的表现。在此背景下，零样本（Zero-shot）或单样本（One-shot）学习成为一种重要策略，它允许模型在没有或几乎没有特定领域示例的情况下进行有效的垂直领域适应。

除了传统的提示设计，研究人员还在探索如何使用其他技术来提高提示的效果。例如，自洽提示（Self-consistency Prompt）是通过多轮对话来提高模型输出一致性的方法，而生成性知识提示（Generative Knowledge Prompt）则是用于提升模型在特定知识领域内生成能力的技术。在这一过程中，使用标准化的提示模板（如 LangChain）可以帮助研究者和实践者更有效地跟踪实验进展并复制成功的案例。这种方法不仅提高了实验的可重复性，还加快了新任务的适应速度。例如，在设计一个提示来引导模型进行代码错误诊断时，可以从简单的错误描述开始，并逐步增加复杂性，如包括特定编程语言的语法和逻辑结构，以评估不同级别的提示对模型性能的影响。

在构建 LLM 的提示中，思维链（Thought Chain）、思维树（Thought Tree）与思维图（Mind Map）是结构化思考和问题解决的工具。它们可以有效地与自洽提示和生成性知识提示结合使用，适用于解决复杂任务或需要深入理解和分析的场景。

如图 2.2 所示，思维链是一种线性的思考模式，它按顺序将思考过程中的点连接起来。在提示工程中，它可以帮助我们构建一系列逻辑上连贯的提示，引导模型沿着特定的推理路径进行思考。这种方法可以用来开发自洽提示，通过确保链中的每一步逻辑上都跟随前一步，从而引导模型产生连贯且有逻辑性的输出。例如，在生成一个复杂的故事或论证时，我们可以使用思维链来确保模型的输出具有连贯性和逻辑性。

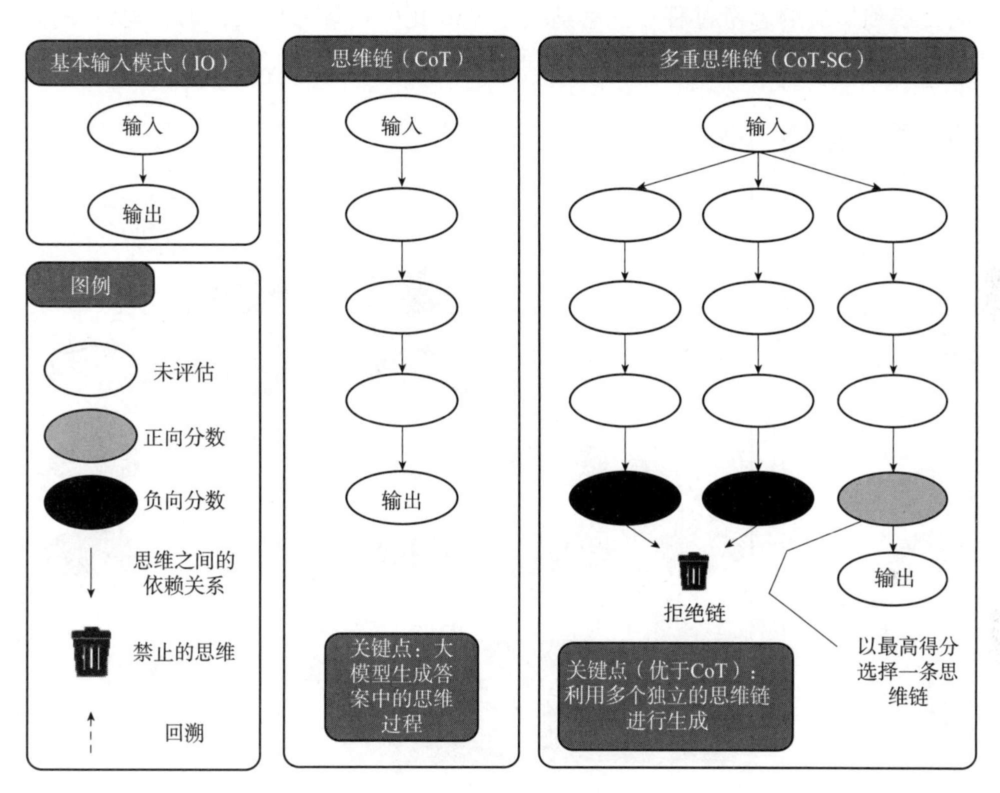

图 2.2 思维链示意图

如图 2.3 所示，思维树是一种层次化的思考模式，它从一个中心点分支出不同的思考路径。在 LLM 的应用中，思维树可以帮助设计复杂的提示框架，其中每个分支代表不同的方向或选择。这种方法特别适用于需要模型评估多种选项或生成多个解决方案的任务。在创建生成性知识提示时，这些提示特别有用，因为它们允许提示设计者探索与中心主题相关的不同知识方面或类别，然后生成鼓励模型在这些类别内产出输出的提示。与思维链相比，思维树可以从多角度探索，从而增强创造力。但是由于思维树可能涉及多个分支和层次，设计和管理这样的提示框架相对更复杂，过多的分支还可能导致决策困难，使得模型难以在多个可能的输出中做出最佳选择。

如图 2.4 所示，思维图是一种更加自由的思考工具，它允许思考元素在二维空间中相互关联。在LLM的提示工程中，思维图可以帮助设计者理解和探索不同概念间的关系，从而创建出能够激发模型多角度思考和创造性回答的提示。此外，思维图还可以在设计自洽提示和生成性知识提示时，通过直观地组织各个概念区域，确保模型的回应涵盖广泛的相关话题，并在该框架内保持一致性。相较于更为线性或层次化的思考工具，思维图具有更高的灵活性，允许随时添加或重新组织概念。这种灵活性特别适合不断发展和扩展的思考过程，能够适应不断变化的设计需求。同时，思维图可能过于复杂，从而会影响提示的设计和优化过程，使大模型难以给出清晰、有用的输出。

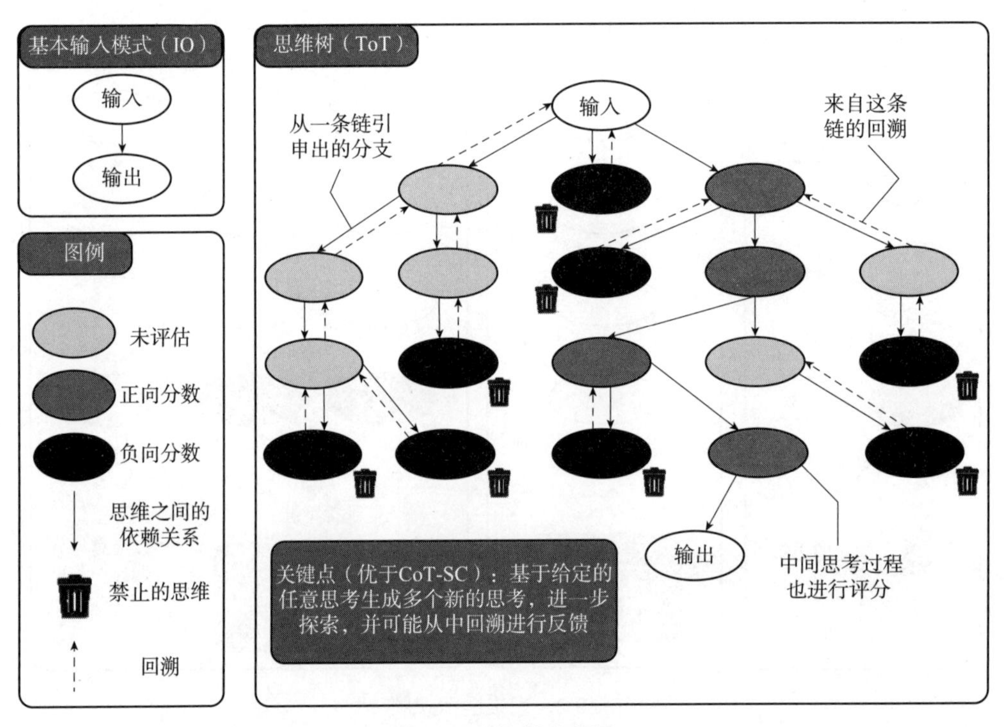

图 2.3　思维树示意图

这些工具可以帮助设计者系统地理解问题和知识结构，并据此构建出引导模型输出的高质量提示。然而，它们的有效性依赖于设计者对模型的理解，以及将复杂的思维结构转化为简洁、有效提示语言的能力。自洽提示的设计旨在通过要求模型考虑和协调响应的不同部分或对问题的不同回应，确保最终结果的连贯性，使模型的输出更可靠。思维链和思维树提供的结构对于构建这类提示至关重要，因为它们确保模型输出的每个部分都是逻辑连接的。另外，生成性知识提示用于从模型中引出创造性或基于知识的输出。它们可能会要求模型基于某一知识领域生成想法、解释或内容。思维图在构建这类提示时特别有帮助，因为它们鼓励对一个主题进行整体观察，并可以提供更具创造性和全面性的提示。

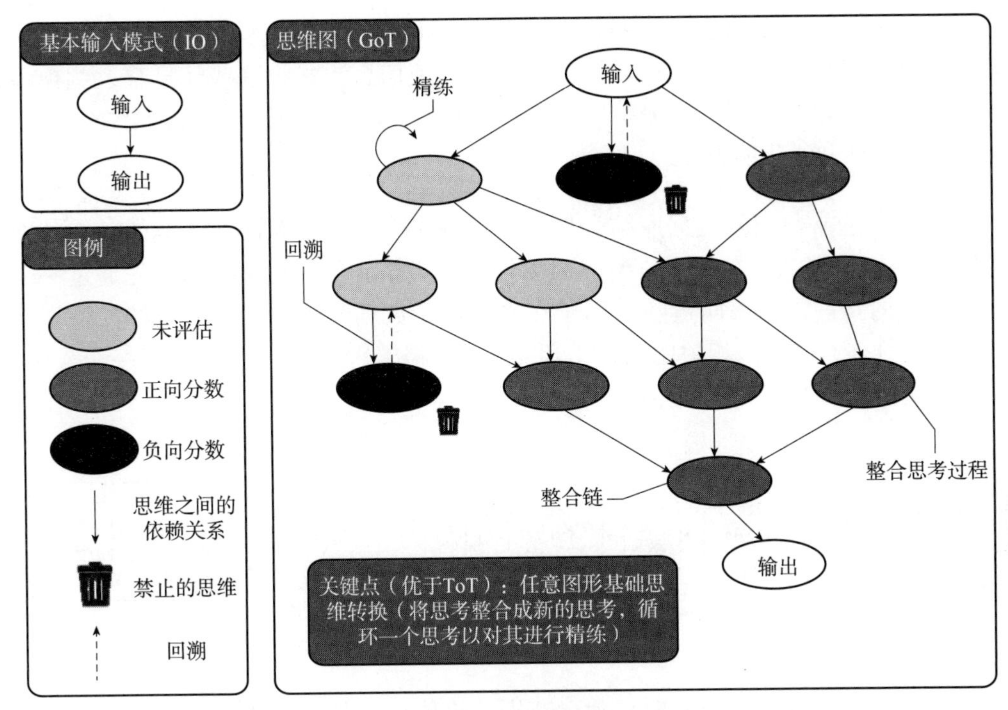

图 2.4　思维图示意图

在实际应用中，设计者可能会使用这些工具来映射出一个问题的不同方面，然后基于这些映射创建出精确的提示，从而指导 LLM 沿着特定的思考路径生成答案。这些答案可能涉及概念的关联、推理过程、解决问题的步骤或创造性的想法生成。例如，设计一个关于市场分析的提示时，可以使用思维图来标示出不同的市场因素（如供需、趋势、竞争对手等），然后构建提示来让模型分析特定因素如何影响市场动态。这样的方法不仅有助于生成有深度和广度的分析，而且可以提升模型在特定应用领域中的表现。提示工程为 LLM 的有效应用提供了一种节约资源的途径，特别适合资源受限或需快速部署的场景。然而，它的成功依赖于精确的提示设计和对模型行为的深入理解。随着技术的不断进步，预计会有更多创新的提示方法出现，进一步推动 LLM 在各垂直领域的发展。

2.1.2　检索增强生成

检索增强生成（Retrieval-Augmented Generation，RAG）是低成本提升垂直领域大模型性能的关键方法之一。RAG 技术通过在生成过程中引入预定义数据集的相关信息，显著提高模型的输出质量。其运作机理在于结合了检索（Retrieval）与生成（Generation）两种机制。当大模型回答问题或执行任务时，它不仅依赖于自身已经学习到的知识，还会实时从外部的结构化数据集中检索相关信息，并将这些信息整合到模型的回答中。因此，这种技术极大地扩展了模型利用外部知识的能力，从而增强了模型对新领域的适应性和泛化能力。

RAG 技术通常与向量数据库结合使用，以提高信息检索和内容生成的效率与准确性。图 2.5 展示了 RAG 在一个典型应用场景中的工作流程。初始查询首先通过一个编码器转换成向量嵌入，该向量随后用于在文档向量数据库中检索相关文档。检索系统根据相关性排名，选取最相关的文档（即 Top-*k* 文档），并将这些文档送入一个大模型。基于这些文档，LLM 生成响应。

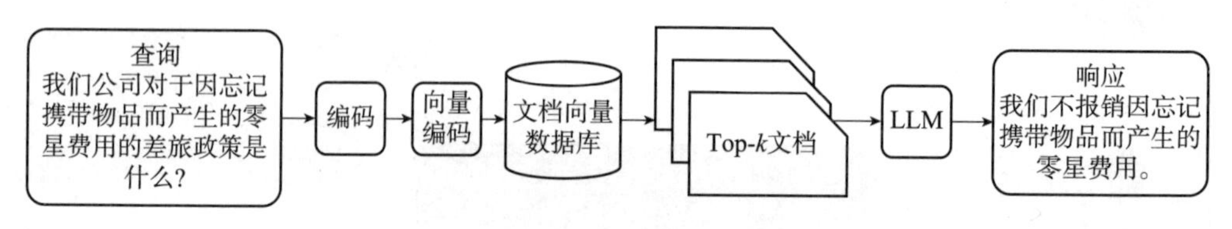

图 2.5　RAG 应用场景示例

RAG 技术在多跳推理任务中显示出特别的价值。多跳推理涉及从多个文档中提取并综合信息以解决问题。例如，解答涉及复杂公司政策的查询时，单一文档往往不足以提供完整的信息。RAG 系统通过检索并综合多个相关文档的信息，能够生成更为准确的响应。向量数据库在这一过程中起到关键作用，它能够高效且精确地定位与查询最相关的文档向量。这一能力对于需要解读和关联不同来源信息的推理任务至关重要。借助 RAG 技术，大模型不仅能发挥其强大的内容生成能力，还能结合来自广泛信息源的深度分析和推理，显著提高解决复杂问题的能力。

RAG 技术在资源消耗方面相对较少，因为它无须对模型的参数进行微调。为了最大化 RAG 的效果，选取高质量的预定义数据集至关重要，因为这将直接影响检索信息的准确性和相关性。例如，若数据集质量低或与任务不相关，即使检索过程高效，最终生成的内容也可能因信息不准确或不相关而变得不可信。

此外，根据具体任务的需求，可以调整检索与内容生成两个阶段的权重比。在某些情况下，可能需要重点关注检索阶段，以确保信息的准确性；而在其他情况下，则可能更注重内容生成阶段的创新性。在实际应用中，根据任务的复杂度和数据集的规模，这种权重比的调整需进行细致优化。

同时，RAG 技术还可以与其他模型适应性策略（如提示工程或模型微调）结合使用。提示工程通过设计特定的输入提示来引导模型输出，而模型微调则调整模型参数以更好适应特定任务。这两种策略可以与 RAG 互为补充，以进一步提升模型在特定任务上的表现。

RAG 为大模型提供了一种在保证输出质量的同时，有效利用外部信息并节约资源的策略。通过智能化的信息检索与综合性的内容生成能力，RAG 拓展了大模型在各种应用场景中的适应性和有效性。

2.1.3 参数高效微调

参数高效微调（Parameter-Efficient Fine-Tuning，PEFT）是一种旨在增强模型适应新任务的技术，其显著特点在于仅需调整模型的一小部分参数。相较于传统的全参数微调方法，PEFT 的优势在于能够在大量保留预训练知识的同时，通过对少量参数进行微调来实现对特定任务的适应。PEFT 的策略选择依据具体任务需求及可用数据规模而定。常见的 PEFT 技术包括前缀微调（Prefix Tuning）、提示微调（Prompt Tuning）和 LoRA 等。

前缀微调技术通过引入一组可学习的虚拟“前缀”令牌至模型输入，实现了对预训练语言模型的任务特定定制化适配，而无须直接调整模型的内部权重。在这种方法中，前缀令牌并不对应任何实际语言概念，它们通过训练过程中获得的嵌入向量来调节模型的内部状态，以此影响模型的输出行为。这样的设计使得在保持模型核心架构及大多数权重不变的情况下，模型能够适应新任务或数据集。

前缀 P_θ 由前缀令牌的嵌入向量（Token）组成，并在训练过程中进行优化，以影响模型的下游行为。在图 2.6 所示的情感分析任务中，“我记住它了”可能是一句用户对某个产品或服务的评论，模型需要根据这段文本以及通过前缀微调添加的前缀来判断这条评论是正面的还是负面的。“原始输入”部分的文本序列会与训练过程中优化的前缀令牌以及固定的查询问题（图 2.6 中的“这篇评价是负面的还是正面的”）一起输入

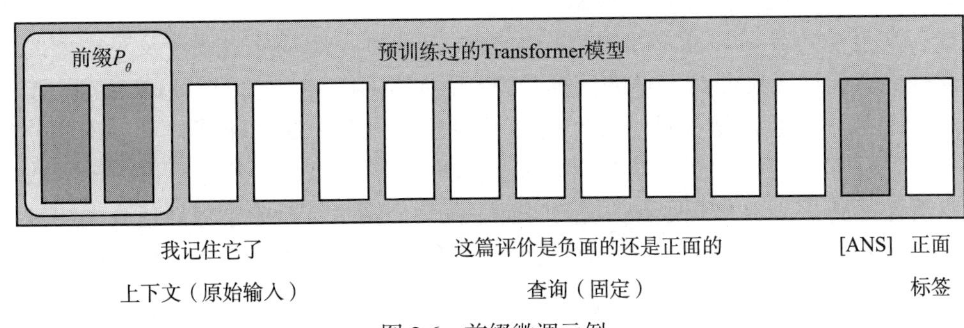

图 2.6　前缀微调示例

Transformer 模型中。接着模型处理这些输入并生成相应的输出，该输出会受到前缀令牌的显著影响，这些令牌已经被训练调整以引导模型针对具体任务产生适当响应。值得注意的是，在前缀微调应用中，Transformer 模型的参数保持不变，从而在新任务的适应过程中保留了预训练时获得的广泛知识。提示微调与前缀微调相似，但通过向模型输入添加与任务相关的、可训练的自然语言提示，以影响输出，引导模型生成特定响应。

前缀微调和提示微调主要通过添加特定前缀或提示改变模型输入，有效引导模型生成特定任务的输出。这两种方法的优势在于减少了对大量参数进行微调的需求，并降低了计算和存储的负担。然而，这些技术并未直接调整模型的原始权重，因此可能不足以解决灾难性遗忘问题。灾难性遗忘是机器学习中的一大挑战，尤其在连续学习场景中，模型在学习新任务时可能会忘记旧知识，因为新的学习可能会覆盖以前的信息。

LoRA 是另一种 PEFT 方法，其核心思想是向模型的权重矩阵添加低秩矩阵，从而在调整原模型有限数量参数的情况下，保持或甚至超越传统全参数微调的效果。LoRA 方法是当前大模型垂直领域低算力迁移技术中最为重要的一种方法，在后续章节中将会详述。

在应用 PEFT 技术时，还可以结合其他迁移策略（如提示工程或 RAG）以进一步优化和提升模型在特定任务上的表现。此外，为了便于研究者和开发者实现和测试不同的 PEFT 技术，已有多种开源库提供了现成的工具和接口。这些库（如 PEFT 库）包含多种预设的 PEFT 技术实现，用户可以根据需要选择合适的技术，并在其基础上进行定制化的改进。

2.1.4　全参数微调

全参数微调是指利用额外数据集对预训练过的大模型进行深度调整，目的是使模型在面对新任务时，能够全面地适应新的数据环境。这种方法在新任务数据与原始预训练数据存在显著差异时，能够发挥出最大的性能潜力。全参数微调涉及对模型的所有参数进行更新，这无疑需要大量的计算资源和存储空间。相比之下，LoRA 专注于对模型中的特定部分（通常是权重矩阵）进行低秩近似更新。这意味着只有一小部分参数需要更新，从而显著减少了所需的计算资源和时间。因此，从理论上讲，全参数微调的资源消耗远高于 LoRA。但全参数微调能够在整个网络结构中学习新任务的特定特征和模式。特别是当新任务的数据与预训练数据存在显著差异时，全参数微调可以更全面地重构模型的内部表示，以适应新的数据结构和任务需求。

图 2.7 详细展示了生成式预训练模型（如 GPT 系列）在特定 NLP 任务中的微调流程。左侧部分是无监督预训练阶段，右侧部分是微调阶段。在微调阶段，以预训练得到的模型参数作为起点，模型进一步在特定的 NLP 任务上进行微调。这些任务包括情感分析、问答系统、文本摘要和机器翻译等。在微调过程中，模型通过有标签的任务特定数据集进一步优化参数，以便在这些特定任务上达到更高的性能。

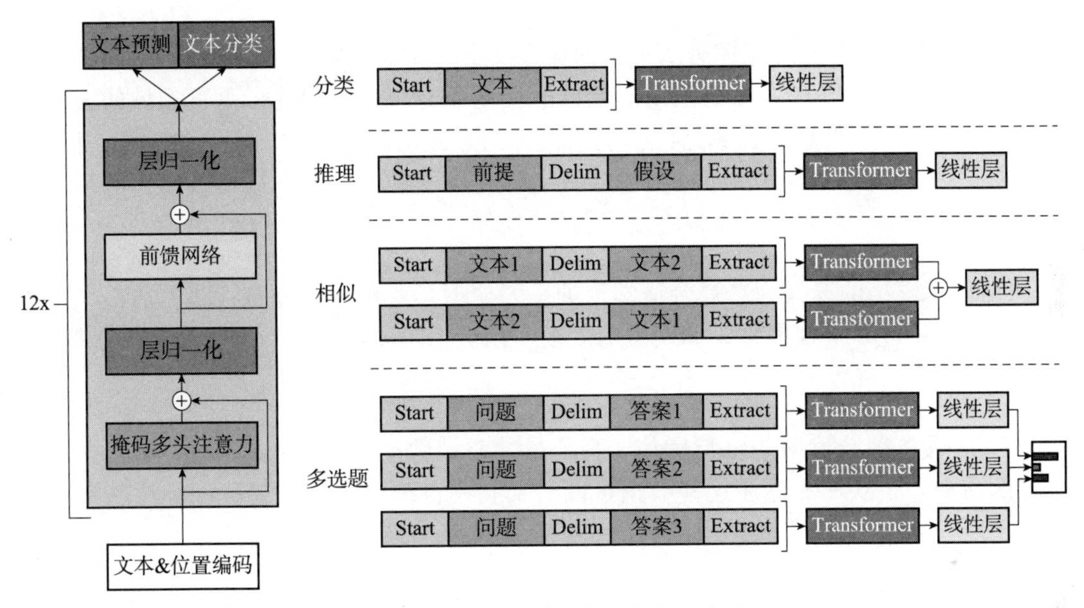

图 2.7　生成式预训练模型的微调流程

为确保微调的准确性和有效性，必须选择与任务高度相关的优质数据。此外，结合如提示工程或 RAG 等其他迁移学习策略，可以进一步提升模型在新任务上的表现，增强其泛化能力。在法律或医疗领域的实践应用中，这种方法可以通过精确调整模型，以适应高度专业化的查询，从而提供更为准确和具体的信息。

2.1.5　从头预训练

从头预训练垂直领域的大模型是一种成本非常高的垂直领域迁移方法。这种策略适用于两种情况：一是当目标任务的数据与预训练模型使用的数据在领域、风格或格式上有显著差异时；二是当任务需求对模型的架构有特殊要求时，例如需要特定类型的神经网络层或连接方式。在这种全新的训练过程中，模型需要大量的数据，这不仅包括通用语料库以捕捉语言的基础结构，还包括大量的领域特定数据集，以确保模型能够学习到特定领域的细节和术语。

从头预训练的自定义性是其最大的优势，这允许模型完全根据特定任务的需求进行构建和优化。然而，这种方法的成本不仅包括在数据采集和处理环节的成本，还包括训练过程中所需的大量计算资源和时间。这种成本是中小规模领域企业难以承担的。

2.1.6 垂直领域迁移低算力技术选型

只有少数大型企业可能拥有从头预训练大模型的算力与数据等资源，而拥有这些资源的大企业又倾向于在通用大模型的领域进行竞争与布局。因此，垂直领域的大模型迁移通常对应的是低算力技术选型。利用已有的开源预训练模型，通过参数高效微调，在保持预训练知识的同时，使模型适应特定的应用场景，是最具成本效益比的垂直领域迁移技术方案。该方案需要解决以下主要问题：

1）基座模型的选择。选择合适的预训练大模型是实现垂直领域迁移的前提。基座模型的选择依赖于多种因素，如模型的规模、预训练阶段使用的数据集质量和多样性，以及商业使用的许可等。

2）低成本领域数据获取与标注。高质量的领域数据是微调 LLM 的关键。在限定成本的前提下，获取和标注这些数据可能需要利用自举以及半自动化的标注工具等方法来实现。

3）训练数据处理。对训练数据需要进行有效的加载、清洗、混洗、变换，并进行高效的组织和管理。

4）低算力微调。在有限的资源环境中有效地微调模型，包括选择合适的优化算法、批量大小等。

完成模型训练后，需要能够在资源有限的设备上部署模型，并通过模型压缩、编译以及并行推理等技术进一步降低推理成本。

其中，低算力微调、推理优化是解决垂直领域低算力迁移的核心问题，涉及微调算法选择、并行训练、推理与优化策略等，需要综合考虑模型压缩、硬件适配、运行时优化等多个方面。

2.2 低算力微调

从成本的角度考虑，LoRA 等参数高效微调是低成本微调的首选。在数学和机器学习中，低秩近似是一种常见的技术，用于通过较低维度的表示来近似高维度数据或矩阵。这种方法可以有效捕获数据的主要变化方向，而忽略噪声或不重要的变化。大多数垂直领域迁移的微调任务只需要对原始模型的参数进行较小的修改就能达到较好的效果。LoRA 方法通过使用一个较小规模的矩阵来近似这些修改，如图 2.8 所示。对于预训练的权重矩阵$\boldsymbol{W}_0 \in \mathbb{R}^{d\times k}$，假设新任务微调的权重变化为$\Delta\boldsymbol{W}$，可以通过低秩分解$\boldsymbol{W}_0 + \Delta\boldsymbol{W} \approx \boldsymbol{W}_0 + \boldsymbol{BA}$，即通过低秩矩阵$\boldsymbol{C} = \boldsymbol{BA}$近似$\Delta\boldsymbol{W}$，其中$\boldsymbol{B} \in \mathbb{R}^{d\times r}$，$\boldsymbol{A} \in \mathbb{R}^{r\times k}$，矩阵 $\boldsymbol{A}$、$\boldsymbol{B}$ 的秩 r 通常很小（例如 1 或 2），从而显著减少微调过程中需要调整的参数量，同时有效保留了预训练模型中的知识，降低了过拟合的风险。

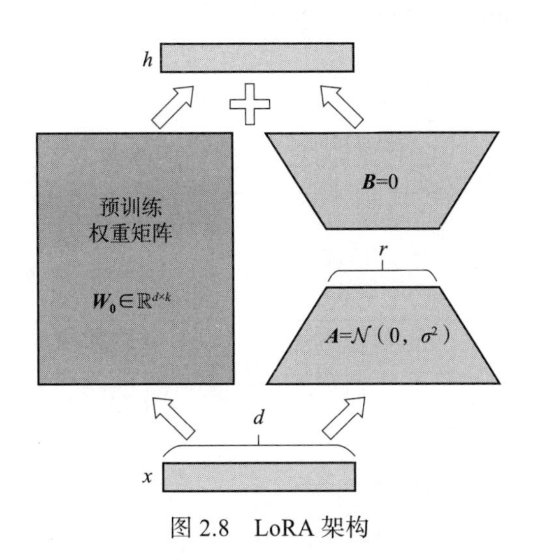

图 2.8　LoRA 架构

LoRA 方法的优势在于，通过对权重矩阵施加低秩近似，实现了对模型的有效微调，同时显著减少了灾难性遗忘的风险。这种方法平衡了新旧任务之间的知识保留和迁移，特别适用于那些要求高度知识保持的场景。此外，LoRA 在提升模型适应性的同时，也大幅降低了计算资源的需求，展现了其在资源效率方面的显著优势。LoRA 还非常适合分布式计算和多卡并行。在多卡并行的设置中，模型的不同部分或不同的数据批次可以分布在不同的 GPU 上。这样做可以显著提高训练和微调的速度，且 LoRA 的实施不会改变模型的并行化方式。

LoRA 根据下游任务的复杂性和数据规模，决定低秩矩阵 $\boldsymbol{B}$ 和 $\boldsymbol{A}$ 的大小 r（即秩）。在微调阶段，固定预训练权重$\boldsymbol{W}_0$，只更新 $\boldsymbol{B}$ 和 $\boldsymbol{A}$。通过后向传播和梯度下降，$\boldsymbol{B}$ 和 $\boldsymbol{A}$ 会逐渐调整以最小化下游任务的损失函数。在推理阶段的每次前向传播中，计算 $\boldsymbol{BA}$ 并将其添加到$\boldsymbol{W}_0$中以获取调整后的权重$\boldsymbol{W}_0 + \boldsymbol{BA}$。这一步不需要实际合并矩阵，而是在计算中动态完成。这种方法的优势在于它允许不同的下游任务共享模型的固定参数$\boldsymbol{W}_0$，避免了对大量参数进行重训练的计算成本，只需要重新为新任务调整$\boldsymbol{B}$和$\boldsymbol{A}$，使其适应从小规模到大规模的各种下游任务。

2.3 推理优化

降低大模型的训练与推理成本是解决垂直领域低算力迁移的核心问题。如图 2.9 所示，训练中优化（In-training Optimization）和训练后优化（Post-training Optimization）是两种常见的推理优化策略。

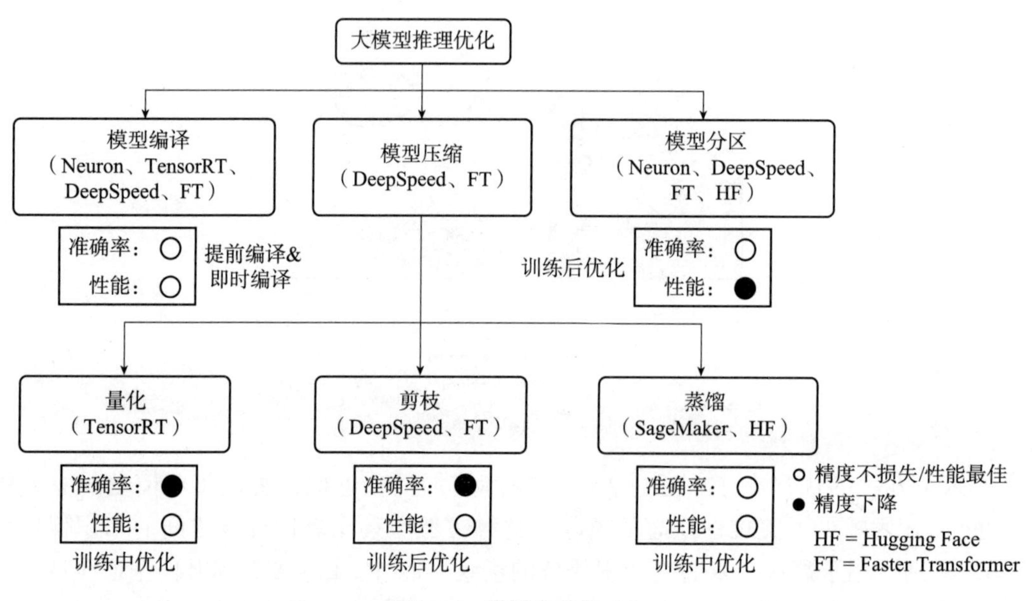

图 2.9 推理优化策略

训练中优化通常是指在模型训练过程中考虑到后续推理过程的需求，从而实施的优化措施。例如，量化感知训练（Quantization Aware Training，QAT）就是一种在训练过程中模拟量化操作的技术，这样模型在训练期间就适应了量化带来的影响，从而在实际量化时减少性能损失。这种方法的主要优点在于能够减轻或避免量化后的精度下降，因为模型已经适应了低精度的表示方式。然而，这可能会使训练过程更加复杂和耗时。

训练后优化是在模型训练完全结束后实施的优化措施。这通常包括模型压缩、量化、剪枝（Pruning）和蒸馏（Distillation）等技术。例如，模型训练完成后直接进行量化，这种方法简便、快速，因为它不需要重新训练模型。但缺点是可能会导致更大的性能损失，特别是模型在训练时没有考虑到量化的情况下。

就推理优化的效果而言，两种策略各有优势，适用性取决于具体的应用场景和需求。在资源和时间充足的情况下，训练中优化可能会提供更优的性能。然而，在算力受限或需要快速部署的场景下，训练后优化可能是更合适的选择。训练后的优化技术是本书介绍的重点，主要包括模型编译、模型压缩与模型分区等。

2.3.1　模型编译

模型编译是将训练好的模型部署到生产环境的重要步骤。其目标是将模型转换为特定硬件平台优化的版本，以提升模型在特定硬件上的执行效率和性能。特定硬件可以是 CPU、GPU、TPU 或者专门的推理加速器。模型编译通常不会导致精度损失。常用的模型编译工具包括 Neuron、TensorRT、DeepSpeed 和 FasterTransformer 等。通过使用这些编译工具，开发者无须深入了解硬件的详细信息，就能够自动化地进行优化。编译工具会针对目标硬件的特定指令集和计算能力，优化模型的计算图和内核，包括内存访问模式的优化、算子融合、计算精度的调整等，以减少延迟并提高吞吐量。

例如，在使用 TensorRT 进行模型编译时，TensorRT 会根据不同硬件平台的特点，对其支持的深度学习框架的计算图进行有针对性的转换和优化，如图 2.10 所示。它的优化策略包括减少非必要的计算过程和内存访问，以及将多个操作合并为单个复合操作，从而减少对中间数据的读写次数。此外，TensorRT 还能采用半精度（FP16）或整数精度（INT8）运算，以进一步提升计算效率和减少模型在内存中的占用。这些优化措施显著提升了在不同硬件平台上进行模型推理的速度，同时在确保所需计算精度的

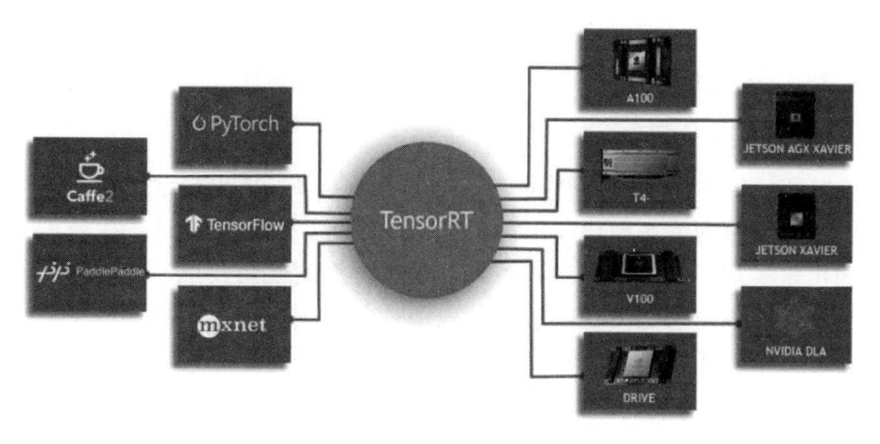

图 2.10　TensorRT 进行模型编译

前提下，有效节约了资源消耗。

模型编译有两种策略：预编译（Ahead of Time，AOT）和即时编译（Just-In-Time，JIT）。AOT是在模型或程序实际运行之前进行编译，这意味着模型或程序被优化并为特定的硬件平台编译，然后在实际部署时直接运行。这种方法的优点是运行时性能通常更好，因为所有的优化都已经完成。但缺点是可能不够灵活，因为对于每种新的硬件或软件都需要重新编译。JIT在模型或程序实际运行时进行编译，这意味着当模型或程序开始运行时，编译器会动态地进行优化并为当前的硬件平台编译。这种方法的优点是更加灵活，可以适应各种不同的运行条件。但缺点是可能存在一定的运行时开销，因为编译是在运行时进行的。不同的模型和并行库可能需要不同的优化策略，因此选择合适的策略至关重要。

2.3.2　模型压缩

模型压缩技术旨在减小大模型的参数规模，从而优化模型的存储和推理需求，尤其是在资源受限的环境中。模型压缩涵盖多种技术，包括量化、剪枝和知识蒸馏等。

量化是将模型的权重从一个大的或连续的数值范围映射到一个较小的范围，通过降低模型参数的数值精度以显著减少模型的大小并加快其运算速度，但可能会牺牲一些准确性。例如，将模型从32位浮点数（FP32）量化到8位整数（INT8）。量化技术可以用于训练中优化和训练后优化，有效减少训练与推理的内存消耗。在量化过程中，可能会牺牲一定的模型精度，但如果采用QAT，这种精度损失可以被最小化。

剪枝通过移除模型中不重要的权重来减小其规模。如图2.11所示，这通常涉及对权重的重要性进行评估，并移除那些被认为对模型输出影响较小的权重，以降低模型的复杂性。在不显著影响模型输出的情况下可以降低模型的计算负担。剪枝通常会在模型的性能和大小之间取得平衡，有的剪枝技术甚至可以在几乎不损失精度的情况下完成。

知识蒸馏是一种将大模型（教师模型）的知识传递给更小模型（学生模型）的技术。一个学生模型被训练来模仿一个教师模型的行为，可通过训练学生模型来模仿教师模型的输出来实现。通过这种方式，即使学生模型的规模较小，也能保持较高的性能。这可以有效地减小模型的规模，使其更适合部署到资源有限的环境中。蒸馏是一种训练后优化技术，模型参数量的减少可能会导致准确性下降。

在实践中，这些压缩技术通常可以结合使用，以达到最佳性能和压缩效果。例如，可以先对模型进行剪枝，然后对简化后的模型进行量化和蒸馏。这样的组合方法可以在确保模型推理速度的同时，最大限度地减小精度损失。DeepSpeed 和 FasterTransformer 提供了框架和库来实施上述模型压缩技术。这些工具简化了压缩过程，并能够帮助开发者在不牺牲太多模型性能的情况下，实现模型规模的显著减小。

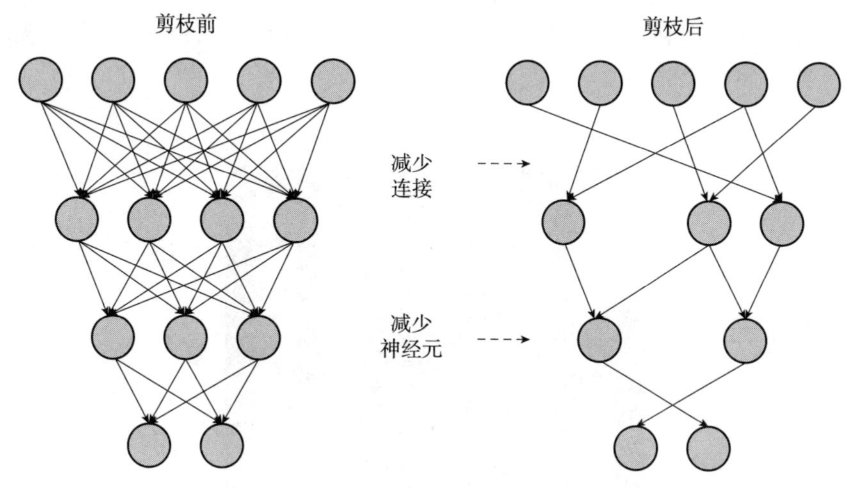

图 2.11　模型剪枝示意图

2.3.3　模型分区

模型分区技术是指在大型生成模型的推理优化中，将模型的不同部分分布到不同的硬件资源上执行的过程。模型分区可以在运行前或运行时（Runtime）进行。这一技术旨在优化模型服务，特别是在分布式计算环境中，通过有效分配计算负载来提升模型的运行效率和性能。

如图 2.12 所示，模型分区的目的是将模型的不同组件或层分布到不同的处理单元（如 CPU、GPU、TPU 等）上，以充分利用可用的硬件资源，并减少单个设备上的负载。运行前分区是在模型部署前预先确定各部分模型的放置位置，通常基于模型的结构和硬件的特性进行静态划分。运行时分区则在模型运行时动态决定如何分配模型的不同部分，可以根据当前的硬件使用情况和计算需求进行调整。分区后的模型被优化以适应执行环境，这可能包括不同的操作系统、硬件配置或专用推理服务。模型分区通常不会直接导致精度损失，但不恰当的分区策略可能会增加通信成本，影响模型的推理延迟。

模型分区是模型并行的一种具体实现，需要考虑将模型的哪些部分分布到哪些计算单元上，同时最小化跨单元通信的开销。模型分区可以是静态的，也可以是动态的，它在运行时根据当前的资源利用率和计算需求进行调整。模型分区只是实现模型并行的手段之一，但并非所有模型并行的实现都必须涉及显式的分区。在某些情况下，模型并行可能是隐式的，例如，当一个大模型的不同层自然地分布在不同的处理器上时，这可以被视为一种模型并行，即使没有显式的分区策略。因此，模型分区更多地关注模型并行的具体实现和优化，而模型并行是描述在多计算资源上运行模型的一般性术语。

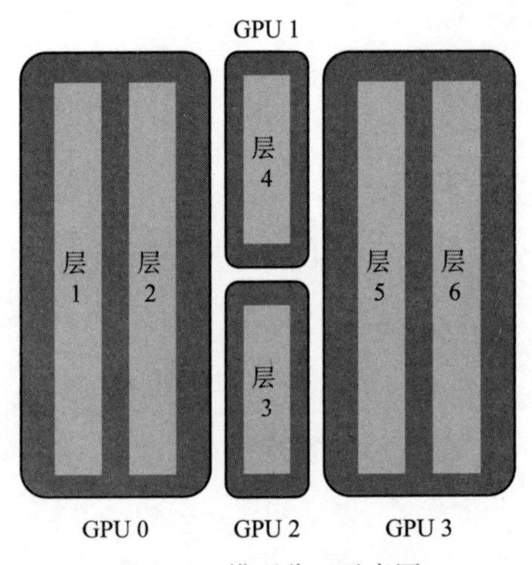

图 2.12　模型分区示意图

模型分区与数据并行（Data Parallelism）不同。在数据并行中，模型的完整副本在多个处理器或机器上运行，每个副本处理不同的数据子集。这种策略的关键是同步各个副本之间的参数更新，以确保它们都能学习到整体数据集的信息。模型分区则将模型的不同部分（例如不同的层或参数组）分配到多个计算资源上，尤其是在模型太大而无法在单个设备上完全加载时。在分布式训练和推理过程中，模型分区可以帮助降低单个设备的内存要求，同时提高整体计算效率。在实际应用中，模型分区与数据并行可以结合使用，形成所谓的混合并行（Hybrid Parallelism）策略。例如，可以在多个 GPU 上进行数据并行，同时在每个 GPU 内部使用模型并行来处理大模型的不同部分。这种组合方式可以进一步提高大模型在大规模分布式环境中的训练和推理效率。

CHAPTER 3

第3章

大模型的开源生态

以Meta为代表的企业希望在大模型领域重现Android开源生态对抗iPhone的商业逻辑，以开源对抗OpenAI在闭源大模型领域的垄断地位。这些企业的主要策略是以开源的基座模型为核心，并提供训练、微调以及部署等工具，吸引中小规模的创新企业在垂直领域进行迁移。

3.1 大模型的开源社区

开源社区的主要贡献者们正在通过各种方式推动LLM的低成本化。其中，Meta、Hugging Face等公司在推动开源运动方面起着关键作用。

3.1.1 Meta

Meta公司已成为开源大模型的引领者，陆续发布了LLaMA 1、LLaMA 2、Code Llama和LLaMA 3等系列模型。截至2023年9月底，根据Meta官方数据显示，通过Hugging Face平台下载的LLaMA模型数量已超过3000万次。这些开源模型构成了整个开源大模型领域低成本生态系统的基础。

主要的云服务平台包括AWS、Google Cloud和Microsoft Azure，它们已经开始在其服务中集成LLaMA模型。尤其是LLaMA 2，在云环境中的应用正在迅速扩展。Google Cloud和AWS共同推动了超过3500个企业项目基于LLaMA 2模型进行创新。

此外，Meta 宣布 AWS 成为 LLaMA 2 的首个托管 API 合作伙伴，使各种规模的组织都能通过 Amazon Bedrock 访问 LLaMA 2 模型，同时无须管理底层基础设施。在中国，阿里云率先支持 LLaMA 模型。

多家创新型企业，包括 Anyscale、Replicate、Snowflake、LangSmith 和 Scale AI 等，正在使用或评估 LLaMA 2。例如，DoorDash 等创新公司正在使用此模型进行大规模试验，并推出由 LLM 支持的新功能。

如图 3.1 所示，开源社区通过持续预训练或指令微调等方式，对 LLaMA 模型在特定数据类型（如聊天数据、合成数据、任务数据）进行全参数或部分参数微调，从而将 LLaMA 迁移到不同的垂直领域。社区还扩展了 LLaMA 以支持更大的上下文、增加了对其他语言的支持以及扩展 LLaMA 的多模态能力等。目前，GitHub 以及 Hugging Face 上有超过 7000 个基于 LLaMA 构建或涉及 LLaMA 的项目。在标准基准测试中，这些微调后的版本将 LLaMA 性能平均提高了近 10%，在特定基准数据集如 TruthQA 中，性能提升甚至高达 46%。此外，为更好地将 LLaMA 引入边缘设备和移动平台，新的工具、部署库、模型评估方法都在开发中。

3.1.2　Hugging Face

Hugging Face 是大模型开源社区中最为重要的贡献者之一，它提供的开源工具和模型对推动这个领域的发展起到了重要作用。如图 3.2 所示，其主要的贡献包括提供代码托管平台、开源模型与数据集、开源库与工具等。

（1）代码托管平台 Hugging Face Hub

Hugging Face Hub 是一个基于 Git 的代码存储库，具有项目讨论和拉取请求等功能，类似于 GitHub。它还提供了 Web 应用程序空间，便于部署机器学习模型和进行小规模演示，以及商业版私有 Hugging Face Hub。

（2）开源模型与数据集

Hugging Face Hub 提供了超过 6 万个模型和 6000 个数据集，涵盖自然语言处理、计算机视觉、语音处理、时间序列分析等多个领域。平台支持不同模态（如文本、图像、声音等）以及多种语言，为研究者和开发者提供了丰富多样的数据和模型选择。

（3）开源库与工具

Hugging Face 提供了大量的开源库与工具，其 API 设计简洁易用，使开发者能够

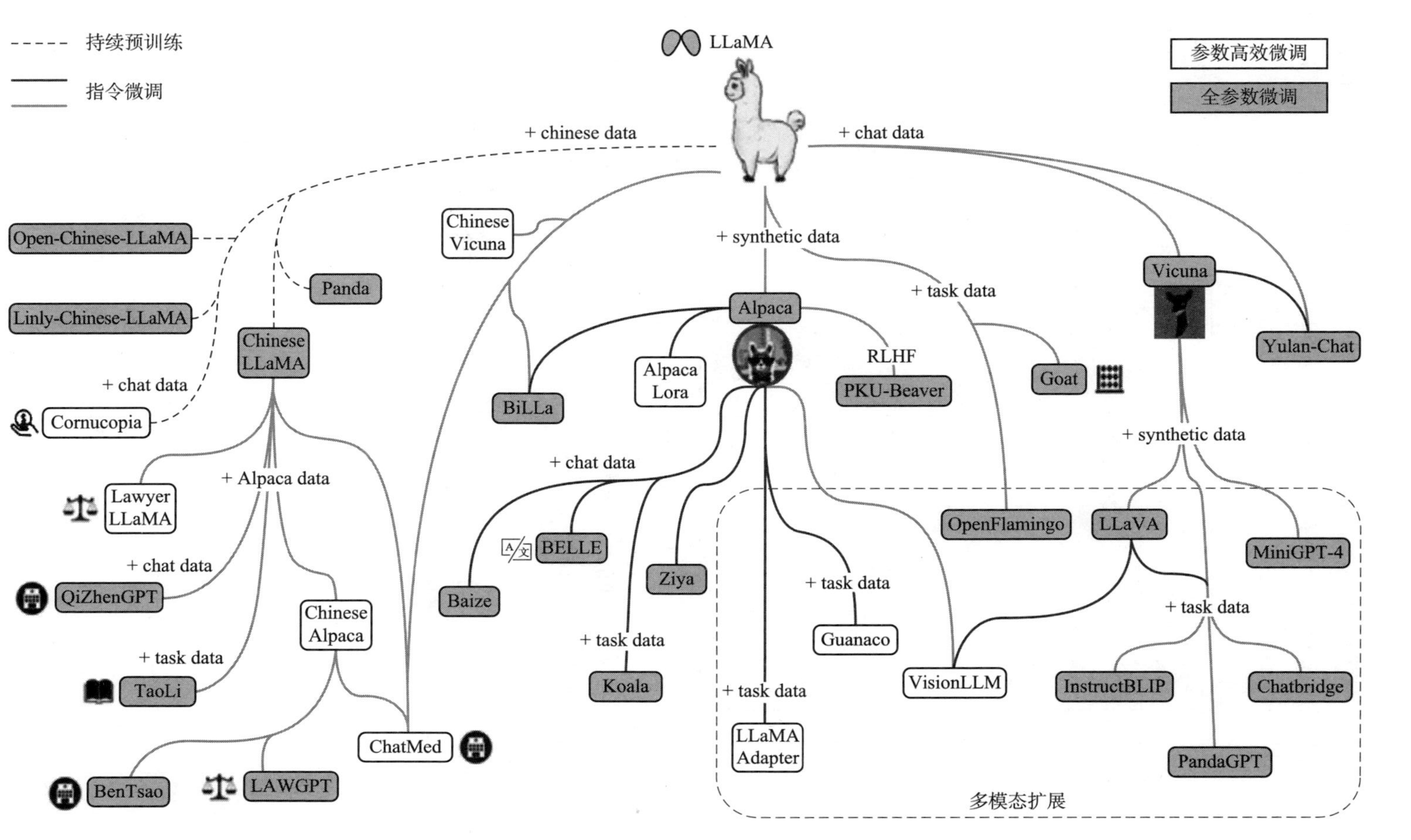

图 3.1　基于 LLaMA 的微调或扩展版本

轻松进行模型加载、微调和推理，降低了模型训练的复杂度和成本。为了在低算力设备上部署大模型，Hugging Face 还提供了模型优化和部署工具，如模型量化、蒸馏，以及对 ONNX 和 TensorRT 的支持。其主要的开源库包括：

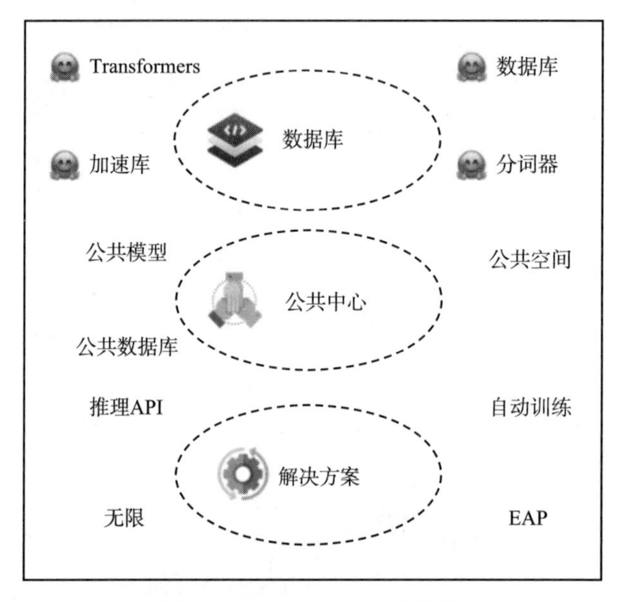

图 3.2 Hugging Face 产品栈

1）Transformers 库是 Hugging Face 最知名的开源库，这些模型可以用于各种 NLP 任务，如文本分类、命名实体识别、情感分析等。Transformers 库也提供了训练和微调这些模型的工具。

2）Datasets 库提供了大量的 NLP 数据集，以及处理这些数据集的工具。这使得开发者可以很容易地获取和处理数据，而不需要自己从头开始。

3）Tokenizers 库提供了各种文本分词器，这是 NLP 任务中的一个重要步骤。这个库支持多种语言，可以处理各种不同的文本格式。

4）Trainer 和 TrainingArgument 提供了模型训练库，包括模型保存和加载、学习率调度、模型微调等。

（4）开源推理框架与工具

Hugging Face 还开源了一个专为部署和服务 LLM 设计的高效工具集 Text Generation Inference（TGI）。它支持包括 LLaMA、Falcon、StarCoder、BLOOM、GPT-NeoX

和 T5 在内的多种流行开源 LLM，实现高性能文本生成。TGI 集成了诸多优化和特性，如简易启动器、生产环境就绪的分布式追踪和监控、多 GPU 上的张量并行处理、基于服务器发送事件（SSE）的令牌流式处理、连续批处理请求以及针对推理优化的变换器代码等。此外，TGI 还引入了模型量化技术、安全权重加载、模型输出调整工具和自定义提示生成等功能，增强了文本生成的灵活性和准确性。TGI 已在多个项目中得到应用，如 Hugging Chat、OpenAssistant 和 nat.dev，显示了其在大模型部署和运行中的实际效用。

3.1.3　微软

微软作为大模型浪潮中的主要受益者，已将最新的大模型技术整合到其产品和服务中，例如在 Bing 搜索引擎和 Office 套件中。此外，其 Azure 云服务支持开源大模型的托管与训练，并提供了针对 GPT 系列模型的调用接口。在对开源大模型社区的贡献方面，微软开发的 DeepSpeed 库是一个专为大规模深度学习优化的开源库。DeepSpeed 在大模型训练与推理技术栈中与其他组件的关系如图 3.3 所示。

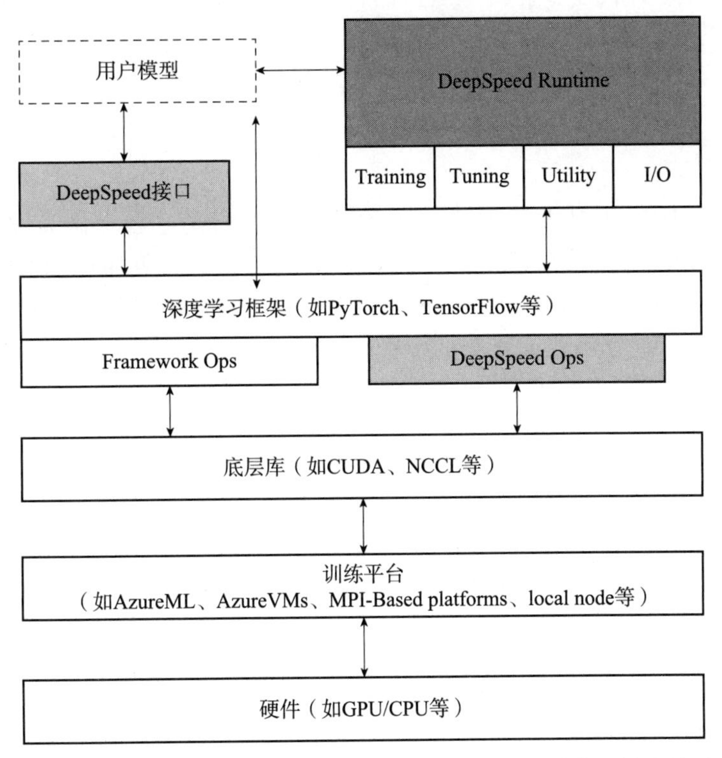

图 3.3　DeepSpeed 在大模型训练与推理技术栈中与其他组件的关系

DeepSpeed 提供了用户友好的训练和推理编程接口，使用户可以轻松实现模型的训练和推理。关键的初始化接口负责初始化引擎、设置训练参数以及启用各种优化技术，这些参数一般存储在 JSON 格式的配置文件中。DeepSpeed Runtime 作为库的核心，Runtime 组件管理任务的执行和性能优化。它负责任务的分布式部署、数据和模型的分区、系统优化、性能调整、故障检测，以及检查点的保存和加载等。Runtime 组件主要使用 Python 实现，便于与现有的 Python 生态系统集成。DeepSpeed Ops 部分利用 C++ 和 CUDA 进行底层计算和通信优化，包括超快变换器内核和融合局域网内核等。Ops 组件旨在充分发挥硬件，尤其是 GPU 的计算能力。

DeepSpeed 与 PyTorch 以及 TensorFlow 等深度学习框架紧密集成，通过模型并行、流水线并行和内存优化等并行处理机制及通信策略优化技术，显著降低了分布式训练中的数据交换成本，提高了大规模模型训练的效率。此外，DeepSpeed 还专门针对 NVIDIA CUDA 平台进行了优化，使得在 GPU 加速环境中的模型训练和推理速度得到显著提升。

DeepSpeed 的易用性和框架兼容性使其成为众多开发者的首选，可以轻松集成到现有项目中。它还提供了对不同类型模型的特别优化，允许根据模型的特定需求（如大小和计算复杂度）选择最佳的优化策略。

3.1.4　英伟达

英伟达（NVIDIA）是大模型浪潮中的另一个主要受益者。作为硬件平台的提供者，英伟达的 GPU 是当前深度学习和大模型训练的基石。英伟达的 GPU 因其高并行处理能力和强大的计算效率，已成为加速机器学习任务的首选硬件。这些 GPU 不仅能够提供所需的计算能力来训练复杂的模型，而且还支持高速数据传输和高效的内存管理，这对于处理大量数据和模型参数至关重要。

英伟达也是大模型开源社区中重要的贡献者，Megatron 是英伟达推出的一个开源的深度学习训练框架，它专为从事大规模模型训练的研究者和开发者设计。Megatron 致力于优化模型并行性，允许研究者和工程师更有效率地在多 GPU 和多节点环境中训练大模型，如 GPT 和 BERT。Megatron 通过技术如张量切片来降低单个 GPU 的内存负担，从而允许训练更大的模型。除了模型并行，Megatron 还支持数据并行处理，这使得模型可以在更多的数据上进行训练，进一步提高训练效率和模型的准确性。

在分布式训练环境中，Megatron 采用了优化的通信策略，以减少数据传输所需的时间，从而提高整体训练效率。Megatron 通过优化内存使用来提高大模型训练的可扩展性。它采用了多种技术来减少 GPU 内存的占用，使得训练更大的模型成为可能。Megatron 被优化以在英伟达的 GPU 上运行，充分利用英伟达硬件的高性能计算能力。

3.2　开源生态下基座模型选择的关键指标

开源社区存在众多基座模型，如何从不同的开源模型中进行选择，取决于模型自身的性能以及使用场景等多种因素。参数规模、模型的训练数据、上下文窗口的大小、综合评测分数、许可使用性等是评估这些模型的关键指标。

3.2.1　参数规模

参数规模，即模型中可学习参数的数量，对模型的性能和应用效果有直接影响。大模型的发展历史表明，使用更多数据训练更大的模型，在处理复杂语言任务时表现更为出色。特别是当模型规模达到某个临界值后，大模型（如 GPT-3、GLaM、LaMDA 和 Megatron-Turing NLG 等）开始展现出一些开发者未能预测的、更复杂的能力和特性，这被称为模型的涌现能力。

涌现能力无法使用规模法则（scaling law）来进行预测，即这种能力的涌现并不是线性或简单可预测的，而是在达到某个临界点后突然显现的。如图 3.4 所示，翻译、单词理解等能力在模型参数规模达到某个阈值之前，其表现可能接近于随机，但一旦超过该阈值（可能在 10^{22} FLOPs～10^{23} FLOPs 之间），其能力水平将会有显著提升。涌现能力的具体阈值取决于多种因素，包括模型的架构、训练方法、数据的质量和多样性等。例如，在高质量数据上训练的模型可能需要较少的训练量和模型参数。涌现能力的阈值虽然没有一个确切的数字，但从现有模型的发展趋势来看，这个阈值范围在数百亿到数千亿参数之间。

参数多的模型通常能够捕捉更复杂的数据模式，提供更准确的预测。然而，这也带来了更高的计算成本和更长的训练时间。对资源和计算能力有限的项目来说，选择参数较少的模型可能更为合适。因此，理解项目需求和资源限制对选择合适的模型至关重要。但基于不同模型涌现能力的参数规模阈值，基座模型参数的规模也应该至少在数百亿。

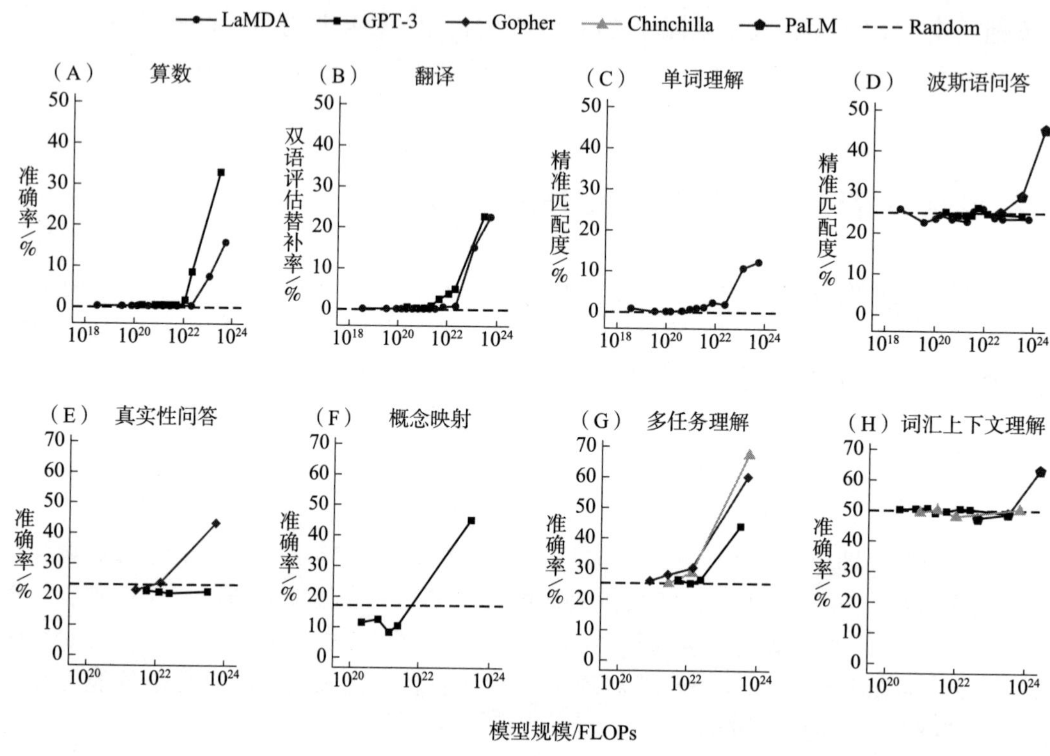

图 3.4 不同模型涌现能力的参数规模阈值

3.2.2 训练 Token

在自然语言处理中，Token 指的是文本的基本单位，可以是一个词、一个字符或者更复杂的语言元素如词组。在大模型的训练过程中，输入的文本被分解为一系列的 Token，这些 Token 被用来训练和调整模型的参数。Token 是模型理解和处理语言的基础。它们代表模型输入的原始数据，其质量和结构直接影响到模型学习的效率和效果。合理的 Token 化策略可以提高模型对语言的理解能力，特别是在处理多样化和复杂的语言结构时。

大模型的性能很大程度上取决于它们训练时使用的 Token 数量。通常，数据量越大（即 Token 数量越多），模型对语言的理解越深入，生成的文本质量和准确性也越高。例如，PaLM 和 GPT-3 的预训练数据量明显超越 OPT 和 BLOOM（见表 3.1）。这是因为更多的数据提供了更丰富的语言上下文和用法示例，使得模型能够学习到更多的语言规律和细微差别。此外，数据质量对预训练模型的性能具有显著影响。例如，GPT-3 采用了一个高效的分类器对预训练数据集进行筛选，而 OPT 和 BLOOM 在训练过程中则未进行此类筛选。

表 3.1　大语言模型训练数据集

	预训练语料库的 Token 数量	在预训练过程中见过的 Token 数量
PaLM	7800 亿	7700 亿
GPT-3	5000 亿	3000 亿
OPT	1800 亿	3000 亿
BLOOM	341 亿	3660 亿

因此，训练数据的多样性和质量对模型性能有着决定性的影响。数据集的多样性确保了模型能够在各种场景下表现良好，而数据质量则直接影响模型的准确性和可靠性。选择训练数据丰富且质量高的基座模型，可以在很大程度上提高模型在垂直领域中的表现。

3.2.3　上下文窗口

上下文窗口指的是大模型在生成或理解当前词或句子时能够考虑的前面和 / 或后面的词的数量。这个窗口的大小直接影响模型对文本上下文的理解能力。较大的上下文窗口意味着模型可以查看更多的前置信息（有时是后置信息），从而更好地理解句子或文本段落的意图、语境和语义联系。这对于理解复杂的语言结构、维持长篇文章的连贯性、处理深层次嵌套结构的句子，以及维持长距离依赖（即文本中相距较远的元素之间的关系）尤为重要。

大模型通常采用大量的参数和复杂的架构设计，使得它们能够处理相对较大的上下文窗口。这种设计提高了它们在生成文本、文本摘要、问答系统和语言翻译等任务上的性能和准确度。然而，增加上下文窗口的大小也会带来挑战，包括计算资源需求的增加和效率降低。处理更长的上下文需要更多的内存和计算能力，因此，开发和训练这样的模型需要高效的算法和硬件资源。

上下文窗口的大小直接影响模型处理长文本的能力。较大的上下文窗口允许模型在生成或理解文本时考虑更多的前置信息，这对于理解复杂的语言结构尤为重要。然而，增加窗口大小通常会增加模型的计算负担。因此，选择基础模型时，不仅需要考虑其是否具有较大的上下文窗口，还要考虑模型是否能够有效地利用长上下文信息。

3.2.4 综合评测

大模型通常比以往的机器学习模型具有更大的参数规模和复杂性，其通用性强，能够胜任多种任务，从简单的文本生成到复杂的问题解答和逻辑推理。这种通用性使得全方位评测变得复杂，需要创建或使用大量不同的评测基准来全面评估它们的能力。这不仅包括语言理解的各个方面，还包括特定领域知识的准确性和应用能力。评测这些方面需要大量的人力和计算资源。同时，自然语言的复杂性和多样性意味着很难为某些任务制定标准答案。例如，在开放式问题回答或文本生成任务中，可能有多个正确或可接受的答案。这使得评测标准的制定和量化评测指标变得更加困难。此外，现有的评测数据集往往是在特定的条件下构建的，可能无法充分模拟真实世界中的应用场景。模型在这些数据集上的表现可能无法完全反映它们在实际使用中的效果。

大模型的综合评测问题尚未在学术界和工业界形成一个统一的标准。图 3.5 展示了一个大模型的综合评测框架，旨在全面评价模型的多个方面，包括其基本能力、伦理

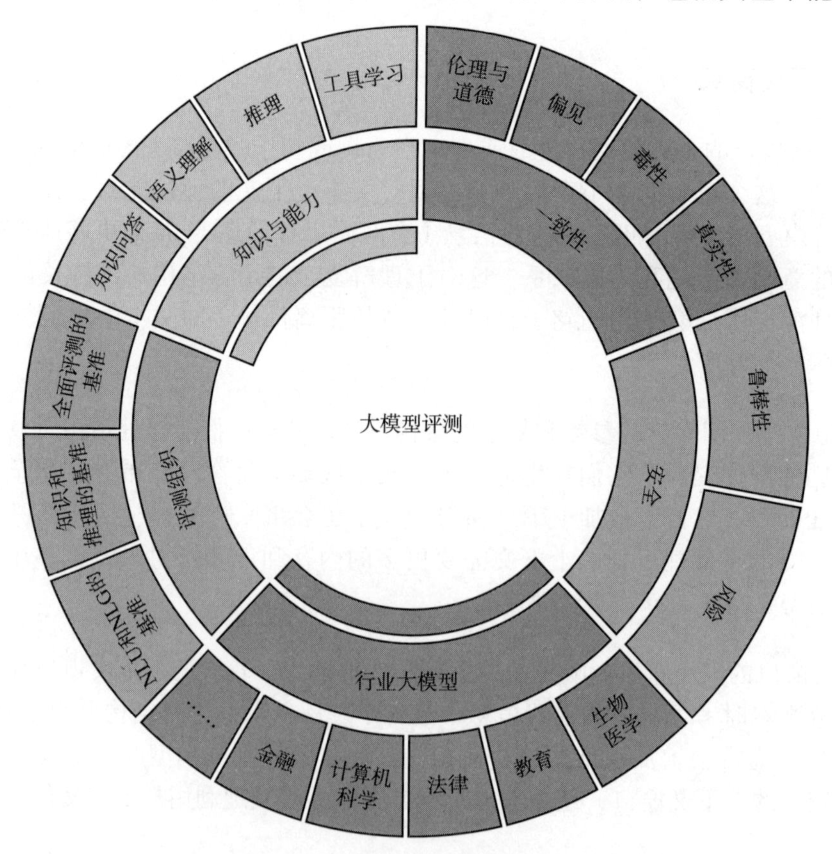

图 3.5　大模型的综合评测框架

对齐、安全性、行业应用以及评测组织。

其中，知识与能力评测主要评估模型对知识的理解和处理能力，主要包括语义理解、知识问答、推理、工具学习等部分。一致性评测涉及模型输出与人类价值观和期望的对齐，包括伦理与道德、偏见、毒性和真实性等方面。安全评测涉及模型在鲁棒性和风险方面的表现。行业大模型评测专注于模型在特定行业中的应用，如金融、计算机科学、法律、教育、生物医学。这显示了模型的多行业适用性和专业化应用能力。评测组织涉及对评测过程本身的组织和评价，包括基准测试、排名、数据集和评测机构。因此，在选择基座大模型时，需要通过多个方面来综合分析评测结果。

3.2.5　商业许可

基于基座大模型进行垂直领域的迁移时，商业许可成为一个不可忽视的因素。正确理解和选择适当的商业许可对确保项目的合法性、可持续性和商业成功至关重要。商业许可证定义了一个模型可以被如何使用，特别是在商业环境中。不同类型的许可证对项目的可行性、成本结构以及长期发展策略都有重大影响。如图 3.6 所示，常见的开源许可证如下：

1）GNU General Public License（GPL）要求发布的任何改进版本也必须是开源的。如果软件使用了 GPL 许可的代码，那么基于该软件的任何修改版本也必须使用 GPL 许可。GNU Lesser General Public License（LGPL）允许非开源软件使用 LGPL 开源库而不需要整个软件开源，但仅限于作为库使用的软件。如果修改了 LGPL 库本身，那么改动必须使用相同的许可证开源。Mozilla Public License（MPL）允许将 MPL 许可的代码与非开源代码混合在一起，但 MPL 代码的修改需要开源。

2）Berkeley Software Distribution（BSD）是一个非常宽松的许可证，允许代码被重新使用和分发，甚至在商业软件中，只要保留版权声明和免责声明。MIT 许可证类似于 BSD 许可证，但通常文本更短，要求也更少。它允许代码被重新使用和分发，包括用于商业目的，只要包含原始版权声明和免责声明。Apache 许可证类似于 BSD 和 MIT，但还提供了对专利的明确授权。它允许商业使用、分发、修改和 / 或分发修改后的版本。

在选择一个许可证时，需要考虑项目目标和对使用者施加的限制。例如，如果希望鼓励广泛的开源合作，GPL 或 LGPL 许可证可能是合适的选择。而如果希望代码被尽可能多的人使用，包括在商业产品中，那么 MIT 或 BSD 许可证可能更适合。Apache 许可证因其明确的专利授权条款在许多商业环境中也很受欢迎。

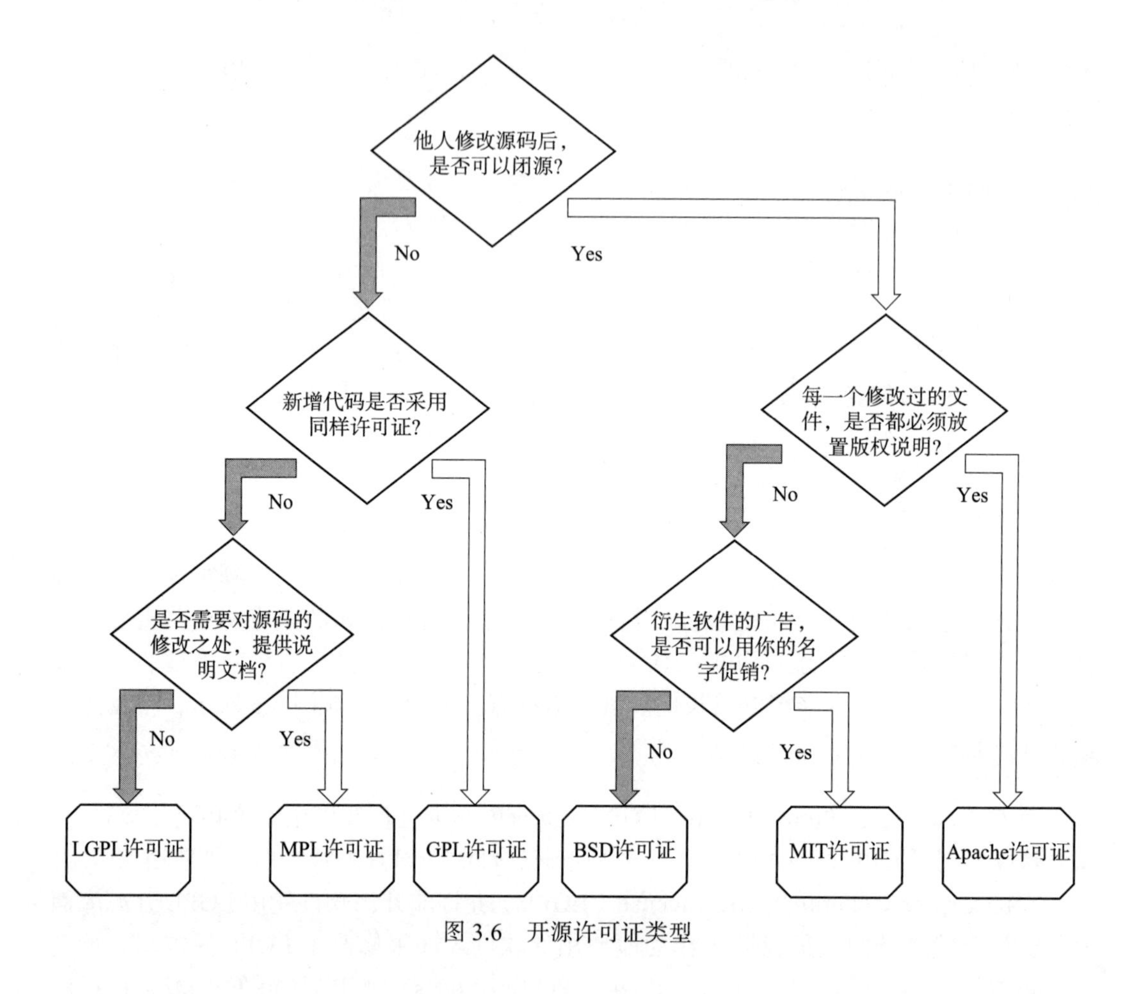

图 3.6　开源许可证类型

3.3　开源基座模型 LLaMA 系列

开源基座模型是垂直领域低算例迁移的基础。除 Meta 外，其他广泛应用的开源大模型包括 Google 的 Gemma 系列、非营利组织 LAION 的 OpenFlamingo、Databricks 的 Dolly 和 MosaicML 的 MPT 等。中国方面的代表性项目包括百川智能的 baichuan-7B 中英文大模型等。鉴于 LLaMA 系列在各项性能指标上的表现以及对商业使用的相对宽松限制，LLaMA 已经形成了完整的开源软硬件生态，已成为开源大模型领域的首选基座模型。本书的相关讨论也将基于该模型。

3.3.1　LLaMA 2

Meta 于 2023 年 7 月发布了 LLaMA 2 模型，它具有多个不同参数规模的变体，包括 70 亿、130 亿、700 亿个参数的版本，以及一款未公开的 340 亿个参数的版本。相较于其前一代模型 LLaMA 1，LLaMA 2 模型在 2 万亿 Token 上进行训练，训练数据量增加了 40%，并支持长达 4000 个 Token 的上下文长度。此外，LLaMA 2 中较大参数规模的模型版本，如 34B（340 亿个参数）和 70B（700 亿个参数）版本，使用了分组查询注意力（Grouped-Query Attention，GQA）机制。GQA 将查询分组到较少的键 / 值对中，显著降低了模型的时间和空间复杂性，从而在不牺牲性能的前提下，有效降低了模型的资源消耗。

据 Meta 公布的评测数据，LLaMA 2 在多项外部基准测试中展示了其在推理、编码、熟练程度以及知识测试方面的卓越性能，其表现优于当前市面上的其他开源语言模型。在同等参数量规模下，LLaMA 2 在几乎所有评估领域均胜过其开源对手（代码能力除外）。相比于闭源大模型如 GPT-3.5，LLaMA 2 的 70 亿个参数的版本在 MMLU 和 GSM8K 测试中表现接近，但与 GPT-4 及 PaLM-2-L 相比，仍存在一定差距。

Meta 还提供了微调后的 LLaMA 2 版本，如图 3.7 所示。为了避免模型生成不当或有害内容，Meta 在 LLaMA 2 的微调阶段采用人类反馈强化学习（Reinforcement Learning from Human Feedback，RLHF）来提升其安全性。在微调过程中，使用拒绝采样（Rejection Sampling）筛选出最安全和相关性最高的回答，并通过优化操作策略来确保

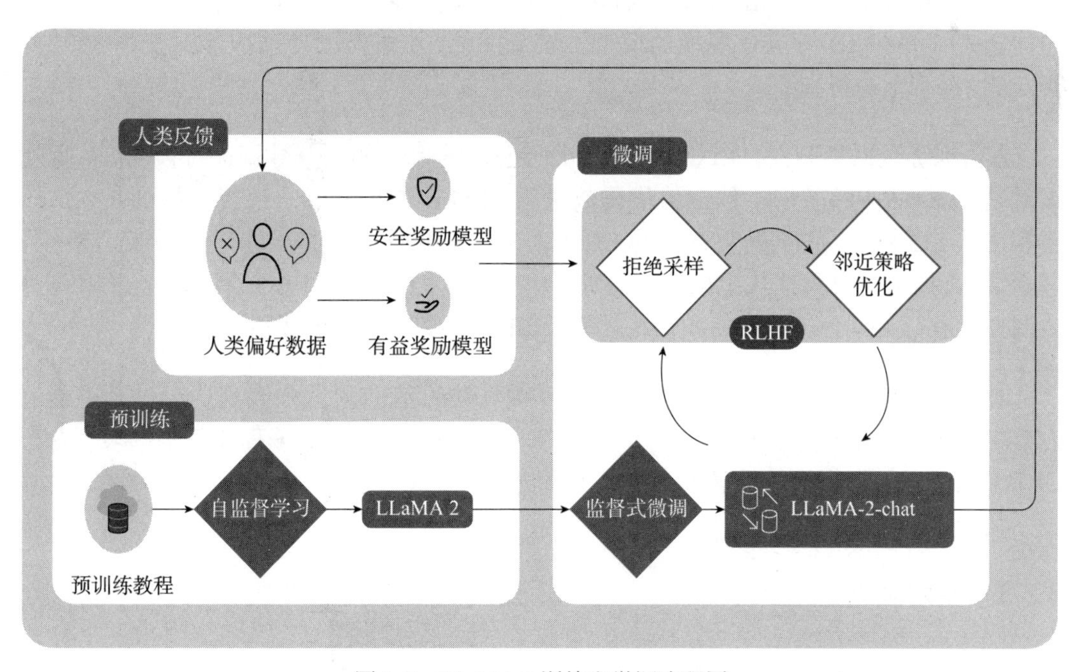

图 3.7　LLaMA 2 训练和微调流程图

模型在实际应用中遵循安全性准则，例如，确定何时生成回答，何时保持沉默，或者请求更多信息。对于人类的反馈信息，通过安全奖励模型调节生成内容的准确性和安全性，同时通过最新模型的策略，确保模型输出的实用性和时效性持续更新，以满足最新的安全性要求和人类反馈。

3.3.2 LLaMA 3

2024 年 4 月 18 日，Meta 公司推出了其开源大型语言模型 LLaMA 的第三代版本，即 LLaMA 3。该版本通过 Meta AI 的官方网站、Hugging Face 社区以及 GitHub 社区提供给公众下载。LLaMA 3 设计了两种规模的模型——8B 和 70B，每种规模均分为基础版本（Meta-LLaMA-3-8B、Meta-LLaMA-3-70B）和指令调整版本（Meta-LLaMA-3-8B-instruct、Meta-LLaMA-3-70B-instruct）。其中，8B 版本主要针对消费级 GPU，旨在提供高效的部署和开发环境；70B 版本则适合大规模的人工智能应用。

此外，Meta 还推出了 LLaMA Guard 的升级版本——第二代 LLaMA Guard，这是一个在 LLaMA 3 8B 版本上微调的分类器，专用于对模型输入和响应进行监控，以识别可能的不安全内容。

在技术层面上，LLaMA 3 基于 LLaMA 2 的架构，采用了一个包含 12.8 万个 Token 的词汇表，并在 8B 与 70B 规模的模型上实施了 GQA 机制，使其能够在长达 8192 个 Token 的序列上进行训练。

在预训练数据集方面，LLaMA 3 使用了超过 15 万亿的公开数据进行预训练，其数据量是 LLaMA 2 的 7 倍，包含的代码数量为 LLaMA 2 的 4 倍。值得一提的是，Meta 还利用从 LLaMA 2 收集的数据来为 LLaMA 3 的文本质量分类器进行预训练，这一点展示了 AI 技术在自我迭代上的潜力。此外，Meta 对 LLaMA 3 在扩展训练规模和指令微调方面进行了显著优化，使其训练效率较 LLaMA 2 提高了约 3 倍。

据 Meta 及第三方评测，LLaMA 3 在多项关键的基准测试中表现优异，其性能在业界中处于领先地位。如图 3.8 所示，LLaMA 3 70B 在 Python 编程任务中的表现超过 GPT-4 约 15%，在小学数学任务中也表现略优。

3.3.3 商用限制

LLaMA 系列不仅具备与封闭源模型相媲美的能力，还具有较高的安全性，而且其开源特性为用户提供了更大的透明度和控制力。Meta 采用比前述开源项目组织（OSI）

更为宽松的许可策略，LLaMA 2 和 LLaMA 3 均可以用于商业用途，但需严格遵守各自的社区许可证和可接受使用政策。这些政策主要涉及以下几个方面：

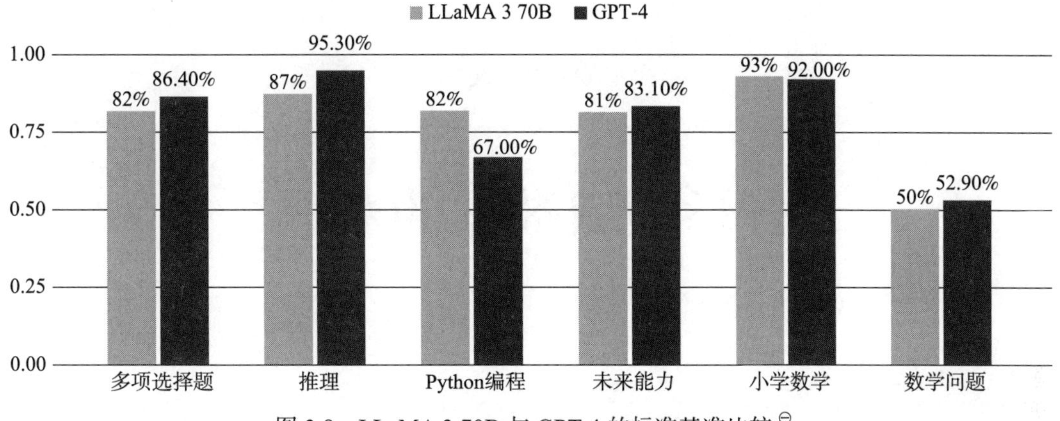

图 3.8　LLaMA 3 70B 与 GPT-4 的标准基准比较[⊖]

1）基本使用权：用户被授予非独占、全球性、不可转让且免版税的有限权利，可使用、复制、分发、创建衍生作品以及修改 LLaMA 2 和 LLaMA 3 材料。

2）改进其他模型的限制：用户不得使用 LLaMA 2 或其任何衍生产品来改进其他大模型。这是对 LLaMA 2 特有的限制，有助于保护 Meta 的技术和知识产权。

3）商业使用的特别条款：当用户提供的产品或服务的月活跃用户数超过 7 亿时，需向 Meta 申请特别的商业许可。这是一个重要的限制，因为它可能影响大型企业的使用计划。Meta 保留了根据其自身判断是否授予这种特别许可的权力。

4）再分发和标识要求：对于 LLaMA 3，有特别的再分发条件，例如在使用 LLaMA 3 材料或衍生品进行再分发或公开提供服务时，需要明确标注“Built with Meta LLaMA 3”并在 AI 模型名称中加入“LLaMA 3”字样。

5）法律遵守和使用限制：所有使用必须符合法律规定，不得用于违法活动或侵犯他人权利，如暴力、恐怖主义、儿童剥削、侵犯隐私等。

⊖ 来源https://www.vellum.ai/llm-leaderboard。

CHAPTER 4

第 4 章

自举领域数据的获取

领域数据对于垂直领域大模型的性能至关重要，这些领域特定的数据能够显著提高模型在特定场景下的表现力。然而，高质量领域数据的获取通常伴随着高昂的成本，尤其是人工标注过程往往需要领域专家的深度参与。因此，如何有效地获取高质量的领域数据并降低人工标注成本，已经成为在开源环境下实现大模型垂直领域低成本迁移的一项紧迫任务。

为应对这一挑战，除了依赖领域企业自身的数据积累外，自举方法是一种重要的解决方案。通过自举方法，可以自动生成大量的领域数据，从而降低人工标注的成本。这种方法不仅减少了对领域专家参与的依赖，也加速了数据的准备过程，为大模型快速、低成本地迁移至特定垂直领域提供了可行途径。

4.1 指令自举标注

指令自举标注（Self-Instruct）提供了一种低成本的数据标注解决方案，它依赖“教师模型”以迭代方式生成任务指令和对应的输入 / 输出数据。指令自举标注过程始于有限数量的人工编写的任务种子集，然后在此基础上通过迭代过程生成新的任务，通过自举的方式获取领域数据。

如图 4.1 所示，指令自举标注包含 4 个步骤：指令生成、分类任务识别、实例生成、过滤和后处理。

指令生成是利用 LLM 的上下文理解能力，从一个初始的任务池（包含有限数量的种子任务，例如 175 个）中生成新的任务指令。这些新指令通过 LLM 对现有示例的学习和迭代得出，以提高指令的多样性和覆盖面。

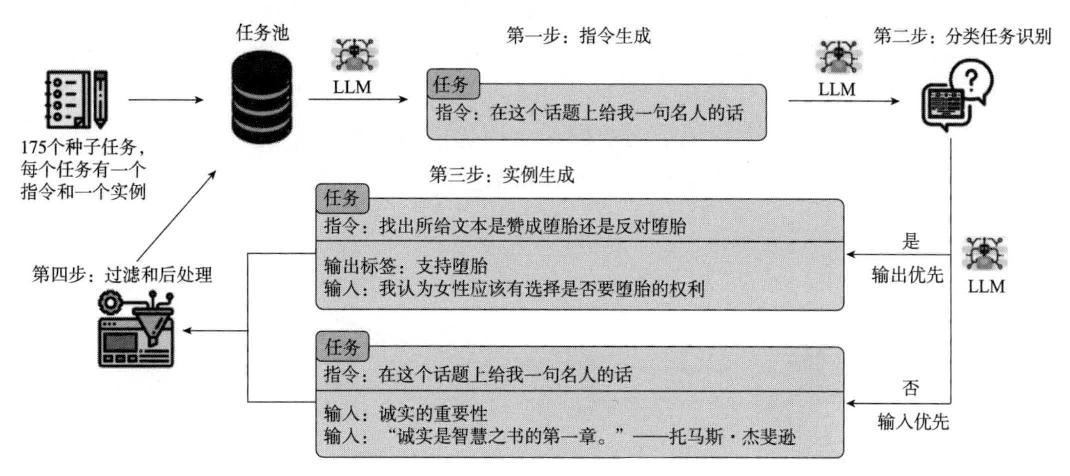

图 4.1 指令自举标注的 4 个步骤

由于分类任务和非分类任务在执行上有所不同，因此分类任务识别用于判定 LLM 生成的指令是否代表一个分类任务。这是通过向 LLM 提供含有分类和非分类指令的提示来实现的。

实例生成是根据新生成的任务指令类型，创建对应的输入和输出实例。实例生成分为输入优先和输出优先两种方法。输入优先是先生成输入部分，然后根据输入生成输出；输出优先则是针对分类任务，先生成可能的类别标签，然后为每个类别标签生成相应的输入。

过滤和后处理是为了确保任务池中指令的质量和多样性。新生成的指令会经过过滤，排除与现有指令高度相似或无法通过 LLM 处理的特定关键词的指令。此外，还会筛去完全一致的实例，或者输入相同但输出不同的实例。

指令自举标注作为一种低成本数据标注的解决方案，已经成为开源大模型低成本迁移中的标注数据解决方案的范式。然而，指令自举标注的效果与其“教师模型”的能力直接相关。这意味着生成的指令可能会出现尾部效应，即生成的指令可能偏向于在预训练语料库中频繁出现的任务或指令，而较少生成不常见或具有创造性的指令。此外，指令自举标注的迭代过程可能会放大某些社会偏见，并可能引发知识产权冲突的问题。

4.2 自举无监督标注

自举无监督标注（Self-QA）是一个从无监督知识生成监督式微调（SFT）数据的框架，其灵感来自人类自我提问的学习方法。Self-QA 用大量的无监督知识取代了指令自举标注中的手工种子，降低了语言模型在根据特定需求生成指令数据方面的难度。图 4.2 展示了 Self-QA 方法从无结构数据到结构化信息提取的过程。Self-QA 包括 3 个不同阶段：指令生成、答案生成以及过滤和修剪。

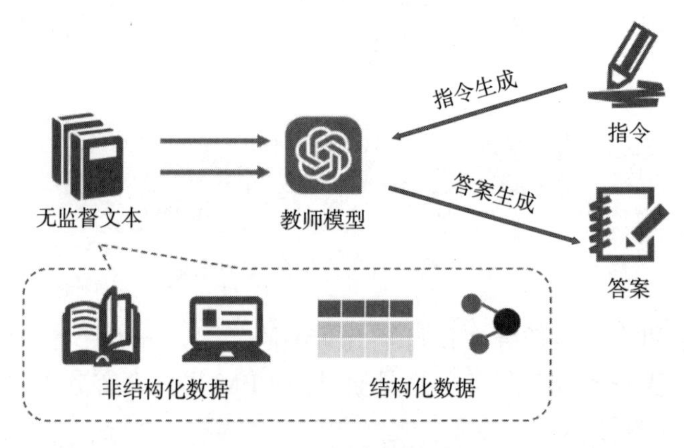

图 4.2　自举无监督标注流程

4.2.1 指令生成阶段

指令生成（Instruction Generation）阶段利用“教师模型”（如 GPT-4）为非结构化数据（如文本文档、图像、声音等）生成可能的指令。该阶段通过图 4.3 所示的提示词，确保生成的指令限定于某个领域，并与提供的无监督文本内容相关。但生成的指令不应包括背景知识，即不依赖于也不引用原始文本中的内容。

提示词中的｛无监督文本内容｝是一段非结构化的文本，例如，经过清洗处理后的网页和书籍段落。表格和知识图谱等结构化数据需要转换成非结构化文本才能使用。例如，图 4.4 所示的表格数据，需要采用模板填充的方式转换成文本。表格中的信息（公司——微软，成立日期——1975 年，创立者——比尔 · 盖茨，地址——雷德蒙德）被转换成一段连贯的文本：“微软成立于 1975 年，总部位于华盛顿州的雷德蒙德。该公司由比尔 · 盖茨创立。”采用的模板是：“[公司] 成立于 [日期]，总部位于 [地址]。该公司由 [创立者] 创立。”

生成指令的提示词

背景知识是：

{无监督文本内容}

请根据上述文章内容生成尽可能多样化的十个指令问题。这些问题可以是关于事实的问题，也可以是对相关内容的理解和评价。请假设在提问时没有相应的文章可供参考，因此在问题中不要使用“这个”或“这些”等指示代词。

请按以下格式生成问题：

1. 问题：……

2. 问题：……

图 4.3　生成指令的提示词

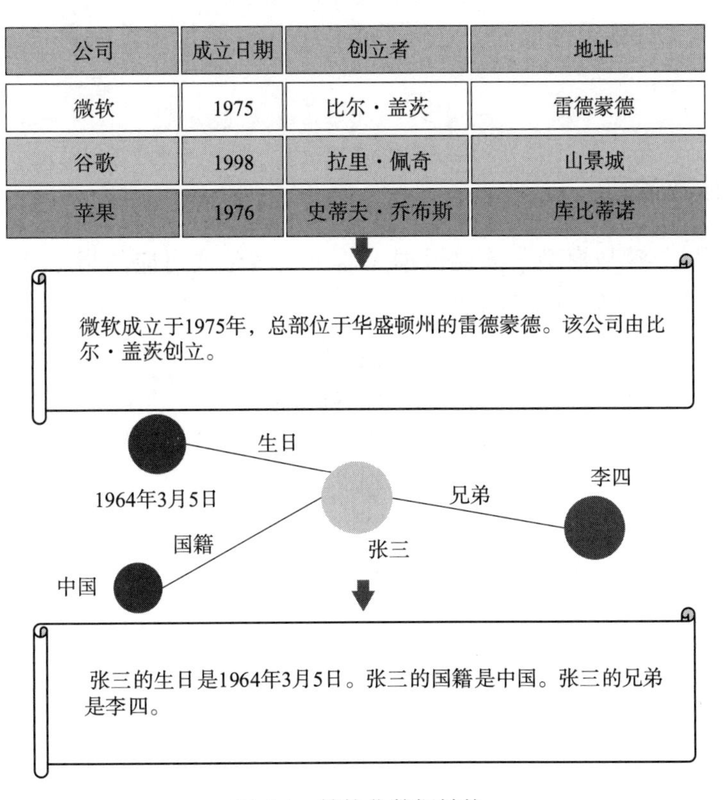

公司	成立日期	创立者	地址
微软	1975	比尔·盖茨	雷德蒙德
谷歌	1998	拉里·佩奇	山景城
苹果	1976	史蒂夫·乔布斯	库比蒂诺

图 4.4　结构化数据转换

对于知识图谱中的信息，转换方法是将每个实体节点与其属性节点连接起来生成句子。在图 4.4 的第二个例子中，个人信息知识图谱被转换成文本："张三的生日是 1964 年 3 月 5 日。张三的国籍是中国。张三的兄弟是李四。"这里的转换是直接将属性边（如"生日""国籍""兄弟"）与相应的属性节点（如生日"1964 年 3 月 5 日"、国籍"中国"、兄弟"李四"）结合起来形成完整的句子。

这种方法允许将结构化的知识图谱数据转化为非结构化文本，从而可以被语言模型如 GPT-4 进一步处理，用于生成指令（问题）或答案。这是 Self-QA 方法的一个关键步骤，目的是生成与特定内容相关的指令以及相应的答案。

对于多模态大模型，例如 ChatGPT 和 GPT-4，上述步骤不是必要的，多模态大模型有较好的图像识别与理解能力，可以直接从图片中提取信息，包括表格和文本，而不一定要将这些数据转换为文本形式。

当然，无论是从图像还是直接从文本中提取信息，最终的目标都是理解和使用这些信息来生成指令和答案。在处理图像中的结构化数据时，模型可以识别和解释表格数据，然后生成相关的指令或问答。这极大地简化了从结构化数据到问答数据集的生成过程。

4.2.2　答案生成阶段

在这个阶段，"教师模型"需要根据无监督文本生成对应的指令（问题）的答案。答案生成阶段的提示词如图 4.5 所示。

答案生成阶段的提示词

背景知识是：
{无监督文本内容}

请根据上述文章内容回答以下问题：
{生成的问题}
请尽可能彻底地回答这个问题，但不要改变原始文本中的关键信息，也不要在答案中包括"基于上述文章"之类的表达。
请按以下格式生成相应的答案：
问题：……
答案：……

图 4.5　答案生成阶段的提示词

4.2.3 过滤和修剪阶段

在 Self-QA 框架中，教师模型可能会根据给定的无监督文本生成一些不符合要求的问题和答案。例如，生成的问题可能会错误地使用指示代词（如“这个”“那个”），或者答案中可能会包含不应出现的表达（如“根据上文”）。此外，有些生成的内容可能格式不正确，不符合预定义的问题和答案格式，或者在内容上与给定的知识不匹配。因此，需要过滤和修剪这些不适当的答案。过滤是指通过启发式算法或者规则识别出不符合指令的生成内容，例如检查文本中是否含有不应使用的指示代词或者其他违反规则的表达。修剪是指对格式不正确或不符合预定模式的生成内容进行修改，以确保它们的格式正确、信息准确，且能够恰当地回答问题。例如无监督文本和问题—答案对：

```
无监督文本:
公司:DXM　成立日期:2018 年 4 月 28 日　曾用名:百度金融　总部地址:中国北京海淀区。
问题 1:DXM 何时成立?
答案 1:DXM 成立于 2018 年 4 月 28 日。
问题 2:DXM 的总部在哪里?
答案 2:DXM 的总部位于中国北京海淀区。
```

如果模型生成的答案是“DXM 的总部在这个区”，就违反了不使用指示代词的规则，因此需要被过滤掉。如果答案格式不符合要求，比如答案没有以“答案：”开头，或者包含了多余的信息，也需要被修剪以符合格式要求。过滤和修剪阶段确保自动生成的问题—答案对是高质量的，并且可以被进一步应用，如构建问答系统、微调模型等。

4.3 自我策展

自我策展（Self-Curation）是一种迭代的自我训练方法，它使用未标记的数据来创建高质量的训练指令数据集。该方法不依赖于大量的人工标注，而是让模型自身产生和筛选出高质量的训练指令数据，从而提高其性能。不同于本章的前两种方法，自我策展不需要从第三方“教师模型”获取数据，而是通过自身的迭代标注数据并进行微调。如图 4.6 所示，该方法主要包括初始化、自我增强和自我策展三个阶段。

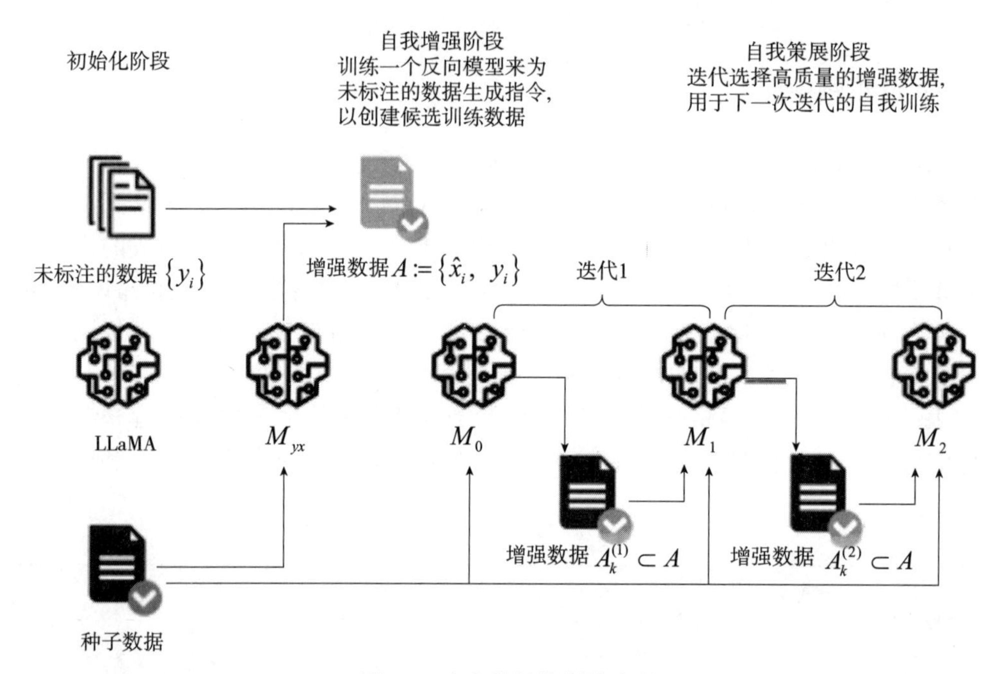

图 4.6　自我策展的训练流程

4.3.1　初始化阶段

初始化阶段使用小批量的人工标注（指令，答案）示例作为种子数据，用于微调语言模型，使其能够在两个方向上做出初始预测：给定指令预测输出和给定输出预测指令。对于未标注数据集进行预处理，以提取独立的文本段。例如，假设我们在医疗健康领域有以下种子数据：

```
指令：解释什么是糖尿病。
答案：糖尿病是一种慢性疾病，其特征是血糖水平异常升高。
```

这些种子数据将用于微调语言模型，使其能够根据给定的指令生成正确的输出，或者根据给定的输出反向生成相应的指令。

未标注数据集是指还没有配对指令的大量文本集合，通常来自网络语料库。对于未标注的网络文档段落，初始化阶段会对这些文档进行预处理，从中提取独立的、有意义的文本段。这些文本段可以被看作潜在的答案，只是目前还没有匹配的指令。

4.3.2 自我增强阶段

自我增强（Self-Augmentation）阶段使用已有的少量精准指令与答案对（即种子数据）来微调一个基础语言模型。微调后的模型将用于从未标注的数据中生成对应的可能指令，产生新的训练实例。例如，在初始化阶段，从关于医疗健康的未标注文档中选取以下段落："阿司匹林是一种常用的非甾体抗炎药，主要用于减轻轻到中度的疼痛和炎症，也用于预防心脏病发作。"在自我增强阶段，微调后的模型会尝试为这段文本生成一条对应的指令。模型生成的指令可能如下："描述阿司匹林的用途和功效。"此时，我们就得到了一个新的训练实例，包含一条自动生成的指令和从未标注文档中抽取的输出。

```
指令：描述阿司匹林的用途和功效。
答案：阿司匹林是一种常用的非甾体抗炎药，主要用于减轻轻到中度的疼痛和炎症，也用于预防心脏病发作。
```

4.3.3 自我策展阶段

自我策展（Self-Curation）阶段利用已经在种子数据上微调过的语言模型来评估和筛选自我增强阶段生成的候选训练数据。这一阶段的目的是从所有生成的数据中挑选出质量最高的实例，用于下一步的微调。例如：

在自我增强阶段，得到了以下几个候选的指令—答案对：

```
指令：描述阿司匹林的用途。
答案：阿司匹林是一种药物。
指令：解释糖尿病。
答案：糖尿病是一种需要注射胰岛素的疾病。
指令：概述心脏病的预防措施。
答案：心脏病患者应避免高脂饮食。
```

自我策展阶段将对上述的每个候选对进行质量评分，即将每个候选对输入模型，并让模型基于它的知识和理解，对这些候选对的准确性和相关性进行打分。该阶段的提示词如下：

```
对以下候选对进行评分，基于它们的准确性和与原始指令的相关性，使用 1～5 的评分标准，其中 5 分代表最高质量：
1. 指令：描述阿司匹林的用途。输出：阿司匹林是一种药物。
```

```
2. 指令：解释糖尿病。输出：糖尿病是一种需要注射胰岛素的疾病。
3. 指令：概述心脏病的预防措施。输出：心脏病患者应避免高脂饮食。
假设模型给出的评分如下：
评分：3
评分：5
评分：4
```

如果该阶段设定一个阈值，k 为 4，那么该阶段只会选择那些评分等于或高于 4 的候选对作为高质量数据集。在这个例子中，候选对 2 和 3 将被选中，而候选对 1 将被排除。通过这种方式，我们可以确保只有模型评估为高质量的指令—答案对会被用于后续的模型微调，这有助于提高最终语言模型的性能和指令遵循能力。

自我策展的过程将不断迭代，每一轮迭代都会使用上一轮的策展增强数据和种子数据作为训练数据，对模型进行微调。然后，使用改进后的模型重新对增强实例进行质量评分，得出增强集。在这个过程中，为了区分种子数据和增强数据，可以在实例中添加特定的提示词。例如，对于种子数据，可以添加提示“以 AI 助手的风格回答”；而对于增强数据，可以添加提示“使用网络搜索的知识回答”。通过迭代微调与策展过程，模型能够逐渐提高在处理指令时的性能，最终得到一个性能更好的模型。

4.4　自我奖励

自我奖励（Self-Rewarding）也是一种迭代的自我训练算法。与自我策展方法相比，这种方法仅依赖种子指令数据与评价标准，不再需要引入第三方的数据集。模型将自动生成自我训练的指令与数据。如图 4.7 所示，自我奖励方法包括自我指令创建和指令遵循训练两个迭代步骤。

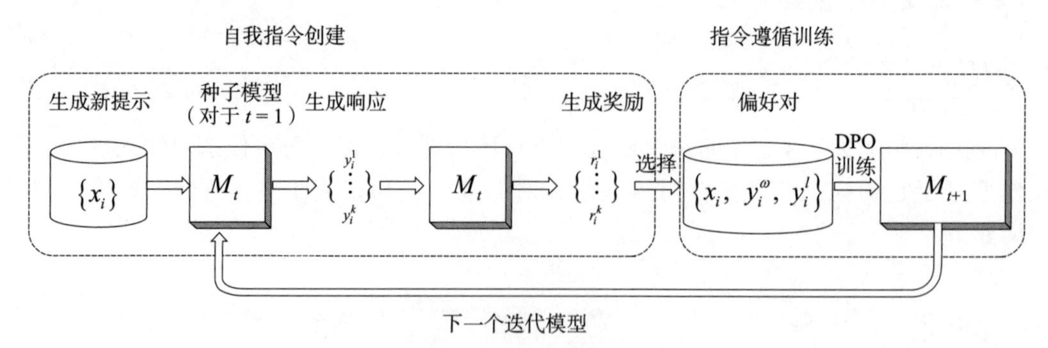

图 4.7　自我奖励的迭代训练和优化流程

4.4.1 种子数据

指令遵循训练（Instruction Following Training，IFT）数据是一组人类编写的种子数据（包括指令和答案），用于从预训练的基础语言模型开始进行监督微调。例如：

```
指令：如何在家里制作番茄酱？
答案：提供一个详细的食谱，包括所需的食材列表、步骤说明和任何有用的烹饪技巧。
```

评价遵循训练（Evaluation Following Training，EFT）数据是一组包含评价指令提示和评价答案质量数据对的数据，用于训练模型如何评价答案的质量。例如：

```
评价指令：请评估下面的答案，分数范围为 0～5。用户询问了“如何在家里制作番茄酱”，而答案内容是提供一份详细的食谱。
评价质量答案：这里通常会包含链式推理，即展示评分的逻辑过程，最后给出分数。
答案与用户指令中的询问相关，并提供了一些相关信息，即使信息不完整或包含一些不相关内容。（得 1 分）
答案解决了用户问题的很大一部分，但并未完全解决查询或提供直接答案。（得 2 分）
答案以有用的方式回答了用户问题的基本要素，无论它是否看起来像是 AI 助手撰写的，或者它是否包含了通常在博客或搜索结果中找到的元素。（得 3 分）
答案清楚地从 AI 助手的视角撰写，直接而全面地解决了用户的问题，组织良好且有帮助，即使在清晰度、简洁性或关注点上还有少许改进的空间。（得 4 分）
答案完美地适应了用户的问题，由 AI 助手撰写，没有多余的信息，反映了专业知识，并展现了高质量、引人入胜且富有洞察力的答案。（得 5 分）
```

以上例子中的分数和评价标准用于训练模型对答案的质量进行评估，从而让模型通过自我评估生成更高质量的回答。

4.4.2 自我指令创建

通过已训练的模型进行自我训练数据集的创建，具体包括以下三个步骤：

1）生成新的提示。使用少量示例提示让当前模型生成新的提示。例如：

```
已有示例提示：“如何在家里制作番茄酱？”
新生成的提示：模型根据这样的示例生成一个新的提示，例如“如何在家里制作自制比萨？”
```

2）生成候选答案。模型对给定的新生成提示生成 N 个不同的候选答案。例如：

```
候选答案 1：提供一个基本的比萨食谱，包括面团和酱料的制作方法。
```

候选答案 2：提供一个更为健康的全麦比萨食谱，强调使用有机食材。
候选答案 N：提供一种快速制作比萨的方法，使用现成的比萨底和酱料。

3）评估候选答案。模型使用自身作为评判为每个候选答案打分。这通常涉及对答案质量的链式推理，包括如何满足用户需求、相关性、完整性和有用性。例如：

评估候选答案 1：可能得分 3 分，因为它提供了完整的信息，但没有考虑用户可能寻找更快或更健康的选项。
评估候选答案 2：可能得分 4 分，因为它提供了一个有趣的替代方案，尽管不是所有用户都在寻找健康选项。
评估候选答案 N：可能得分 2 分，因为它提供的是一个简化的解决方案，可能不会满足所有想要自制食品的用户。

这些评分用于指导模型在未来迭代中优化和调整其答案生成策略。通过这种方式，模型可以自我完善，逐步提高其生成的答案质量。

4.4.3　指令遵循训练

模型利用了初始的种子数据（IFT 和 EFT），并通过自我反馈增加了新的训练数据。新的训练数据包括以下两种：

1）偏好对。模型生成的答案被用来形成一对偏好，其中包含一个得分最高的“获胜答案”和一个得分最低的“失败答案”。这些偏好对之后被用于 DPO（Direct Preference Optimization，直接偏好优化）算法的训练。例如：

指令提示：如何在家里制作自制比萨？
获胜答案（得分高）：提供一份包括面团制作、酱料选择和烘烤技巧的详细比萨食谱。
失败答案（得分低）：只是简单地回答说，“在超市购买比萨底和酱料，然后加上你喜欢的配料。”

2）仅正面示例。模型选出评分为满分的答案，并将这些作为正面示例加入种子数据集中，用于监督微调（Supervised Fine-Tuning，SFT），而不是构建偏好对。例如：

指令提示：如何在家里制作自制比萨？
正面答案（得分满分）：提供一份详尽的食谱，包含选择全麦或白面团的选项，多种酱料的制作方法，以及如何添加各种配料和烘烤的建议。

这两种方法的目的是通过不同方式增强模型的训练数据集，帮助模型更好地理解和执行用户指令。偏好对的方法直接训练模型识别和生成高质量的答案，而仅正面示例的方法则通过增加高质量的示例来改善模型的整体表现。

4.4.4 迭代训练

迭代过程涉及多个阶段，每个阶段都会生成一个新的模型版本。每个新版本都在前一个版本的基础上进行改进，即一系列模型M_1，…，M_t，其中每个模型M_t都使用前一个模型M_{t-1}创建的增强训练数据进行训练。具体的模型序列和训练数据如下：

- M_0是模型迭代训练序列的起点，是一个基础的预训练语言模型，尚未进行任何微调。
- M_1模型在M_0的基础上，采用指令遵循训练数据和评价遵循训练数据进行监督微调。
- M_2模型以M_1为基础，然后使用 DPO 算法在M_1生成的 AI 反馈训练（AI Feedback Training, AIFT）数据上进行训练。
- M_t模型以M_{t-1}为基础，然后使用 DPO 算法在M_{t-1}生成的 AIFT 数据上进行训练。

上述过程不依赖于外部固定的奖励模型，而是每一步都使用当前模型生成的新数据来继续训练，允许奖励模型随着迭代过程持续改善。这种迭代的自我对齐算法的主要优势在于，它使得语言模型能够在指令遵循和自我评价的能力上自我改进，通过新的数据和自我评价不断提升性能，从而克服了对固定奖励模型的依赖。

CHAPTER 5

第5章

数据处理

在大模型的垂直领域迁移中，数据处理是一个关键步骤。数据处理涉及数据规模、数据质量、数据来源、数据处理效率等问题。

5.1 数据处理的挑战

大模型需要大量数据来学习和理解复杂的语言模式。这些数据涵盖各种不同的语言风格、领域和主题，以帮助模型更好地泛化和处理查询的多样性。在特定的垂直或专业领域中，例如医疗或法律，领域数据对于增强模型在这些任务上的性能至关重要。这一过程通常被称作“领域适应”或“微调”，意味着通过特定领域的数据来训练模型，使其能更精准地理解和处理该领域内的特定内容和术语。

值得注意的是，即使某些数据源与模型的最终任务并不直接相关，它们也对提升模型的泛化能力有着积极的影响。例如，即便模型的主要应用场景为金融新闻分析，将文学作品等不同风格的文本加入到训练数据中，也能促进模型更全面地理解语言的多样性和复杂性。这种做法可以减轻模型在特定领域过度专业化而忽视其他领域的风险，确保模型在面对不同类型的任务时都能表现出色。因此，高质量的数据对于提升大模型的性能至关重要。

在模型训练中，处理和管理来自各种来源的数据是一个关键挑战。要有效地训练模型，数据模块必须能够从内存、本地磁盘、分布式文件系统、对象存储系统以及网络等多种存储设备类型中加载数据。这要求数据模块能够抽象并统一处理这些不同的输

入 / 输出（I/O）差异，以降低用户的学习成本。因此，为了适应来自不同源的多种数据处理需求，数据模块需要提供一系列丰富的数据预处理功能，以解决多源数据的高效管理问题。

在模型训练的每次迭代步骤开始之前，数据模块应提前准备好数据。这样可以减少因等待数据加载而导致的 AI 加速器（如 GPU）阻塞时间。然而，数据加载和预处理过程中往往会面临 I/O 性能和 CPU 计算性能的挑战。序列化和反序列化数据是这些过程中的主要瓶颈之一。为了解决这些问题，数据模块需要支持高效的文件格式，以加快数据读取速度，确保模型训练过程中数据的连续供应，从而充分利用计算资源，提升训练效率。

5.2　数据质量

高质量的数据集能够帮助模型更好地学习和理解语言的复杂性，提升其在特定任务上的表现。用于垂直领域大模型训练的数据集很大比例来自互联网，通过收集并清理来自互联网上的领域数据，可以增加领域训练数据集的大小。但直接从互联网上爬取的数据往往包含大量噪声，例如错误信息、无关内容或低质量文本。如图 5.1 所示，在构建大模型的高质量训练数据集过程中，通过高效的文本提取、清洗及质量筛选等数据预处理步骤来移除这些低质量数据是至关重要的。这些步骤有助于降低数据噪声，确保在模型训练过程中使用的数据具有更高的准确性、相关性。这不仅增强了模型的训练效率，还显著提升了模型在执行各类任务时的最终表现。

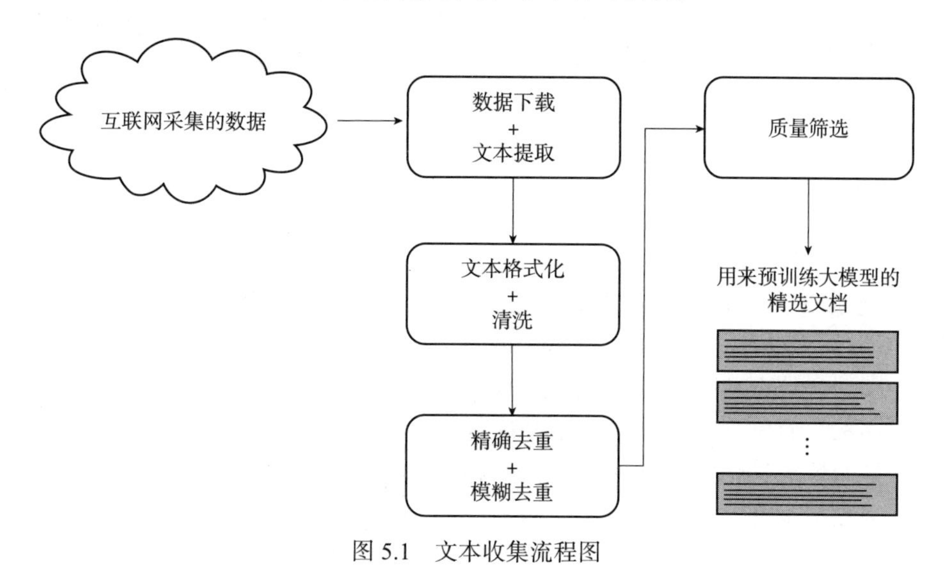

图 5.1　文本收集流程图

5.2.1 文本提取

字符编码的正确处理是在进行文本数据提取和分析时的基础且重要的环节。字符编码定义了字符集（如字母和数字）与计算机存储系统之间的映射。不同的编码系统会影响文本的显示和解析，错误的编码处理会导致文本出现乱码，进而影响数据的质量和后续处理的准确性。许多现代库和工具，如 Python 的 chardet 库，可以自动识别文本文件的字符编码。这一步是自动化处理的关键，可以在不需要人工干预的情况下准确识别数据的编码格式。一旦识别出字符编码，下一步是将其转换为统一的编码格式，通常是 UTF-8。UTF-8 具有广泛的兼容性，支持全球大部分的语言字符，是现代互联网应用中最常用的编码格式。Python 标准库中的 encode() 和 decode() 方法可以用于这种转换。

互联网采集的数据通常包含大量非文本元素（如 HTML 标签、JavaScript 代码、CSS 样式）。可以采用专门设计的 HTML 解析库来处理和提取网页中的纯文本内容。例如，使用 Python 编程语言中的 html 和 lxml 库能够有效地从网页内容中去除 HTML 标签并解码 HTML 实体，从而获取文本数据。此外，提取过程中不仅要注意去除非文本元素，还需保留对文本理解有意义的结构化特征，如缩进、换行和项目符号等格式特征。这些特征对于保持文本的原有结构和提高数据的可读性具有重要作用。

使用正则表达式可以手动定义规则来过滤数据和识别特定的元素，例如 HTML 标签、JavaScript 代码和 CSS 样式。但在处理具有复杂嵌套和不规则性的 HTML 结构时，正则表达式的应用可能会变得复杂且不稳定。这是因为正则表达式在设计上并不适用于处理高度嵌套或不规则的文本模式，在这类应用场景下容易出错，导致数据提取不准确或不完整。

5.2.2 数据去重

数据去重（Deduplication）旨在从数据集中识别和移除重复的记录或条目，如图 5.2 所示。数据去重可以减轻大模型的记忆化，保持模型困惑度的同时提高训练效率。记忆化（Memorization）是指模型对训练数据中具体实例的直接记忆。这种记忆化现象可能导致模型在处理新颖或未见过的数据时性能下降，因为它可能过度依赖训练数据中的特定样本，而不是学习从这些数据中抽象出的概括性知识。通过数据去重，可以使模型不是简单地记忆特定的数据，而是学会从中泛化。例如，训练数据和测试数据可能会发生数据重叠，这导致模型会因为已经见过测试数据而表现得异常好，但不是因为它学到了如何泛化，而是简单地记住了这些数据。通过数据去重，可以确保训练数据集和测试数据集之间没有重复的数据点，从而更准确地评估模型的泛化能力。记忆化还可能使大模型无意中保留并泄露在训练数据中见过的具体信息，包括可能敏感或私人的数据。通过数据去重，大模型生成的输出中包含训练数据中的具体信息片段的概率就会降低，利用模型泄露私人或敏感信息的攻击会更加困难。

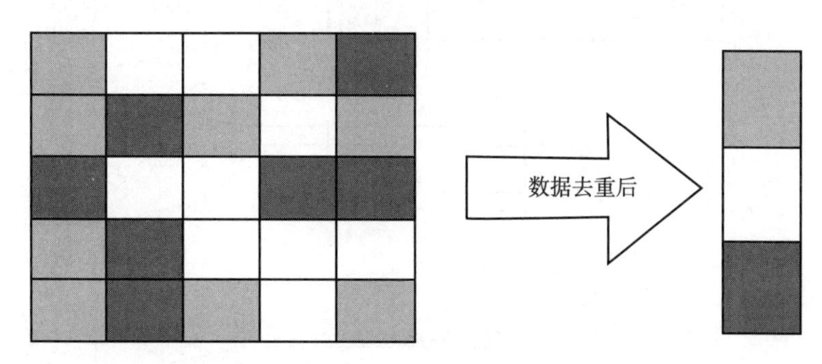

图 5.2　数据去重

模型困惑度（Perplexity）是衡量语言模型性能的重要指标，它反映了模型对测试数据的预测能力，通常用于评估语言模型对句子或文本序列出现概率的预测准确度。困惑度越低，表示模型对数据的预测越准确，理解能力越强。去除训练数据中的重复项意味着模型不必浪费资源去学习重复的信息，使训练过程更加高效。此外，通过减少数据中的冗余，模型可以被迫学习更加泛化的特征表示，从而在保持或甚至降低困惑度的同时，提升其对新数据的处理能力。

N-gram 和哈希技术是一种广泛使用的去重方法。这种方法通过将数据分解成 *N*-grams，然后对这些 *N*-grams 生成哈希值来检测和移除重复的数据项。如图 5.3 所示，*N*-grams 是文本中 *N* 个连续项的序列，这些项可以是字、词或任何其他元素。例如，在文本处理中，一个 2-grams（或双字 grams）可能是两个连续的单词，如“这是”。对每个 *N*-grams 应用哈希函数，生成一个唯一的哈希值。这个过程将可变长度的 *N*-grams 转换为固定大小的哈希值，然后通过比较 *N*-grams 的哈希值，可以快速识别出重复的 *N*-grams，并从数据集中移除它们。

如果需要从语义层面去重，则需要借助基于深度学习的自然语言处理技术。例如，可以将比较的两个文本独立地输入相同的神经网络（或不同的网络，但共享权重）进行编码，然后基于这些编码计算相似度。相似度通常通过计算这两个向量之间的距离（如余弦相似度）来估计。或者采用预训练模型（如 BERT）将文本转换为高维空间中的向量表示，这些向量捕捉了文本的丰富语义信息，再利用这些嵌入来评估数据点之间的相似度，使其能够理解复杂的语言特征和上下文信息。与传统基于文本相似性的去重方法相比，基于深度学习的自然语言处理方法能够识别那些在字面上可能不同但在意义上非常接近或相同的表达，提供了一种更深层次的语义去重。但从计算效率以及灵活性和适应性方面，N-gram 和哈希技术仍然是最常用的大数据集去重方法。

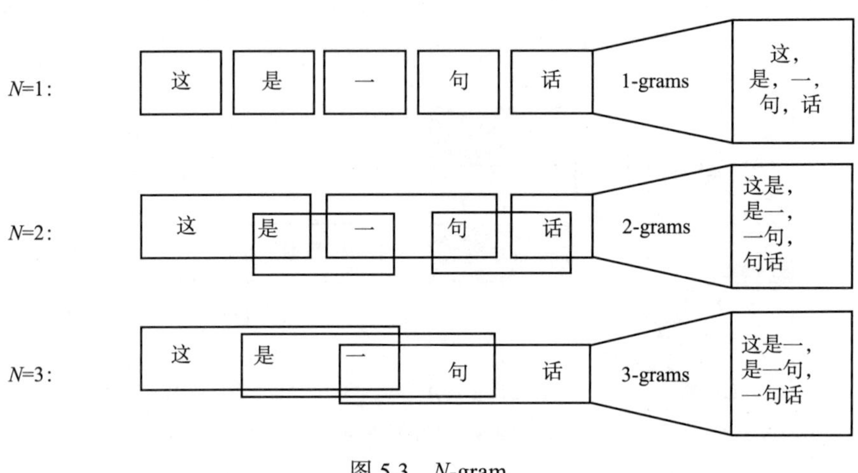

图 5.3 N-gram

5.2.3 质量过滤

数据质量过滤需要确保过滤标准与模型的真实目标相符合，既去除真正的低质量内容，又保留对提升模型理解和推理能力有价值的数据。过度的数据过滤可能会去除一些对模型学习有用的信息。因此，数据质量不仅要考虑去除低质量数据，还需要确保数据集中包含多样化和平衡的内容。

对于数据质量过滤这一复杂的数据处理任务，目前主流的方法是使用深度学习训练分类器来识别并移除低质量数据。这种方法依赖于构建一个或多个分类器，这些分类器能够根据特定标准评估数据质量，并将其分类为高质量或低质量。该方法的关键挑战在于定义和标注高质量与低质量数据的标准。鉴于标注数据的高成本，大多数情况下采用自监督模型，而数据质量依据语言的流畅性、相关性和信息丰富性等因素。例如，可以训练一个掩码语言模型（MLM），该模型通过预测文本中被随机掩盖的单词来学习语言的流畅性和语法结构。此外，为了增强模型对文本相关性和信息丰富性的理解，可以设计如句子排序或文本段落间的逻辑关系预测等任务，促使模型更好地把握文本的上下文关系和信息密度。

在自监督学习中，可以通过数据本身生成标签或监督信号。例如，对于流畅性的评估，模型可以通过比较原始文本和自动生成的文本（通过文本重写、简化或扩展等方式生成）的流畅性来学习。模型能够识别出哪些文本片段看起来更自然、更流畅。对比学习也可以用于评估文本的质量。通过对比学习，模型可以区分高质量和低质量的文本实例。这可以通过创建正面（高质量）和负面（低质量或人为降低质量的）文本对来实现，训练模型在这些文本对上进行区分。

如果有少量高质量与低质量文本的标注数据可用，可以对分类器进行微调，以提高其在特定质量评估任务上的表现。通过这样的自监督学习方法，可以构建出能够根据语言的流畅性、相关性和信息丰富性评估文本条目质量的高效分类器。这种方法既减少了对大量人工标注数据的依赖，又能够充分利用现有的大规模文本数据资源。

5.2.4　内容毒性过滤

毒性过滤的主要目标是清理预训练数据集中的有害内容，确保语言模型不太可能产生有害或冒犯性的输出。这种内容可能包括仇恨言论、辱骂、偏见表达、攻击性语言或其他形式的不友好对话。在教育等特定领域，防止生成有毒内容尤为重要，因为这可能会带来严重的后果。

启发式和基于规则的过滤方法依赖预定义的规则或模式来识别有害内容。这种方法通常涉及创建一组特定的标准或准则，用于自动检测和标记文本中可能被认为是粗鲁、不尊重或不合理的语言。这些规则可以基于特定的关键词、短语、句型或其他文本特征。启发式过滤可能包括更复杂的逻辑，用于评估文本内容是否符合某些不良行为的模式，而不仅仅是搜索特定的单词或短语。例如，启发式过滤毒性内容的一个典型例子是使用关键词列表来识别和过滤掉潜在有害的言论。这种方法依赖于创建一个包含已知的、常与有害言论相关的词汇和短语的列表。这个列表用于扫描和分析文本内容，以识别这些特定的词汇和短语。

基于规则的过滤是一种更直接的方法，通常依赖于明确的词汇表或模式定义，用以识别和过滤掉不希望模型学习或回应的内容。这种方法的一个挑战是需要不断更新和维护这些规则，以适应新的有害语言形式，并避免误标记无辜的内容。

启发式和基于规则的过滤方法的优点是执行相对简单、直接，能够快速过滤大量数据。然而，这种方法也有明显的局限性，包括可能会错过上下文中的细微差别（例如，同一个词在不同的上下文中可能具有不同的含义），可能会过度过滤，移除一些重要的训练数据，或者在复杂的语言使用情景下无法准确识别有害内容。

和数据去重的任务类似，使用 *N*-gram 等统计方法来识别可能有害的单词序列，在处理大规模语料的场景下更有优势。在毒性检测的上下文中，*N*-gram 分类器通过分析

文本中 *N* 个连续单词的序列来识别可能表达有害内容的模式。*N*-gram 模型通过学习标记为有害或无害的文本数据集，识别哪些特定的单词组合（即 *N*-gram）经常出现在有害类别的文本中。在处理新文本时，*N*-gram 分类器提取出所有可能的 *N*-gram 组合，并使用在训练阶段学到的信息来评估新文本中的 *N*-gram，判断这些序列是否匹配有害内容的模式。基于这些评估，整个文本被分类为有害或无害。

与关键词过滤相比，*N*-gram 能够捕捉到更复杂的语言模式，包括上下文中的微妙差异，这有助于减少误判。同时，一旦训练完成，*N*-gram 分类器可以自动处理大量文本，识别和过滤有害内容，非常适合需要处理大规模数据的场合。然而，*N*-gram 分类器的效果很大程度上依赖于训练数据的质量和全面性。如果训练数据存在偏差或不够全面，模型的预测可能会不准确。此外，*N*-gram 分类器在处理大型数据集时还需要更多的计算资源进行训练和应用。

毒性过滤可能导致模型的泛化能力以及准确识别有害内容的能力降低。这是因为过滤过程中可能不仅会移除明确有害的内容，还会移除那些对于模型构成毒性的边缘案例。为训练大模型的复杂性，必须仔细平衡防止有害输出与保持模型理解和参与广泛内容的能力之间的关系。

5.3　高效数据集访问

高效数据集访问的关键挑战在于数据体积的大幅度增加以及将数据从磁盘读入主内存时所涉及的输入 / 输出成本，这需要优化数据集的内存格式或磁盘格式。

5.3.1　数据集来源

大模型的训练数据涉及从不同来源获取和整合数据的复杂过程，包括远端数据集和本地数据集。远端数据集指的是存储在互联网或企业内部网络上的数据集。近年来，随着大模型技术的发展，出现了大量免费的大型数据集，促进了云端数据仓库的发展。例如，Hugging Face 社区通过数据集中心和数据卡片进行社区管理和文档记录，旨在为许多任务和语言提供对长尾数据集的访问。这些数据集通常通过 API 或特定的数据传输协议进行访问。

本地数据集是指存储在本地硬盘或内部网络存储设备上的数据集。这些数据集通常在使用前已经下载或采集完成，适用于需要频繁访问或处理的大型数据集，因为本地存储可以减少访问延迟和网络依赖。例如已经下载的公共数据集、企业内部累积的历史数据。本地数据集的挑战在于存储管理和数据更新。大型数据集可能需要大量的存储空间，且数据更新需要手动或通过自动化脚本进行。

流式传输是一种高效处理远端数据集的方法，不需要将整个数据集下载到本地存储，可以按需逐个加载和处理数据集中的元素。这种方法适用于那些过大而无法一次性完全下载到本地的数据集，或者当用户只想快速查看数据集中的少量样本时。通过流式传输，数据以流的形式逐项传送，大大节省了磁盘空间和下载的等待时间。

远端数据集适用于动态获取最新数据或者在本地存储空间有限时使用。但远端数据集可能涉及网络延迟、数据传输限制、权限管理等问题。同时，数据的持续性和稳定性依赖于远端服务器的可靠性。在大多数训练场景中，数据集都以本地方式存储。本节将主要讨论如何高效处理本地数据集。

5.3.2　列式内存格式

Apache Arrow 项目提出了一种列式内存格式标准，专门为提升数据处理与分析的效率而设计。这意味着数据表中的元素被组织成内存中的连续块，从而通过增强缓存局部性（Cache Locality）和实现计算矢量化（Computational Vectorization），达到对数据进行快速访问与处理的目标。

大多数传统的表格数据处理应用往往采用自定义的数据结构在内存中表示和管理数据集，例如查询引擎和数据服务等。这种做法要求在不同的文件格式、网络协议和库之间实施自定义的序列化协议，从而导致开发和维护的工作量大大增加。这不仅消耗了大量的开发资源，也导致了 CPU 资源的浪费，因为系统需要花费大量时间在处理各种序列化方案上，而非直接致力于数据分析。Apache Arrow 项目旨在解决这一问题，通过推广使用 Arrow 定义的统一内存格式，减少了系统内部开发和维护自定义数据结构的需求。利用 Arrow 作为内部数据格式，系统组件可以直接公开 Arrow 格式的数据，无须进行数据的序列化或反序列化，从而降低了数据传递的开销。

在数据库存储的实现上，采用行式或列式存储存在广泛争议。这些争议主要集中在数据存储在磁盘上时的文件格式选择上。Apache Arrow 列式内存格式的优势在于，它支持计算例程和查询引擎高效地操作数据集的特定列子集，无须加载整行数据。这种存储方式对于那些以列为基础进行大量读写操作的场景尤为有益，显著提高了 CPU 处理效率和数据处理性能。

表 5.1 所示为一个包含弓箭手、地点和年份的示例数据表。在传统的行式数据组织中，通常会定义如 struct { string archer; string location; int year } 这样的结构体来表示表中的每一行，并逐行读取数据。这种方法在需要逐行访问所有列的数据时非常有效。但如果面对一个较大的数据表，并且仅需进行针对特定列的操作，例如寻找所有年份中的最小值和最大值，或者对不同地点进行分析，这时行式存储就显得效率低下，因为它需要将整个表加载到内存中，即使大部分数据对于特定的查询是不必要的。

表 5.1　示例数据表

示例数据	弓箭手	地点	年份
行 1	Legolas	Mirkwood	1954
行 2	Oliver	Star City	1941
行 3	Merida	Scotland	2012
行 4	Lara	London	1996
行 5	Artemis	Greece	2024

相比之下，如图 5.4 右侧所示的列式的内存结构将数据按列而非按行进行组织，使得针对列的操作（例如分组、筛选和聚合等）更加高效。因为在内存中，列数据是连续存储的，从而减少了内存页的遍历次数，增加了 CPU 缓存命中的概率，提高了整体性能。当查询引擎和计算程序处理数据时，它们往往只操作部分列而非整行，因此列式存储在数据处理效率上有显著优势。

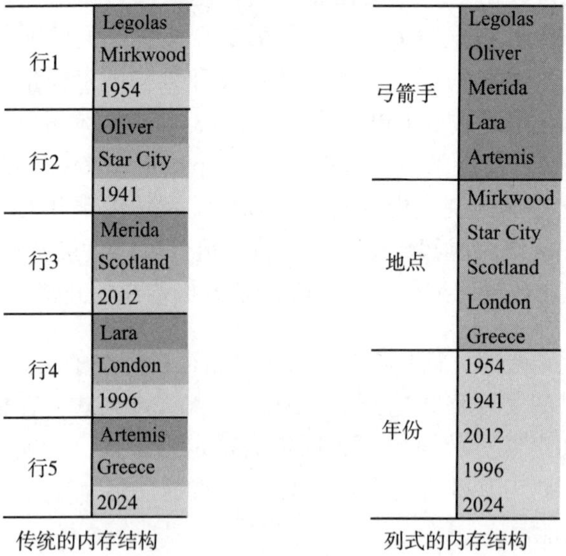

图 5.4　传统的内存结构与列式的内存结构对比

以寻找所有位于欧洲的弓箭手为例，通过列式存储，我们可以直接扫描“位置”列以确定所需的行，随后仅从“弓箭手”列中提取这些行的数据。这样的操作减少了不必要的内存访问，并允许 CPU 高效预测执行指令，保持内存访问的局部性。这种数据组织方式的优势在处理庞大的数据集时尤为明显，不仅提高了数据查询的速度，而且提升了 CPU 的运行效率。

5.3.3 向量化计算

在列式数据组织方式中，数据按列连续存储于内存。这一布局使得借助向量化计算加速处理成为可能。大多数现代处理器配备了单指令多数据（SIMD）功能，通过该技术，处理器能够在单个指令中同时处理多个数据点。这种方法在图形处理单元（GPU）上得到了广泛应用。由此，Arrow 等库被设计来充分利用 GPU 加速数据处理。

以货币转换为例，如需将价格列表中的每个元素乘以一个汇率，如图 5.5 所示。左侧展示了在非向量化计算中，CPU 逐一处理每个数据项；右侧则展示了向量化计算，其中使用 SIMD 技术可以一次性处理整组数据。要进行向量化计算，通常要求数据存储在连续的内存块中，这正是列式存储在这方面优于行式存储的原因。

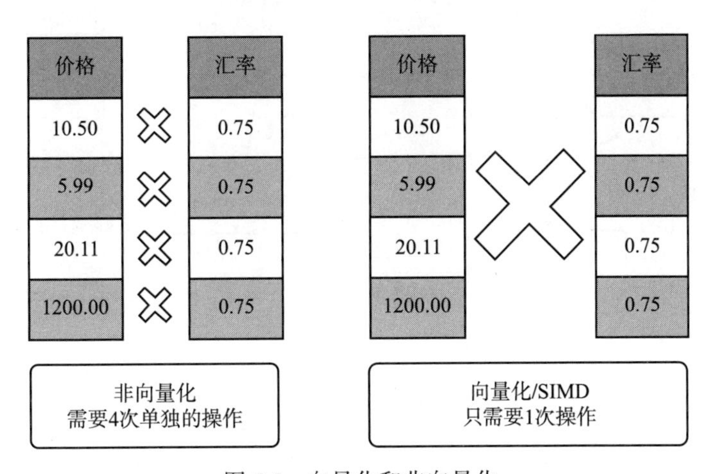

图 5.5 向量化和非向量化

对于不熟悉 SIMD 的读者，可能会将其与多线程混淆。SIMD 是一种低层次的硬件优化技术，让单个 CPU 指令同时处理多个数据点。而多线程则是一种更高级的并行计算概念，它涉及多个执行流同时在不同 CPU 核心或同一个核心交错执行的情况。简而言之，多线程关注于同时处理多任务，而 SIMD 关注于减少操作数以高效完成计算任务。

最后，列式存储在数据压缩方面也显示出优势。由于同类型数据在列中连续存储，因此在网络传输中可能成为瓶颈的大型数据集，可以通过列式存储结构获得更高的压缩比率。相比于行式存储，列式存储中同类型数据的连续性使其更易于压缩，从而节省了存储空间和传输带宽。

5.3.4　零复制数据交换

Apache Arrow 定义了一种统一的内存数据格式，允许不同的数据库、编程语言和库在无须数据复制的情况下交换数据。如图 5.6 所示，在传统的数据处理系统中，每个系统都使用不同的数据格式，导致在不同系统间转移数据时必须经历烦琐的序列化和反序列化过程。这不仅消耗了大量计算资源，也浪费了开发人员的时间去适应和转换这些数据格式。

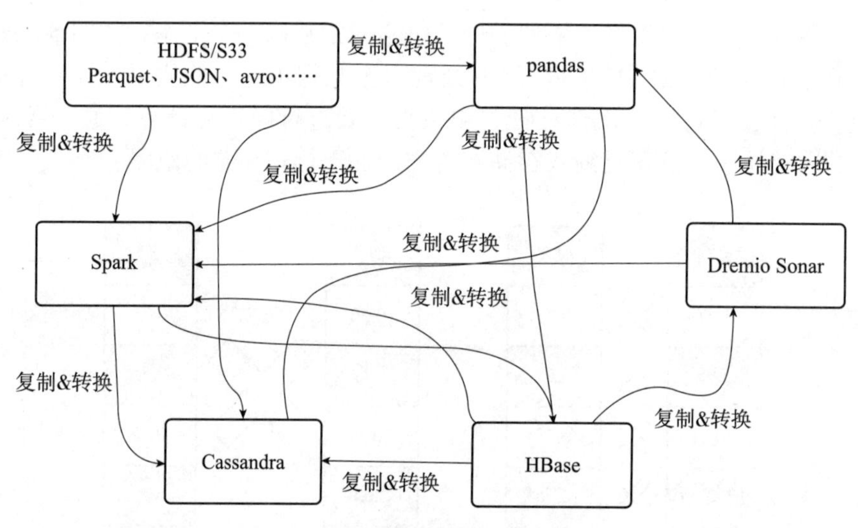

图 5.6　复制和转换组件

如图 5.7 所示，当所有组件采用 Apache Arrow 的内存格式时，各种编程语言编写的程序能够直接操作共享的内存数据结构。数据可以在组件之间以极低的成本转移，甚至实现“零成本”的传输。Arrow 内存格式保留了数据的结构和类型信息，支持不同系统和程序间的“零复制”数据共享，减少了内存复制的需求。

在分布式数据处理系统中，数据被分解并通过网络发送到不同的工作节点。Apache Arrow 的优势在于其内存中的数据格式与通过网络传输的格式一致，允许系统直接引用网络协议的内存缓冲区。这种一致性消除了网络传输前后的序列化和反序列化需求，只需发送少量的元数据和原始数据缓冲区，即可在网络间实现高效的零复制数据交换。这极大地降低了内存使用，并提升了 CPU 的数据处理能力。

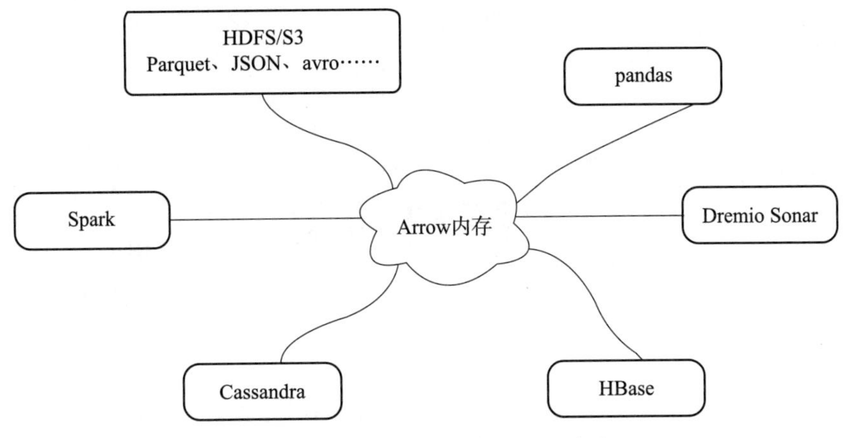

图 5.7 在组件之间共享 Arrow 内存

5.3.5 虚拟内存

Apache Arrow 的设计考虑了高效的数据处理需求，它通过内存映射技术优化了文件的读取和处理。内存映射文件是将文件或其片段直接映射到进程的虚拟内存地址空间中的技术。这样，应用程序便能够像访问内存一样访问文件数据，而无须将整个文件载入内存中。

借助 Arrow，数据集可以高效地利用磁盘缓存，特别是在物理内存较小的设备上处理大型数据集时表现出色。例如，在数据集较大而设备内存有限的情况下，如加载英文维基百科数据集，Arrow 能够只用几兆的 RAM 来进行操作。这得益于 Arrow 将数据集的处理方式设计为内存映射模式，即直接从磁盘读取数据，而非全部加载至 RAM 中。

内存映射的另一个优势在于数据访问速度。通过虚拟内存系统的快速地址翻译，Arrow 能够快速迭代内存映射的数据集，大幅度提升数据读取速度。以迭代英文维基百科数据集为例，在一台标准配置的笔记本电脑上，迭代速度可以达到 1G～3Gb/s。具体而言，假设有一个 18GB 的数据集，使用 Arrow 进行迭代仅需大约 31.8s，这相当于数据处理速度达到了 4.8Gb/s。这种迭代效率的实现归功于内存映射技术的应用，使得数据集在没有显著占用 RAM 的情况下，依然能够实现高速访问和处理。

CHAPTER 6

第6章

大模型抽象

深度学习模型可以被抽象为对张量及其算子（操作）的描述和操作。张量作为基本数据结构，用于表示和存储数据。算子是对张量执行的计算，可以改变张量的形状或值。深度学习模型通常由多个层组成，每个层执行特定的张量操作。这些层的结构和顺序定义了模型的架构。大模型作为一种深度学习模型，其性能和能力在很大程度上取决于其表征为张量与算子的架构设计。训练或推理过程中的优化也体现为对大模型各层参数张量与算子的优化。大模型的“知识”被编码在权重以及一系列接受张量输入并输出张量的计算中。

6.1 计算图

计算图（Compute Graph）是张量程序抽象的一种具体形式，以特殊的有向无环图（DAG）形式，表征了从输入到输出的计算流程。如图6.1所示，计算图由两部分构成：张量和算子。其中，张量是多维数组，用于存储数据，而算子则定义了如何对这些数据进行处理。在深度学习框架（如TensorFlow或PyTorch）中，计算图是构建、理解、优化神经网络模型的基础。

每个算子执行特定的计算任务，如加法、乘法或卷积，并输出一个新的张量。模型的整个计算过程被模块化为不同的操作单元，每个单元执行明确的函数。自动微分机制利用这种结构，在训练期间通过后向传播算法高效地计算梯度。这些梯度对于通过梯度下降法优化模型的权重参数至关重要。除了自动微分外，计算图还能优化整个计算流程。例如，框架可以识别并消除重复的计算，或者重新安排操作的顺序来提升计算效率。通过这种方式，开发者可以更加高效地实现模型训练和推理，尤其在处理复杂的神经网络结构时更是如此。

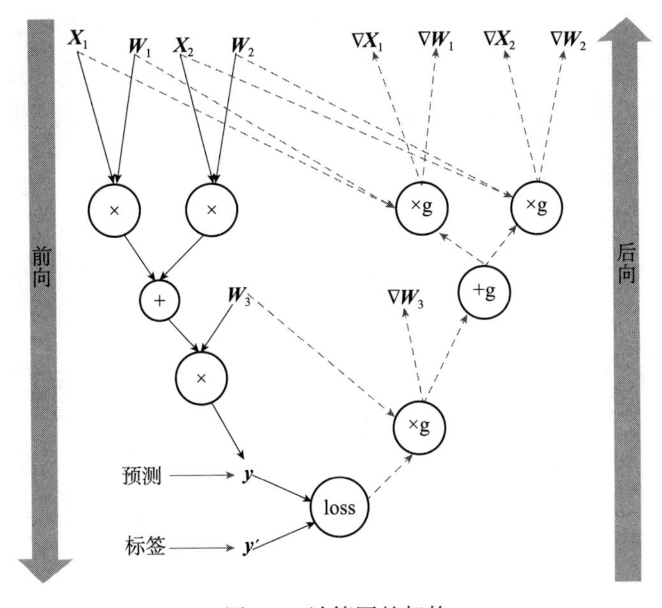

图 6.1 计算图的架构

在计算图中，张量构成了数据的基本单元，贯穿于整个计算过程，包含输入数据、模型参数及其生成的中间结果。从数学角度来看，张量是标量和向量的高维推广，本质上是一个多维数组。如图 6.2 所示，张量可能是零维的，代表一个单一数值（标量），也可能是一维的（向量）、二维的（矩阵）或者是更高维度的数组形态。

例如，一个三维张量可以用于存储彩色图像的像素值，其中两维对应于图像的高度和宽度，第三维则对应于颜色通道。在深度学习的背景下，模型的参数（比如权重矩阵和偏差向量）是在学习过程中不断优化的变量。这些参数张量在神经网络的各层中发挥作用，通过学习数据中的模式来调整其值。

当数据在模型各层之间传递时，每一层都会使用其参数张量处理数据，生成新的中间结果张量。这一过程是模型学习的基础，它允许模型在层之间传递信息，并逐渐提取出更高层次的特征。此外，计算图在训练阶段还会产生梯度张量，这是模型损失相对于每个参数变化的度量。梯度张量与参数张量具有相同的形状，为参数更新提供了必要的信息，以便降低整体的损失函数值。

在计算图中，算子定义了神经网络中张量如何被处理与转换。这些算子规定了数据在神经网络的各个节点间的流动路径，包括权重加总、激活函数调用和卷积等多种操作。根据其功能，算子可归类为张量操作算子、神经网络算子、数据流算子及控制流算子。

1）张量操作算子涉及结构性变换与数学运算。其中，结构操作算子负责调整张量的维度和形状，例如在图像处理中，它们可以改变图像张量的通道排列次序。数学运算类算子执行诸如矩阵乘法和范数计算等基本数学操作，这些运算构成了神经网络梯度计算和参数优化的基础。

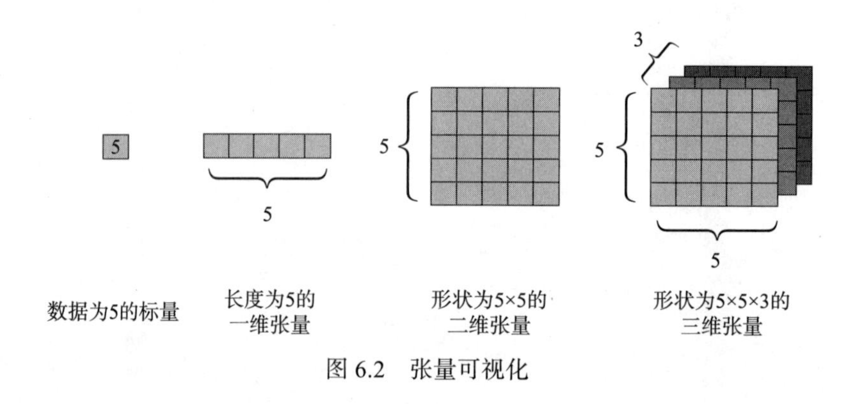

图 6.2 张量可视化

2）神经网络算子负责特征提取、激活函数和损失计算。特征提取算子（如卷积）用于从输入数据中提取关键特征；激活函数（如 ReLU 或 Sigmoid）引入非线性以增强模型对复杂数据模式的捕捉能力；损失函数和优化算子则直接关联至模型参数的更新，影响训练效率。

3）数据流算子负责数据预处理和优化数据读取过程。预处理操作（如图像裁剪、填充和归一化）旨在提升模型的训练效率和泛化能力；数据载入算子通过批处理和预加载等技术，优化数据的输入流。

4）控制流算子在计算图中控制数据的流动路径，通过条件语句和循环实现模型的动态行为，对梯度的后向传播和计算效率有直接影响。

在深度学习模型的训练阶段，每个算子按照预定义的规则处理输入张量，并生成输出张量，传递至下一节点。这个过程从输入层展开至输出层。在后向传播过程中，导数（梯度）自输出层向输入层传播，依据链式法则计算每个参数的梯度，用于模型参数的更新。计算图不仅清晰地展示了模型的构成，还在模型的训练和推理过程中为优化提供了框架。通过挖掘计算图的结构信息，可实施各种优化策略，提升模型的计算效率与性能。

6.2 静态计算图

计算图分为静态计算图和动态计算图两大类。静态计算图是在模型执行之前完整定义的图，其结构以及其中的算子和张量流动都在实际进行任何计算之前已被设定，遵循“编译后执行”的原则，从而分离了计算图的定义与执行过程。如图 6.3 所示，在模型构建阶段，开发者使用 Python 等前端语言来规划模型架构，定义各层及其算子。这个阶段完成后，就像在编程中的编译步骤一样，生成了一个完整且优化的计算图。当进入执行阶段，这个计算图不再依赖前端语言的解释或编译，而是可以直接在硬件上执行，有效提升了执行效率。

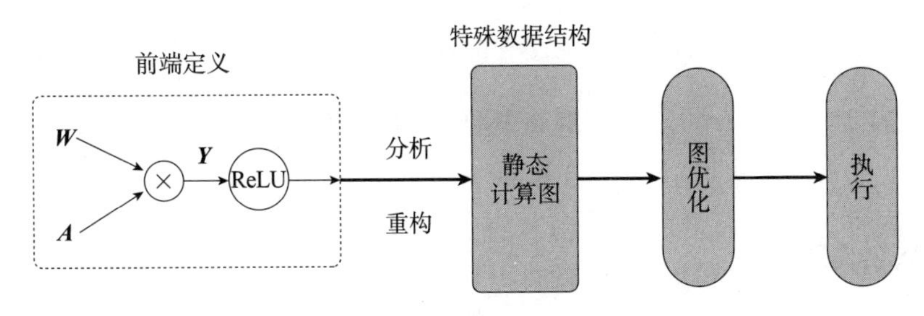

图 6.3 静态计算图生成与执行

以 TensorFlow 1.x 为例，静态计算图的创建涉及定义占位符、模型参数、结构、损失函数和优化策略等步骤。图 6.4 所示的代码片段展示了一个线性模型的构建过程。

静态计算图在编译时能获得整个模型的全局信息，这允许框架在模型运行前对整个图进行深入的优化，如算子融合、内存优化、确定执行路径等。这些优化能够显著提升大规模、复杂网络的计算效率。静态计算图的结构预先确定且不变，减少了运行时的额外开销，便于跨平台运行和部署，同时允许模型的序列化和保存，推理时无须重新编译。然而，静态计算图一旦构建完毕，就无法修改其结构。这在进行模型调试时可能引入挑战，因为优化和转换后的计算图可能与开发者编写的原始代码有显著差异，错误追踪可能会指向经过优化的代码而非源代码，给定位问题带来难度。此外，定义复杂网络结构和训练过程的代码可能比较烦琐，需要开发者有较高的技术水平。

```
import tensorflow as tf

# 定义输入和模型参数
x = tf.placeholder(tf.float32, shape=(None,3))
y = tf.placeholder(tf.float32, shape=(None,1))
```

```
W = tf.Variable(tf.random_normal([3,1]), name="weights")
b = tf.Variable(tf.zeros([1]), name="bias")

# 构建线性模型
pred = tf.matmul(x,W) + b

# 定义损失函数和梯度下降优化器
loss = tf.reduce_mean(tf.square(pred - y))
optimizer = tf.train.GradientDescentOptimizer(0.01).minimize(loss)

# 执行计算图
with tf.Session() as sess:
    sess.run(tf.global_variables_initializer())
    for i in range(1000):
        batch_x,batch_y = ... # 获取数据
        _, l = sess.run([optimizer, loss], feed_dict={x: batch_x, y: batch_y})
```

图 6.4　线性模型的静态计算图定义

6.3　动态计算图

与静态计算图不同，动态计算图在模型运行时，每执行一个操作，都会立即被计算并返回结果，而不是先构建一个完整的计算图再执行。这种方式也被称为“即时执行”或“命令式执行”。动态计算图采用命令式编程范式，这意味着编程语言中的命令会按照它们在代码中的顺序立即执行。这种特性使得动态计算图在模型构建和实验阶段非常灵活，允许研究人员频繁修改模型和尝试新的想法。此外，由于其即时执行的特性，动态计算图在调试过程中更为直观，用户可以随时检查和打印模型的状态。

如图 6.5 所示，动态计算图依靠编程语言的解释器在运行时解析代码，并通过机器学习框架的算子分发机制，根据输入数据的特性和运算环境，动态选用最适宜的算子进行计算。这种方法的一个明显优势是提高了调试过程的透明度，编程人员可以随时检查模型内部的状态。例如，在动态计算图框架（如 PyTorch）中，模型和计算图的构建是交织在一起的。

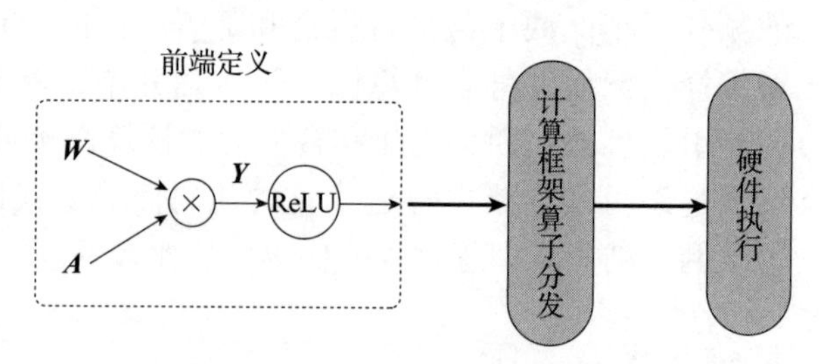

图 6.5　动态计算图的生成与执行

图 6.6 所示的代码展示了一个与图 6.5 中 TensorFlow 1.x 功能相同的线性模型。

```
import torch
import torch.optim as optim

# 定义模型参数
W = torch.randn(3, 1, requires_grad=True)
b = torch.zeros(1, requires_grad=True)

# 定义线性模型函数
def linear_model(x):
    return x @ W + b

# 定义损失函数
def mse_loss(pred, y):
    return ((pred - y) ** 2).mean()

# 定义优化器
optimizer = optim.SGD([W, b], lr=0.01)

# 运行模型训练
for i in range(1000):
    batch_x,batch_y=...                # 获取数据
    optimizer.zero_grad()              # 梯度清零
    pred = linear_model(batch_x)
    loss = mse_loss(pred,batch_y)
    loss.backward()                    # 后向传播计算梯度
    optimizer.step()                   # 更新参数
```

图 6.6 线性模型的动态计算图定义

在这个 PyTorch 的例子中，模型的计算图在每次迭代时都是动态创建的。requires_grad=True 告诉 PyTorch 跟踪这些张量上的所有操作，以便在后向传播时自动计算梯度。这个过程与 TensorFlow 静态计算图的主要区别在于计算图的动态性，模型定义更接近于正常的 Python 代码。开发者可以使用普通的控制流（如循环和条件语句），而模型的每一次执行都可以是不同的。这种即时的反馈和灵活性是动态计算图的显著特点。与之相反，静态计算图的执行效率通常更高，但在构建和调试过程中不如动态计算图直观和灵活。

动态计算图和静态计算图的主要区别在于它们各自的编译和执行方式。虽然静态计算图在运行时性能上可能更具优势，动态计算图则在开发和调试过程中为用户提供了更为丰富的直观体验和便利。在选择使用哪种类型的图时，研究人员需要根据具体任务的需求和偏好做出决定。静态计算图和动态计算图的对比如表 6.1 所示。

表 6.1　静态计算图和动态计算图的对比

特性	静态计算图	动态计算图
即时获取中间结果	否	是
代码调试难易	难	易
控制流实现方式	特定的语法	前端语言语法
性能	优化策略多，性能更佳	图优化受限，性能较差
内存占用	内存占用少	内存占用相对较多
模型部署	可直接部署	不可直接部署

为了结合动态计算图的易用性和静态计算图的高效性，主流框架提供了从动态计算图到静态计算图的转换技术。TensorFlow 通过 @tf_function 和 AutoGraph 机制实现转换，而 PyTorch 则通过 torch.jit.script() 和 torch.jit.trace() 提供类似功能。这些方法允许开发者在动态计算图模式下进行开发和调试，然后转换为静态计算图以提高执行效率。各主流框架支持的动态计算图转静态计算图的技术如表 6.2 所示。

表 6.2　主流框架支持的动态计算图转静态计算图的技术

框架	动态计算图转静态计算图
TensorFlow	使用 @tf_function 追踪算子调度以构建静态计算图，其中 AutoGraph 机制可以自动将控制流转换为静态表示
PyTorch	torch.jit.trace() 支持基于追踪转换 torch.jit.script() 支持基于源码转换

PyTorch 的 torch.jit.trace() 函数实现了一种基于追踪的转换方法。在这个过程中，模型首先在动态计算图模式下执行。执行时，框架记录下被调度的算子及其执行顺序，并据此构建出一个静态计算图模型，这个模型随后可以被保存和重新加载。然而，这种基于追踪的方法存在局限性，若模型中包含数据依赖的条件分支，追踪过程仅能捕捉到实际执行路径上的分支，这可能导致某些条件分支被遗漏，从而生成一个不完整的静态计算图。

而 PyTorch 的 torch.jit.script() 函数采用基于源码的转换策略。此方法通过对模型代码进行深入分析，识别并映射出动态计算图中的控制流结构，自动将动态计算图代码转写为适合静态计算图执行的代码。这一过程包括对代码的词法和语法分析，并且要求预设的转换器理解动态计算图的语义，转换为静态计算图的表达。这种方法在处理包含复杂控制流的模型时更为精确和健壮，尽管其实现更为复杂。

动静态图的转换技术为开发者提供了前所未有的灵活性。在模型开发和调试的初期阶段，可以充分利用动态计算图的优势；而在模型部署阶段，为了优化性能，可以将模型转换为静态计算图。这不仅提高了执行效率，而且由于静态计算图模型的跨平台兼容性，大大简化了模型在不同硬件设备上的部署过程。

6.4 算子优化与调度

计算图是深度学习模型的算子优化与调度的重要工具。它不仅以结构化的方式表征了模型中的各层及其相互连接，还描述了数据处理和计算的细节。在训练和推理的过程中，合理优化和调度这些算子是提升整体计算效率的关键。算子优化可以选择更高效的实现方法，或者根据特定硬件特性调整算子。算子调度的职责在于确定操作的最优执行序列，识别哪些操作可以并行化以及哪些由于数据依赖而需要按序执行。合理的调度策略能减少计算延迟、内存占用，并提升硬件资源的使用效率。

6.4.1 计算图与算子优化

计算图为算子优化提供了一个全局视图，使优化不局限于单个算子，还能考虑到算子之间的关系和整体数据流，从而提高计算效率和性能。例如，可以通过算子融合来降低内存访问频率和减少中间结果的存储。这种融合是基于计算图的拓扑结构进行的，可以将多个顺序的操作合并为一个更大的复合操作。以卷积神经网络为例，通常在卷积操作之后会执行批量归一化和 ReLU 激活函数。若分别执行这些操作，则每个操作都需要从内存中读取和写入数据。算子融合使得可以在单个复合操作中完成所有计算，显著减少了对内存的访问。

通过分析计算图，还可以识别出可能的性能瓶颈，并进行特定的算子优化，如特定算子的计算延迟或数据传输延迟。针对这些瓶颈进行算子优化，可以有效提高模型的整体性能。算子的优化还与硬件架构紧密相关，包括为特定硬件或特定数据规模选择或开发更有效的算法。例如，在不同规模的数据集上选择最合适的矩阵乘法算法，根据输入数据的大小选择不同的矩阵乘法算法。利用现代硬件的并行处理能力，如在 GPU 或多核 CPU 上并行执行算子，并根据不同硬件的特性（如 CPU、GPU、TPU）优化算子的实现。

算子优化还包括优化数据的存储和访问模式，减少内存访问延迟并增加缓存命中率。这涉及数据布局优化、有效的内存预取策略，以及量化和低精度计算。通过降低数据的精度（如从 32 位浮点数降至 16 位或 8 位），可以减少所需的计算资源和内存占用。

现代深度学习框架（如 TensorFlow 和 PyTorch）通常内置了算子优化的能力。在使用深度学习框架时，计算图提供了必要的信息供框架的自动优化工具使用。这些工具可以利用计算图提供的信息，自动执行算子融合、选择最优实现等优化策略。在本书的后续章节中，还会进一步讨论在训练与推理场景中的算子优化问题。

6.4.2　计算图与算子调度

计算图还提供了一种全局视角来优化算子的执行顺序和调度。如图 6.7 所示，计算图作为一种有向无环图（DAG），可以表示算子间的依赖关系。通过对 DAG 进行拓扑排序，可以确定哪些算子可以并行执行，以及它们之间的执行顺序。在排序过程中，没有前驱节点的算子（如节点 a 和 b）会首先执行。执行完毕后，这些算子及其相关的边会从图中移除，之后重复这一过程，直至所有算子均被处理。排序结果指导了算子在不同硬件单元（例如 GPU 或 NPU）上的并行或串行执行。例如，算子 c 在 a 和 b 完成后执行，因为它依赖于 a 和 b 的输出。

在此过程中，算子之间的通信开销是一个重要的考虑因素，它可能导致计算资源在等待数据时闲置。因此，算子的同步与异步任务调度机制显得尤为重要，这些机制能够协调计算和通信任务，减少等待时间，确保资源的高效利用。以图像识别网络训练为例，需要根据网络结构中各层算子的依赖关系，合理安排算子在硬件上的执行顺序，最终加快整个网络的训练过程。

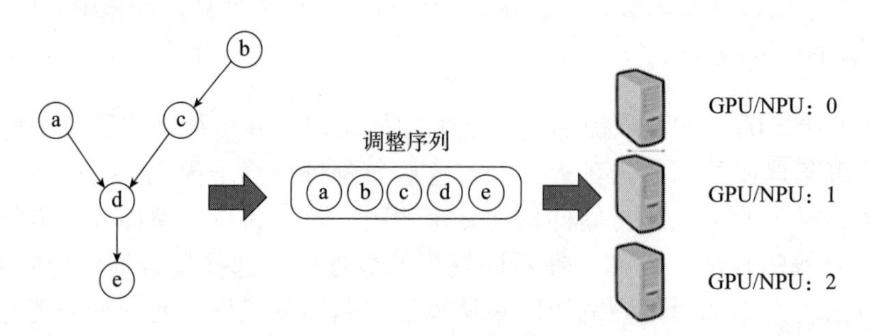

图 6.7　算子的执行顺序和调度

6.4.3　串行调度与并行调度

在深度学习的计算过程中，任务调度是确保算子正确、高效执行的关键环节。根据任务队列的执行顺序，计算图的任务调度可以分为两种主要类型：串行调度和并行调度。

（1）串行调度

串行调度指的是在计算图中按照特定顺序执行各个算子的过程。在一个迭代训练周期中，模型首先载入训练数据，并依次进行数据预处理、前向传播以产生预测值。随后，模型根据预测值和真实值计算损失函数，再通过后向传播计算相对于各参数的梯度。在这一过程中，每个算子的执行必须等待其前序算子完成，以获得必要的输出作为输入。这种依赖性决定了计算图中算子的执行是串行的。

简单的神经网络模型如图 6.8 所示，其计算图包括线性变换、ReLU 激活函数以及损失函数。网络的前向传播开始于输入，通过权重进行线性变换，然后应用 ReLU 激活函数，并通过第二层权重进行第二次线性变换以得到预测结果。计算损失函数 loss 需要与真实标签进行比较，而损失函数的结果是后向传播的起点。在后向传播中，必须先计算损失函数相对于 $\boldsymbol{W}_2$ 的梯度，然后是 ReLU 激活函数，最后是 $\boldsymbol{W}_1$ 的梯度。

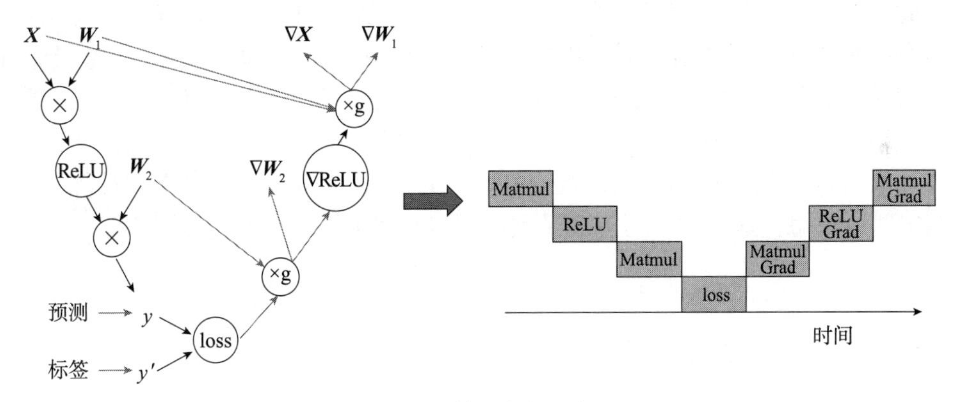

图 6.8 算子串行调度

从宏观角度看，每次迭代训练都需要读取训练数据，执行完整的前向和后向传播，并更新所有参数。因此，整个数据载入、数据预处理、模型训练的流程也是串行的，从而确保了数据和梯度的正确流动。

（2）并行调度

并行调度通过同时执行多个任务来提高执行效率。在计算图中，存在可以独立执行的算子。这些算子之间没有直接或间接的依赖关系，可以并行地分配到不同的硬件资源上执行。如图 6.9 所示，算子 op1 和 op2 没有数据依赖，它们可以同时在不同的处理单元上执行。

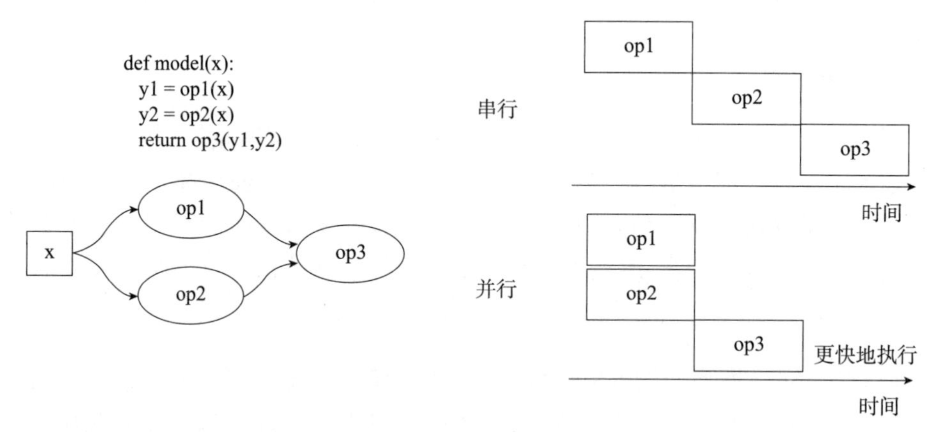

图 6.9　算子并行调度

并行调度可以细分为模型并行、数据并行及混合并行三种形式。模型并行包括张量并行和流水线并行，它涉及将计算图切分并分布到多个计算设备上。这在处理超大规模模型时尤为有用，每个设备负责模型的一部分，从而加快每次迭代的训练时间。数据并行是指使用不同的数据子集同时训练多个副本的模型，通常用于加速训练过程。每个模型副本在不同的设备上独立计算前向和后向传播，然后合并梯度或参数更新。混合并行结合了以上几种并行方式的优点，通过模型并行和数据并行的适当组合，优化整体计算资源的利用率和效率。混合并行可以根据具体任务的需求和计算环境的限制来制定并行策略。这三种并行方式及其应用将在第 8 章中进行详细讲解。

6.5　大模型中的张量与算子

GPT 系列模型是基于 Transformer 的解码器架构，如图 6.10 所示。该模型包括嵌入层、解码器层与输出层，其核心由多层 Transformer 解码器组成。每一层都包含一个自注意力层和一个前馈网络层（Feed Forward Network，FFN）。在这种架构中，输入层将输入文本转换为向量形式。自注意力层计算输入序列中每个词对序列中其他词的注意力得分，从而捕捉输入序列中不同位置间的依赖关系，后方的前馈网络子层负责在各个位置上执行非线性变换。输出层输出一系列未归一化的预测概率（logits），这些概率会通过一个 Softmax 层转换为概率分布，表示下一个词的预测。多层 Transformer 解码器在每个注意力和前馈网络层之间存在残差连接和层规范化。

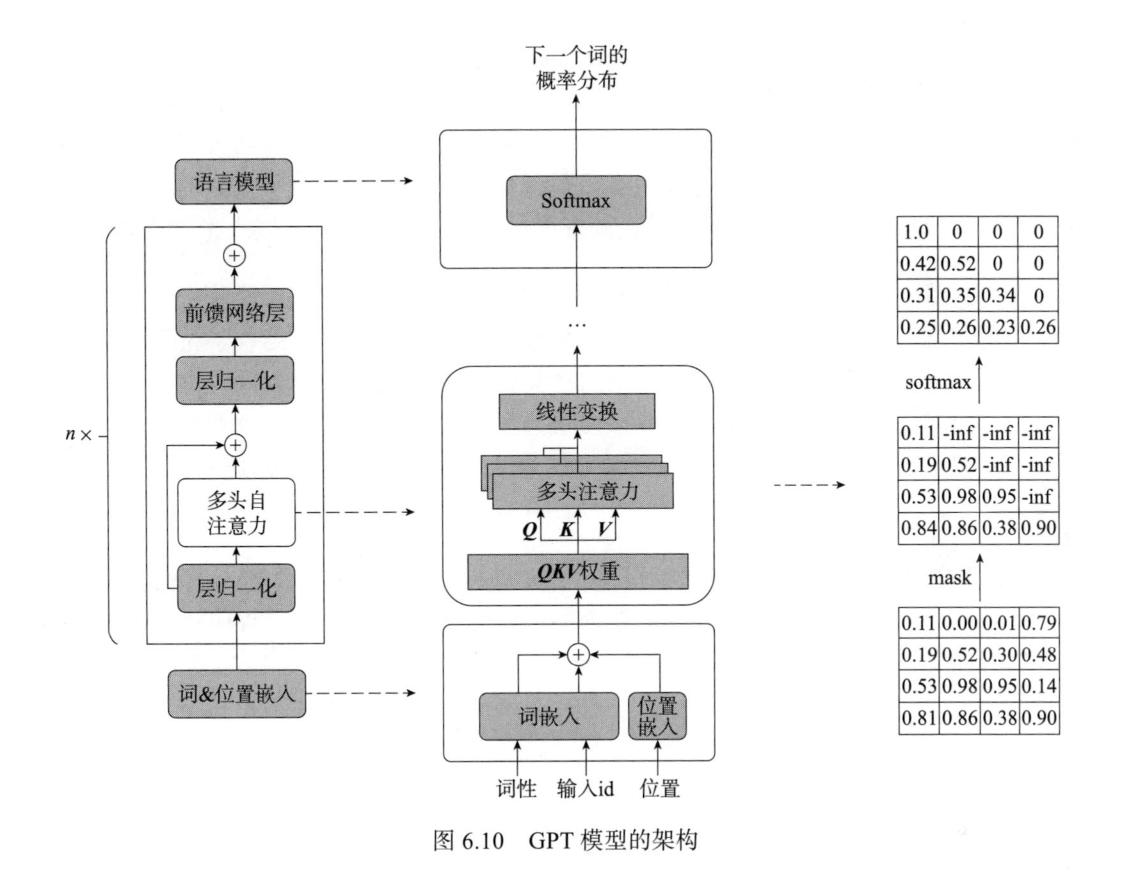

图 6.10　GPT 模型的架构

6.5.1　输入层

在 GPT 模型的输入层涉及多个张量与算子的协同工作，这个过程涉及三个关键的算子：词嵌入（Word Embedding）算子、位置编码（Positional Encoding）算子和融合算子。

1）词嵌入算子。词嵌入算子包括查找表（Lookup Table），用于将单词映射到高维空间中的向量，以及在某些情况下对词嵌入进行额外的线性变换。该算子以词嵌入张量为输入，输出序列的词嵌入。

词嵌入张量是一个二维张量，通常表示为$\boldsymbol{E} \in \mathbb{R}^{V \times D}$，其中$V$代表词汇表的大小，而$D$为嵌入维度。每一行对应于词汇表中某个单词的嵌入向量。对于一个具体的输入序列，这个张量是通过从词嵌入张量中查找相应的嵌入向量得到的。如果输入序列长度为N，则此张量的维度为$\mathbb{R}^{N \times D}$。

2）位置编码算子。在原始的Transformer模型中，位置编码是通过对每个位置索引应用不同频率的正弦和余弦函数来生成的。这些函数生成的位置编码与词嵌入相加，从而为模型提供单词在句子中的位置信息。在某些变体中，位置编码可以是可训练的参数，这意味着模型会在训练过程中学习最优的位置编码。该算子输出的位置编码张量与词嵌入张量类似，都是二维张量，其维度通常与输入序列的词嵌入张量相同。

3）融合算子。融合算子将位置编码与词嵌入相结合，以确保每个词嵌入包含其在句子中的位置信息，这对于基于自注意力机制的模型至关重要。结合了位置信息的词嵌入张量是通过将位置编码张量加到输入序列的词嵌入张量上得到的。这个操作后的张量同样将被送入GPT模型的后续层（如自注意力层）进行处理。这些张量共同构成了GPT模型输入层处理的数据。通过结合词嵌入和位置编码，模型能够理解每个单词的意义及其在句子中的相对位置，这对于后续的语言理解和生成至关重要。

通过这些张量和算子的综合运用，GPT模型的输入层能够有效地处理自然语言数据，并将其转换成对模型可理解且可处理的向量格式。这些处理过程使得模型既能理解单词的含义，又能把握单词在句子中的顺序和上下文关系。

6.5.2 自注意力层

在GPT模型的自注意力层中，涉及几个核心算子与张量，它们共同实现了自注意力机制，使得GPT模型能够有效处理序列数据，捕捉长距离依赖关系，并理解文本中的复杂模式。

1）查询（Query）、键（Key）和值（Value）生成算子：这些算子通过对输入张量应用不同的线性变换（通常是带有权重和偏置的矩阵乘法）来生成查询（$\boldsymbol{Q}$）、键（$\boldsymbol{K}$）和值（$\boldsymbol{V}$）向量。每个线性变换都是一个独立的算子。输入张量是自注意力层处理的输入数据，通常来自前一层（如输入层或前一个自注意力层）的输出。如果层的输入序列长度为N，并且每个词嵌入的维度为D，则输入张量的维度为$\mathbb{R}^{N\times D}$；查询（$\boldsymbol{Q}$）、键（$\boldsymbol{K}$）和值（$\boldsymbol{V}$）张量是通过将输入张量与三个不同的权重矩阵相乘得到的。每个张量的维度通常与输入张量相同，即$\mathbb{R}^{N\times D}$。

2）注意力得分算子：通过计算查询（$\boldsymbol{Q}$）和键（$\boldsymbol{K}$）的点积得分来实现。点积得分通常会通过键（$\boldsymbol{K}$）向量维度的平方根进行缩放，以防止梯度消失或爆炸。在计算$\boldsymbol{Q}$和$\boldsymbol{K}$的点积后，得到一个表示注意力得分的二维张量。如果输入序列长度为N，则其维度为$\mathbb{R}^{N\times N}$，表示序列中每个元素对其他所有元素的注意力得分。

3）Softmax 归一化算子：应用 Softmax 函数对注意力得分进行归一化，以得到最终的注意力权重。这确保了每个位置的注意力权重和为 1，使得模型能够在不同位置之间分配注意力。这个算子将归一化的注意力权重应用于值（$\boldsymbol{V}$）向量，计算加权和，得到每个位置的输出。应用 Softmax 函数后，得到一个与注意力得分张量维度相同的张量，表示归一化后的注意力权重。归一化输出张量是通过将归一化的注意力权重应用于值（$\boldsymbol{V}$）张量后得到的张量。这个张量通常与输入张量的维度相同，即$\mathbb{R}^{N\times D}$代表了自注意力层的输出。

4）多头注意力合并算子（如果使用多头注意力）：在多头注意力机制中，上述步骤会在多个“头”上独立进行，然后一个合并算子会将所有头的输出合并成一个单一的输出张量。如果使用多头注意力，上述的 $\boldsymbol{Q}$、$\boldsymbol{K}$、$\boldsymbol{V}$ 张量会在多个“头”上独立处理，产生多组中间张量，最后这些张量会被合并为最终的输出张量。

5）残差连接与层归一化算子：自注意力层的输出通常会通过残差连接（加上原始输入）和层归一化进行处理。这些步骤有助于改善训练过程中的梯度流动，并增加模型的稳定性。残差连接后的张量通常会与原始输入张量相加，然后进行层归一化，产生最终的输出张量。

6.5.3　前馈网络层

在 GPT 模型的自注意力层之后，是前馈网络层。这个层通常由两个线性变换组成，中间夹着一个激活函数。该层包括的算子和张量如下：

1）第一线性变换算子：通过对输入张量应用一个线性变换（权重矩阵和偏差），输入张量经过这个线性变换后得到一个新的张量。

2）激活函数算子：激活函数如 ReLU 或 GELU 被应用于上一步的输出。激活函数的输出也是一个张量，形状通常与输入张量相同。

3）第二线性变换算子：再次被应用于激活函数的输出。这一步的输出是前馈网络层的最终输出，它将被传递到下一层（可能是另一个自注意力层或者模型的输出层）。

6.5.4　输出层

在 GPT 模型的最后阶段，输出层将前馈网络层的输出转换为最终的预测。这通常涉及以下算子与张量：

1）线性变换（或者称作投影）算子：通过对输入张量应用一个线性变换来完成。在GPT模型中，这个变换通常使用与输入嵌入相同的权重（即权重矩阵共享），称为参数绑定。输入张量经过线性变换后，会得到一个新的张量，其维度对应于词汇表的大小。

2）Softmax算子：将线性变换的输出转换为概率分布，每个元素的概率表示模型预测下一个词是词汇表中特定词的概率。Softmax算子的输出是一个二维张量，其中每一行的元素和为1，表示一个概率分布。

在实际模型中，输出层还会有其他的考虑，例如如何处理特殊的标记（例如分隔符或填充标记）以及如何缩放输出以适应不同的任务（例如，语言模型和分类任务的输出处理可能会不同）。此外，在训练过程中，还会有计算损失函数的步骤，这通常涉及将模型的预测概率分布与实际观察到的数据分布进行比较。

6.6 大模型的序列化

大模型的序列化是将模型的状态信息（包括权重、偏置、结构等）转换为可以存储或传输格式的过程。然而，大模型在训练阶段和部署到生产环境阶段有着不同的需求和应用。

6.6.1 序列化文件的类型

在模型序列化时，需要保存计算图描述模型结构的信息，记录模型中的各个操作（如卷积、池化、激活函数等）及其之间的依赖关系，以便在加载模型时重构原有的计算图。除了结构信息外，模型序列化还涉及模型参数（如权重和偏置）的保存。计算图中的每个节点可能都有相应的参数，这些参数在训练过程中被学习和更新。序列化过程使这些参数的值得以保存，且模型可以在不同环境或时间点被准确地重建和使用。

模型在训练过程中需要保存模型的训练状态，这与将训练好的模型部署到生产环境中的需求不完全相同。模型训练过程中的序列化通常涉及检查点（checkpoint）的保存。检查点是训练过程中定期保存的状态快照，通常包含模型的权重、优化器的状态以及一些训练参数（例如当前的epoch和学习率等）。设置检查点的目的是在训练中断的情况下能够恢复训练状态，因此它需要包含足够的信息以便完全恢复训练。这些检查点通常保存为一个或多个文件，具体的文件格式取决于所使用的深度学习框架。

在训练过程中，模型序列化的检查点文件与模型训练完成后对应的模型文件所包含的内容并不完全相同。虽然两者都包含模型的权重信息，但检查点文件更侧重于支持训练过程的中断和恢复，通常不包括模型的结构信息。而模型文件的主要作用是模型的部署、推理或进一步使用（例如迁移学习）。因此，这类文件通常包含模型的结构（计算图）和训练好的参数（权重和偏置），但不包括检查点文件中的优化器状态或训练过程的元数据。在这个阶段，优化器的信息和训练的具体状态不再重要，因为模型不再需要进一步训练。

模型的权重信息可以单独保存为模型权重文件，这样在模型迁移或适配下游任务时，具有更多的灵活性。例如，在大模型的领域迁移中，通常使用开源预训练的模型权重作为起点，对模型进行微调以适应新领域任务。

大多数深度学习框架都具备自己的序列化文件格式，以便支持模型的存储、共享和部署。例如，TensorFlow 采用 SavedModel 和 H5 格式；PyTorch 则使用 torch.save 方法保存为 .pt 或 .pth 文件。此外，其他框架如 MXNet、Caffe2 和 ONNX 也各自提供了独特的序列化机制。这些序列化格式的选择和应用依赖于具体的实际需求，了解各种格式的功能和限制对于优化模型的实际应用至关重要，能够确保模型的可移植性与效能在不同环境中的最大化。

6.6.2　TensorFlow 模型序列化

TensorFlow 1.x 和 2.x 提供了以下几种模型导出格式，实现模型的序列化。

1）SavedModel 格式是 TensorFlow 推荐的模型导出格式，支持完整模型的保存和加载，包括权重、计算图和签名信息。可以采用 tf.saved_model.save(model, saved_model_path) 导出，使用 loaded_model = tf.saved_model.load(saved_model_path) 加载 SavedModel 格式的模型。一个典型的 TensorFlow SavedModel 目录结构如图 6.11 所示。

assets/ 目录下包含与模型相关的额外文件，比如词汇表文件等。这些文件是在模型的推理过程中可能会需要的。variables/ 目录存储模型的权重。variables.data-00000-of-00001 和 variables.index 文件共同表示模型的变量信息。如果模型的变量很大，可能会被分割成多个部分，但通常只有一个部分。

saved_model.pb 文件是一个包含模型结构定义的 protobuf 文件。它包括模型的计算图和元数据。这个文件使模型可以被 TensorFlow Serving、TensorFlow Lite、Tensor-

Flow.js 等工具和库复用。

```
saved_model/
|
├── assets/
|
├── variables/
|   ├── variables.data-00000-of-00001
|   └── variables.index
|
└── saved_model.pb
```

图 6.11　TensorFlow SavedModel 目录结构

assets 和 assets.extra 目录（如果有的话），用于存储与模型相关的额外文件，比如词汇表、配置文件等。一个或多个 saved_model.pb 文件描述了模型的签名信息，包括输入和输出的详细信息。

SavedModel 格式的优点在于它不仅包含模型的参数（权重和偏置），还包含模型的计算图和必要的元数据，使得模型可以在没有原始代码的情况下被重新构建和使用。这对于模型的分享和部署尤为重要，因为它允许模型在不同的环境中被灵活地使用，包括在 TensorFlow Serving、TensorFlow Lite 和 TensorFlow.js 等平台上。

2）Checkpoint 格式主要用于训练过程中的状态保存和恢复。在 TensorFlow 中，当使用 tf.train.Checkpoint 或类似机制保存检查点时，生成的目录结构主要包含一系列文件，用于存储模型的权重、优化器状态等信息。保存检查点时可能生成的文件类型如图 6.12 所示。

```
training_checkpoints/
|
├── checkpoint
|
├── ckpt-1.data-00000-of-00001
├── ckpt-1.index
|
├── ckpt-2.data-00000-of-00001
├── ckpt-2.index
|
└── ...
```

图 6.12　保存检查点时可能生成的文件类型

checkpoint 是一个文本文件（不是目录），其中列出了检查点目录中的最新检查点文件。这个文件帮助 TensorFlow 快速定位到最近的检查点，方便模型的恢复和继续训练。ckpt-[N].data-00000-of-00001 文件实际存储了模型的权重和优化器的状态等信息。[N] 代表检查点的编号，随着训练的进行，每次保存检查点时，这个编号会递增。如果模型的参数非常多，这些数据可能会分割成多个文件，但在大多数情况下，只有一个分片（00000-of-00001）。ckpt-[N].index 文件包含检查点数据文件的索引信息，用于在恢复模型时快速定位参数。

检查点的保存频率和保存的总数量可以根据具体的训练需求进行配置。为了避免占用过多的磁盘空间，通常会在保存新的检查点时删除旧的检查点。这里的“training_checkpoints/”是保存检查点文件的目录。如图 6.13 所示，这段代码会在每个 epoch 结束时保存检查点，并通过 CheckpointManager 管理这些文件，保留最近的 3 个检查点。

3）HDF5 格式用于保存和加载 Keras 模型，包括模型的架构、权重、训练配置以及优化器的状态。这种格式提供了一种便捷的方式来保存完整的模型到单个文件中，使得模型的共享和部署变得非常简单。保存和加载 HDF5 格式的模型的语法非常简单，使用代码 model.save('my_model.h5') 将模型保存为当前工作目录下的 my_model.h5 文件，使用代码 model = tensorflow.keras.models.load_model('my_model.h5') 可以从 HDF5 文件中加载模型，包括其架构和权重。

```
import tensorflow as tf
# 创建模型和优化器的实例
model = MyModel()
optimizer = tf.keras.optimizers.Adam()
# 创建Checkpoint 对象
checkpoint = tf.train.Checkpoint(optimizer=optimizer, model=model)
# 创建CheckpointManager
manager = tf.train.CheckpointManager(checkpoint, './training_checkpoints', max_to_keep=3)
# 在训练循环中保存检查点
for epoch in range(num_epochs):
    # 训练模型 ...
    manager.save()
```

图 6.13　保存检查点代码示例

4）冻结图（Frozen Graph）是一种将计算图的定义和模型的权重合并到单个文件中的方法。它在 TensorFlow 1.x 中经常使用，特别是为了优化模型以用于生产环境时。但随着 TensorFlow 2.x 的发布和普及，冻结图已经逐渐被 SavedModel 格式所替代。

5）单独保存和加载模型的权重。在 TensorFlow 2.x 中，开发者可以单独保存和加载模型的权重。这使得开发者可以在不同模型架构之间迁移权重，或者仅仅为了节省存储空间而不保存模型的整个架构，具有更高的灵活性。默认情况下，权重被保存在 TensorFlow 的检查点格式中，代码为 model.save_weights('path_to_my_weights.ckp')。也可以选择保存为 HDF5 格式，代码为 model.save_weights('path_to_my_weights.h5', save_format= 'h5')。同样，可以从 TensorFlow 检查点处加载权重文件，代码为 model.load_weights('path_to_my_weights.ckpt')，或从 HDF5 文件处加载，代码为 model.load_weights('path_to_my_weights.h5')。

需要注意的是，在加载权重之前需要确保模型架构已经被定义。当从 HDF5 文件处加载权重时，文件中存储的权重名称和模型中的权重名称需要匹配。如果存在不匹配的情况，可能会导致加载权重失败。使用 save_weights 和 load_weights 方法时，仅保存和加载模型的权重，而不包括模型的配置（例如架构）或优化器状态。如果需要完整保存模型的状态（包括架构和尽可能的优化器状态），应该使用 model.save 和 tf.keras.models.load_model 方法。

TensorFlow 2.x 的这种灵活性在迁移学习、模型微调或需要减少模型文件大小时特别有用。通过仅保存和加载权重，开发者可以在不同的模型架构之间共享学习到的特征，或者为了更高效地存储模型。

6.6.3 PyTorch 模型序列化

在 PyTorch 中，pickle 是一个常用于序列化和反序列化 Python 对象的模块，包括 PyTorch 模型和张量。PyTorch 利用 pickle 来保存模型的结构以及参数（权重和偏置），这使得模型可以被保存到磁盘上，然后在需要的时候重新加载。这种方法对于模型的分享、持久化存储以及迁移学习等场景非常有用。

当使用 torch.save 函数保存 PyTorch 模型或张量时，内部实际上是通过 pickle 来序列化对象的。例如 torch.save(model, 'model.pth')，其中 model 是一个 PyTorch 模型实例。torch.save 会将 model 对象序列化到名为 model.pth 的文件中。虽然文件后缀名 .pth 或 .pt 是约定俗成的，但实际上它们是通过 pickle 序列化的二进制文件，可以使用任何后缀名。这种方式类似 TensorFlow 的 SavedModel 格式，保存了模型文件，包括结构与参数状态的全部模型信息。

采用 state_dict 的方式则更为灵活，可以单独保存模型的权重或训练中的检查点。state_dict 是一个 Python 字典，而不是一个文件或目录。这个字典包含模型参数（如权重和偏置）的映射。state_dict 本身存储在内存中，但可以通过使用 torch.save 方法被序列化为一个文件，通常是 .pt 或 .pth 格式的文件。例如：

```
torch.save(model.state_dict(),'model_state_dict.pth')
```

加载 state_dict 需要先定义模型的结构，然后加载参数。

```
model = MyModel()  # 先定义模型结构
model.load_state_dict(torch.load('model_state_dict.pth'))
```

在 PyTorch 中，检查点通常包括模型的参数（state_dict）、优化器状态、已训练的轮数（epoch）以及其他重要信息，如最佳验证准确率等。图 6.14 展示了一个基本的例子，说明如何在 PyTorch 中保存一个检查点。

```
# 定义模型和优化器
model = MyModel()
optimizer = torch.optim.Adam(model.parameters(),lr=learning_rate)
# 假设有一些训练循环
for epoch in range(num_epochs):
    # 训练模型...
    # 假设每个 epoch 后都保存检查点
    checkpoint = {
        'epoch': epoch + 1,
        'state_dict': model.state_dict(),
        'optimizer': optimizer.state_dict(),
        #可以添加更多信息
    }
    torch.save(checkpoint,'checkpoint.pth')
```

图 6.14　在 PyTorch 中保存检查点代码的示例

这段代码在每个 epoch 结束时保存了一个包含模型状态、优化器状态和当前 epoch 的检查点。通过这种方式，可以在训练过程中任意时刻中断训练，并且能够从最后保存的状态恢复，继续进行训练。

当保存和加载模型权重时，需要确保模型架构与保存检查点时的架构相匹配。在分布式训练中，需要注意保存和加载的细节可能会有所不同。例如，可能需要特别处理模型在多个设备上的状态。可以根据需要保存额外的信息到检查点中，比如当前的学习率、训练损失等，这有助于后续分析和调试。

在 PyTorch 中，模型的序列化通常保存到一个单独的文件，例如利用 pickle 来保存模型的结构和参数，以及采用 state_dict 的方式保存模型参数。但是，检查点通常需要保存模型的权重、优化器状态以及其他信息（例如训练轮次）。这些信息可以分别保存到不同的文件中，然后统一放在一个目录下进行管理。PyTorch 没有直接提供将所有这些信息一次性保存到一个目录的 API，需要由使用者自己来管理这个过程。

6.6.4 Safetensors 序列化格式

大模型通常包含数十亿甚至更多的参数，这使得序列化后的文件非常大，需要特别考虑存储和传输的效率。加载如此巨大的模型需要时间，尤其是在分布式系统或云环境中，这可能成为一个瓶颈。Safetensors 是 Hugging Face 开发的新序列化格式，旨在简化和优化大型和复杂张量的存储和加载过程。Safetensors 格式更加符合大模型的需求，其文件结构如图 6.15 所示。

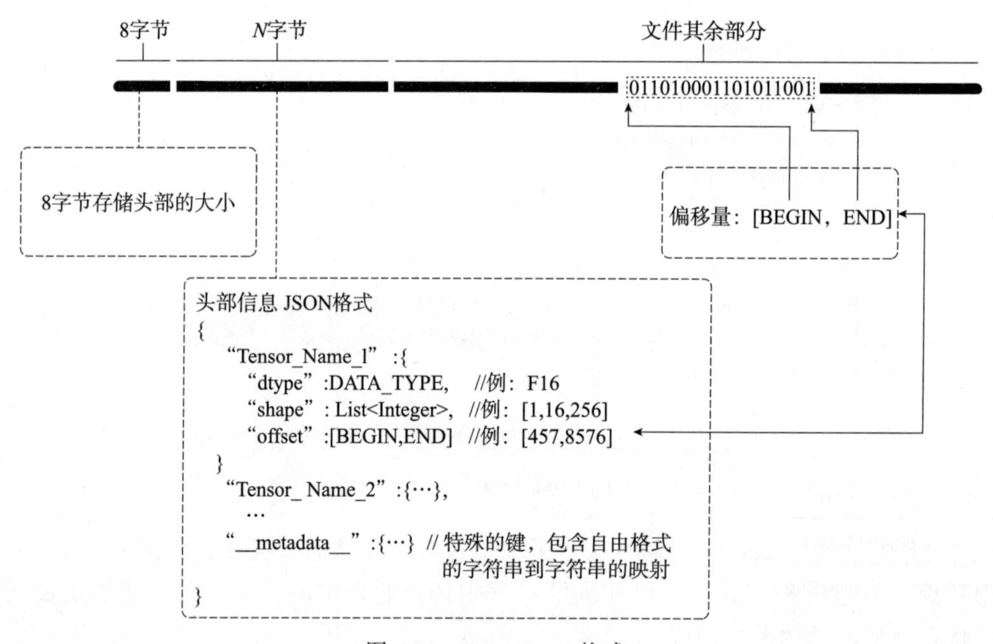

图 6.15 Safetensors 格式

Safetensors 格式起始的 8 字节是无符号 64 位整数，表示头部的大小。接下来的 *N* 字节是文件的头部，为 JSON 格式的 UTF-8 字符串，头部数据必须以“{”字符开始，在末尾可能有空格填充。头部包含多个字典，例如键为 " Tensor_Name "，值为另一个字典，主要包括：

- dtype 表示张量数据类型。其取值可以是 " F64 " " F32 " " F16 " " BF16 "

"I64" "I32" "I16" "I8" "U8" "BOOL" 中的一种，例如："F16"。

- shape 表示张量的形状，为一个整数列表。例如：[1, 16, 256]。
- offset 表示相对于字节缓冲区开始的张量数据的偏移量，其中 BEGIN 是开始偏移量，END 是结束偏移量（总的张量字节大小 = END - BEGIN）。

特殊的键 __metadata__ 允许包含自由格式的字符串到字符串的映射。不允许使用任意的 JSON，所有的值必须是字符串。

文件的其余部分是一个字节缓冲区。但需要注意的是，Safetensors 不允许有重复的键，尽管 JSON 规范本身不禁止有重复的键。因此，大多数 JSON 解析器在遇到重复的键时会采取"后者胜出"的策略，即后面的值会覆盖前面的值。在 Safetensors 格式中，张量的值不会进行验证或检查，因此特殊的浮点值，如 NaN（非数字）和正负无穷（+/-Inf）可能会存在于序列化的文件中。在反序列化或使用这些张量之前，应用或用户可能需要进行适当的检查或处理，以确保数据的完整性和正确性。Safetensors 格式允许有空张量（即一个维度为 0 的张量）。尽管它们在头部中保留了大小，但在数据缓冲区中不存储任何数据。从传统张量库的角度来看，它们是有效的张量（例如 torch、tensorflow、numpy 等）。

Safetensors 文件格式用于安全地存储和传输张量数据，同时避免了一些常见的数据解析和处理中的问题。如表 6.3 所示，与其他的深度学习架构的序列化文件格式相比，Safetensors 格式具有安全性、零复制、懒加载、无文件大小限制、布局控制、灵活性以及支持 Bfloat16 等优点。

表 6.3　各种文件格式功能支持

格式	安全性	零复制	懒加载	无文件大小限制	布局控制	Bfloat16
pickle（PyTorch）	×	×	×	√	×	√
H5（TensorFlow）	√	×	√	√	~	×
SavedModel（TensorFlow）	√	×	×	√	√	√
MsgPack（flax）	√	√	×	√	×	√
Protobuf（ONNX）	√	×	×	×	×	√
Cap'n'Proto	√	√	~	√	√	×
Arrow	?	?	?	?	?	×
Numpy（npy,npz）	√	?	?	×	√	×
pdparams（Paddle）	×	×	×	√	×	√
Safetensors	√	√	√	√	√	√

安全性是指文件格式在加载时是否安全，不会执行任意代码。为了防止序列化张量在存储或传输过程中发生损坏，Safetensors 使用了校验和机制。这为安全性提供了额外的保障，确保所有存储在 Safetensors 中的数据都是准确和可靠的。此外，Safetensors 对头部大小限定在 100MB 以内，防止解析极大的 JSON 文件。在读取文件时，可以保证文件中的地址不会以任何方式重叠，从而几乎不可能通过恶意文件对用户进行 DoS 攻击。

零复制表示读取文件时是否需要额外的内存开销。Safetensors 支持零复制，在读取时不需要超出原始文件大小的额外内存。对于大型数据文件，这是非常高效的。

懒加载是指在不加载整个内容的情况下检查或加载文件的部分内容。这对于大文件或分布式设置非常有益。Safetensors 支持懒加载，允许用户加载特定张量而无须扫描整个文件。在使用多个节点或 GPU 的分布式设置中，只加载模型的张量部分是非常有帮助的。例如，BLOOM 可以利用这种格式仅 45s 内在 8 个 GPU 上加载模型，而常规的 PyTorch 权重则需要 10min。

无文件大小限制表示格式对文件大小没有限制。Safetensors 没有文件大小限制，可以满足大量数据存储的需求。

布局控制是指能够控制张量的存储结构，以确保快速访问单个张量。Safetensors 提供布局控制，确保张量的信息不会散布在整个文件中，从而使数据访问更快。

Bfloat16 是一种数字格式。它在范围和精度之间的平衡，使其正在成为机器学习中的关键。Safetensors 原生支持 Bfloat16，无须任何变通方法，这对于机器学习应用来说是一个显著的优势。

Safetensors 还具有简单易用与跨平台兼容性等优点。Safetensors 提供了一个简单、直观的 API，可用于 Pytorch、TensorFlow、PaddlePaddle、Flax 和 Numpy 等架构中序列化和反序列化张量。开发人员可以专注于构建他们的深度学习模型，而不必花费时间进行序列化和反序列化操作，还可以在各种编程语言和平台中加载生成的文件，例如 C++、Java 和 JavaScript。但是，由于 Safetensors 专注于张量数据的存储，其灵活性较差，不支持存储自定义的模型代码或架构信息。这意味着，虽然它在处理模型的权重和激活数据方面可能非常高效，但在需要保存和共享完整模型（包括其代码和结构）的情况下，可能需要配合其他序列化方法使用。

CHAPTER 7

第 7 章

LoRA 低算力微调

大模型需要经过预训练和微调两个阶段，更新预训练数据或进行微调时都需要调整模型的所有参数。随着大模型参数规模的不断增大，重新训练模型参数的成本过高，因此变得不太可行。如果能够通过分解权重矩阵，仅调整部分权重，则可以显著减少微调过程中的参数数量，降低大模型在更新预训练数据或微调时的成本。

7.1 LoRA 的原理

矩阵的秩是一个重要的线性代数概念，用于描述矩阵中线性独立的行或列的最大数目。可以通过行变换或列变换将矩阵转化为阶梯形矩阵或简化阶梯形矩阵，其中非零行的数量即为矩阵的秩。

从信息论的角度来看，矩阵的秩可以被解释为数据的维数或信息的丰富程度。对于一个包含多个观测的数据矩阵（其中行或列代表不同的观测），矩阵的秩反映了数据的固有维度，或者说是数据分布空间的维数。秩较高的矩阵包含更多的线性独立信息，意味着数据中包含的独立信息元素更多。在通信和信号处理中，这可以被解释为信号的多样性，有助于提高系统的性能和抵抗干扰的能力。

但即使是满秩矩阵，其在不同维度上的信息量也可能不同。通常表现为矩阵在某些方向上的变化比其他方向更加显著。对于方阵，特征值的大小给出了变化的规模，而特征向量给出了变化的方向。对于非方阵，通常可以使用奇异值分解（SVD）或主成分分析（PCA）来进行类似的分析。如图 7.1 所示，以非方阵的奇异值分解为例，给定一个$m\times n$的矩阵$\boldsymbol{A}$，它可以被分解为三个矩阵的乘积：

$$\boldsymbol{A}=\boldsymbol{U}\Sigma\boldsymbol{V}^{\mathrm{T}}$$

其中，$\boldsymbol{U}$是一个$m\times m$的正交矩阵，Σ是一个$m\times n$的对角矩阵，$\boldsymbol{V}$是一个$n\times n$的正交矩阵。对角矩阵Σ是非负实数，称为矩阵$\boldsymbol{A}$的奇异值。奇异值的大小给出了矩阵在对应奇异向量方向上的“强度”或“能量”，因此，通过保留最大的几个奇异值（以及相应的奇异向量），可以得到矩阵的一个低秩近似。这种近似矩阵在信息保留方面是最优的（在 Frobenius 范数或 L2 范数意义下）。

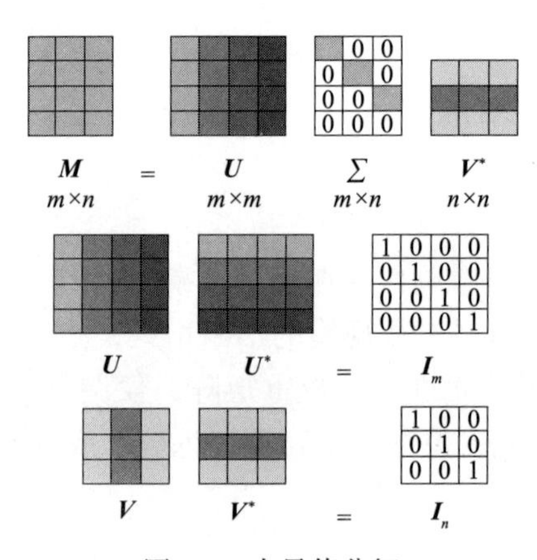

图 7.1　奇异值分解

主成分分析也采用类似的原理，通过将数据投影到由数据协方差矩阵的前几个最大特征值对应的特征向量张成的子空间中来实现降维。这些特征向量称为数据的“主成分”，而投影的结果保留了数据的主要变化方向。因此，通过这些方法，可以找到一个秩较低的矩阵来近似原来的矩阵，从而在保留主要信息的同时减少数据的复杂性。

神经网络架构中通常包含许多执行矩阵乘法的密集层。密集层指任何含有权重矩阵的线性变换层，这包括传统的全连接层、卷积层中的卷积核（可以视为对每个局部接收域进行全连接操作的权重矩阵）、注意力机制中的线性变换，以及其他任何线性的权重矩阵。LoRA 及 QLoRA 等方法的原理是通过优化密集层的秩分解矩阵来间接训练神经网络中的部分密集层，同时保持预训练的权重不变。即找到原密集层（高秩矩阵）的一个低秩近似矩阵，从而在保留主要信息的同时减少其复杂性。

密集层中的权重矩阵通常具有满秩。但在增量预训练或微调时，语言模型的权重变化具有低“内在维数”，这意味着权重矩阵的变化可以被投影到较小的子空间，减少计算与存储的空间。即通过引入额外的低秩矩阵去学习模型增量预训练或微调过程中的变化。这些低秩矩阵虽然具有更少的参数，但仍能捕捉到重要的信息，使得模型在新任务上表现更好。

7.2 LoRA 的重参数化方法

全参数微调涉及对整个模型的微调，LoRA 则不同，它在 Transformer 模型的每一层中引入一个可分解为两个低秩矩阵的额外参数矩阵，从而实现对原始预训练权重的微调。使用 LoRA 进行微调后，模型的大小和优化器状态的内存占用都显著减小，这对于在内存受限的设备上部署大模型，或者在资源有限的环境中进行模型训练，都具有重要意义。以 GPT-3 175B 为例，即使当全秩（即 d）高达 12 288 时，微调过程中权重矩阵的变化量具有极低的秩，例如 d=8 已足够，这使得 LoRA 在存储和计算效率方面都具有优势。

对于大模型的预训练权重矩阵$\boldsymbol{W}_0 \in \mathbb{R}^{d\times k}$，进行增量预训练或领域微调，更新的权重变化为$\Delta\boldsymbol{W}$，可以通过低秩分解$\boldsymbol{W}_0 + \Delta\boldsymbol{W} \approx \boldsymbol{W}_0 + \boldsymbol{BA}$，使用$\boldsymbol{BA}$近似权重变化$\Delta\boldsymbol{W}$，其中$\boldsymbol{B} \in \mathbb{R}^{d\times r}$，$\boldsymbol{A} \in \mathbb{R}^{r\times k}$，且秩 r 远小于 d 和 k 的较小者（$r \ll \min(d,k)$）。

图 7.2 描述了 LoRA 冻结权重矩阵只训练 $\boldsymbol{A}$ 和 $\boldsymbol{B}$ 的重参数化方法。在训练初始化

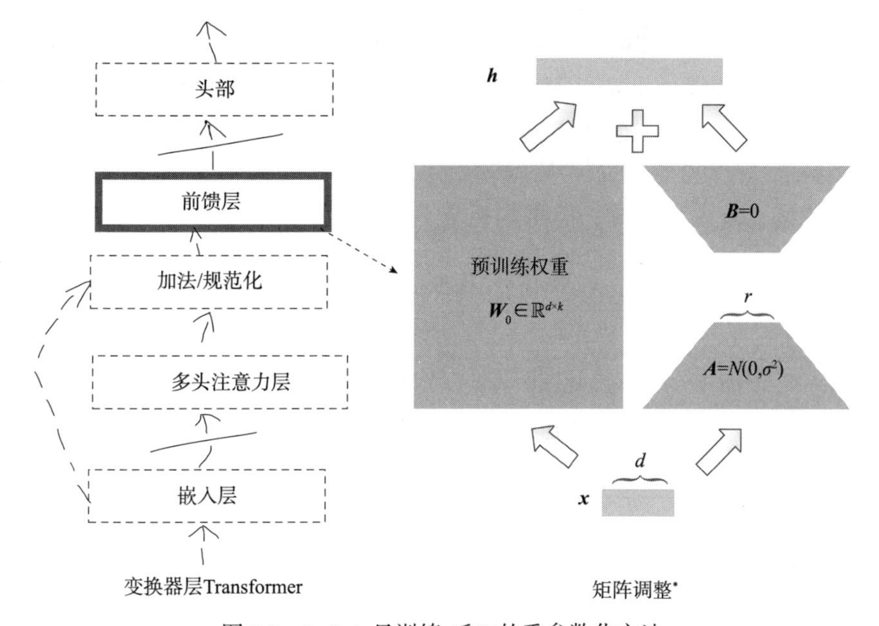

图 7.2 LoRA 只训练$\boldsymbol{A}$和$\boldsymbol{B}$的重参数化方法

时，采用随机高斯方法初始化 $\boldsymbol{A}$，用零初始化 $\boldsymbol{B}$，因此在训练开始时，$\Delta \boldsymbol{W}=\boldsymbol{B}\boldsymbol{A}$ 为零。然后，$\Delta \boldsymbol{W}$ 乘以 α / r，其中 α 是常数，r 是秩。在训练过程中，$\boldsymbol{W}_0$ 被冻结并进行梯度更新，而 $\boldsymbol{A}$ 和 $\boldsymbol{B}$ 则作为可训练的参数。值得注意的是，$\boldsymbol{W}_0$ 和 $\Delta \boldsymbol{W}=\boldsymbol{B}\boldsymbol{A}$ 都与同一输入相乘，它们各自的输出向量按坐标对应相加。对于 $\boldsymbol{h}=\boldsymbol{W}_0\boldsymbol{x}$，修正的前向过程为：

$$\boldsymbol{h}=\boldsymbol{W}_0\boldsymbol{x}+\Delta \boldsymbol{W}\boldsymbol{x}=\boldsymbol{W}_0\boldsymbol{x}+\boldsymbol{B}\boldsymbol{A}\boldsymbol{x}$$

7.3　秩的选择

LoRA 可应用于任何神经网络架构的权重矩阵，以减少可训练参数的数量。现有的大模型大多基于 Transformer 的架构，该架构每一层的自注意力模块中有 4 个权重矩阵（$\boldsymbol{W}_q,\boldsymbol{W}_k,\boldsymbol{W}_v,\boldsymbol{W}_o$），前馈神经网络中有 2 个权重矩阵。将自注意力的权重矩阵视为维度 $d_{\text{model}}*d_{\text{model}}$ 的单个矩阵。

如表 7.1 所示，当对 GPT-3 175B 的自注意力模块中（$\boldsymbol{W}_q,\boldsymbol{W}_k,\boldsymbol{W}_v,\boldsymbol{W}_o$）同时采用 LoRA 训练时，$r$ 等于 1 或 2 在 WikiSQL 和 MultiNLI 数据集上的性能与 r 等于 8 或 64 相差不大。其中，WikiSQL 包含 56 355 个训练示例和 8421 个验证示例，任务是从自然语言问题和表格模式生成 SQL 查询。MultiNLI（Multi-Genre Natural Language Inference）语料库是一个大型的、开放的自然语言理解任务数据集，用于训练和评估机器学习模型在文本蕴含任务上的性能。在文本蕴含任务中，模型需要判断一对句子之间的逻辑关系：第一个句子（前提）是否暗示、矛盾或无关于第二个句子（假设）。从表 7.1 中可以看出，秩为 2 已经能够捕捉到足够的信息，这样一来，将 LoRA 应用于更多的权重矩阵比具有较大秩的单一类型的权重更有效。

表 7.1　秩对性能的影响

	权重类型	$r=1$	$r=2$	$r=4$	$r=8$	$r=64$
WikiSQL（±0.5%）	$\boldsymbol{W}_q$	68.8	69.6	70.5	70.4	70.0
	$\boldsymbol{W}_q$, $\boldsymbol{W}_v$	73.4	73.3	73.7	73.8	73.5
	$\boldsymbol{W}_q$, $\boldsymbol{W}_k$, $\boldsymbol{W}_v$, $\boldsymbol{W}_o$	74.1	73.7	74.0	74.0	73.9
MultiNLI（±0.1%）	$\boldsymbol{W}_q$	90.7	90.9	91.1	90.7	90.7
	$\boldsymbol{W}_q$, $\boldsymbol{W}_v$	91.3	91.4	91.3	91.6	91.4
	$\boldsymbol{W}_q$, $\boldsymbol{W}_k$, $\boldsymbol{W}_v$, $\boldsymbol{W}_o$	91.2	91.7	91.7	91.5	91.4

当然，秩的选择与任务类型相关。对于 WikiSQL 和 MultiNLI 两个数据集，选择较小的秩（例如秩为 2）就可以达到与选择较大的秩（例如秩为 64）相近的性能。对于这两个任务，秩的选择并不是决定性的因素。但是，不同任务可能有其特定的数据分布和结构，这会影响 LoRA 的性能和秩的选择。

7.4 LoRA 的多任务处理策略

在处理多任务时，LoRA 提供了以下 3 种策略：

1）单一模型策略。一个模型被训练来处理多个任务，并通过调整特定层的适配器，使模型能够更好地适应每个任务。这种策略的优势在于减少训练资源和部署成本，但如果任务之间的差异很大，可能会引起性能冲突。

2）多模型策略。每个任务使用一个独立调整的模型。如图 7.3 所示，原始的大模型权重与一系列特定任务的 LoRA 权重分开。每个 LoRA 权重都针对不同的任务，例如“任务 1”“任务 2”，一直到“任务 *n*”。在这种结构下，原始模型权重作为基础框架，各个 LoRA 权重如插件一般适配到模型中，使其能够适应多种任务。只需更新相应的 LoRA 权重，就可以针对特定任务进行微调，而不影响原始模型权重。多模型策略下，每个模型都能够最大程度地针对特定任务进行优化，但是需要更多资源来训练和维护。

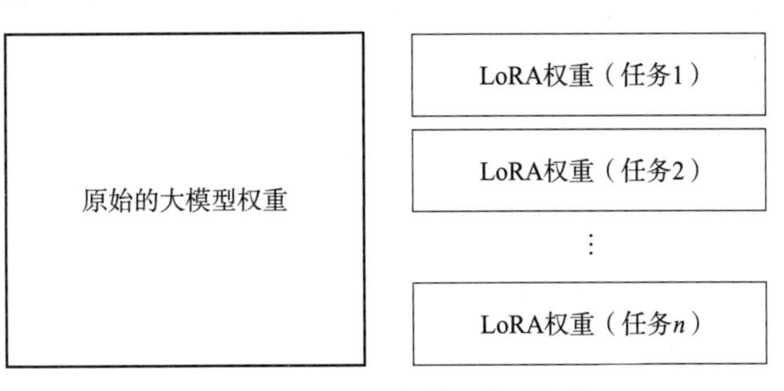

图 7.3 LoRA 的多模型策略架构

3）混合策略。它结合了前两种策略的优点，某些任务共享模型，而其他任务使用独立模型，这样既保证了资源的有效利用，又满足了任务的专门化需求。

LoRA 模型的参数矩阵可以直接计算并存储为$\boldsymbol{W}=\boldsymbol{W}_0+\boldsymbol{BA}$的形式。但在生产环境中，并不会预先物理合并权重，而是在模型的前向传播过程中动态地应用低秩权重更新，这允许算法在每次推理时即时计算$\boldsymbol{BA}$并将其加到$\boldsymbol{W}_0$中，以获得调整后的权重$\boldsymbol{W}$。在采用多模型实现多任务推理阶段，当需要处理一个新任务时，只需去除原有的适配器$\boldsymbol{BA}$，并插入新任务对应的适配器$\boldsymbol{B'A'}$即可。这样，LoRA 算法通过替换不同的适配器矩阵$\boldsymbol{A}$和$\boldsymbol{B}$，以及保持共享模型参数不变，就可以高效地完成任务间的切换。这种策略显著减少了存储需求和任务切换的开销，因为它避免了对整个模型权重的重复计算。

7.5　LoRA 量化版本 QLoRA

尽管 LoRA 为大模型提供了一种特定任务的微调方式，但它的内存占用仍然不小。尤其是优化器在训练过程中对每个可训练参数维护额外状态信息时，这些状态信息通常需要 32 位浮点数表示，并占用大量内存。如图 7.4 所示，QLoRA 通过引入 4 位 NormalFloat（NF4）量化、双重量化和分页优化器等技术，进一步减少微调大模型的内存需求。

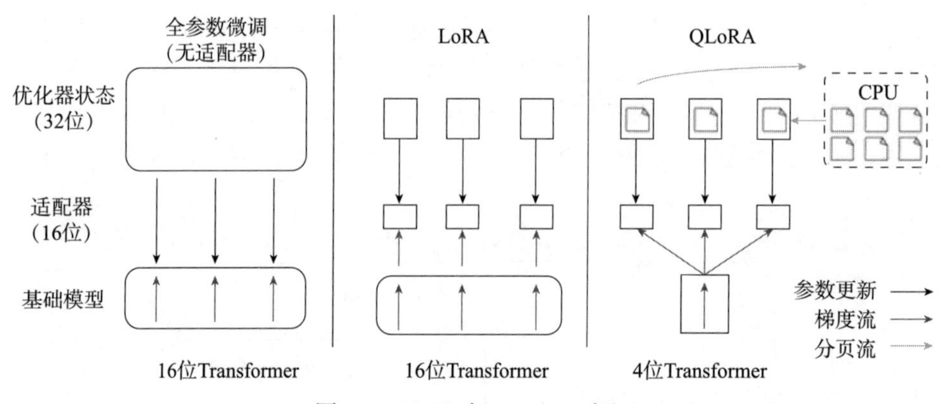

图 7.4　LoRA 与 QLoRA 对比

1）NF4 量化。NF4 量化技术是一种高效的数据表示方法，它通过将模型的权重量化到 4 位精度来减少模型的内存占用。这种量化策略确保量化后的值均匀分布在整个数值范围内，从而最大程度地保持了模型权重的信息量。NF4 量化特别适合处理预训练神经网络权重，因为这些权重通常接近正态分布，使 NF4 量化能够有效应用于这些权重而不会导致过大的性能损失。这一量化过程不仅减少了模型的存储需求，还加快了推理过程中的计算速度，因为低位宽的运算在硬件上更高效。

2）双重量化。在标准的量化过程中，每个权重都会被映射到一个较低比特宽度的值，这个过程需要一个量化常数来帮助转换。然而，这些量化常数本身也需要存储空间。双重量化不仅量化模型的权重，还对这些量化常数进行量化，从而降低了存储这些量化常数所需的内存量。QLoRA 算法的双重量化首先对模型的权重进行量化，生成量化权重和第一级量化常数。然后，将这些第一级量化常数作为输入，再次进行量化操作，生成第二级量化常数和量化后的量化常数。这种方法通过减少量化常数的存储需求，进一步降低了整体模型的内存占用，同时尽可能地保持了模型的性能。

3）分页优化器。在模型训练过程中，特别是使用大模型时，优化器状态的存储可能会占用大量内存。分页优化器通过动态管理这些优化器状态的内存分配，使得在内存受限的环境下也能有效进行模型训练。当 GPU 显存接近上限时，分页优化器可以将部分数据暂时转移至 CPU 内存中，从而避免显存溢出错误，确保训练过程的顺利进行。这种方法称为“分页”，因为它类似于操作系统的内存管理，可以在内存紧张时防止过度占用内存，并允许在有限的内存资源下处理更大的模型。

这三种技术的结合不仅显著降低了模型的内存占用，而且通过精细调整量化过程以保持性能，使得 QLoRA 成为在资源受限环境下进行大模型微调的有力工具。这些改进特别适用于需要在内存有限的设备上部署模型的情况，例如移动设备或边缘计算设备，同时也为在显存有限的 GPU 服务器上微调大模型提供了可能。

7.6　LoRA 微调类型

LoRA 和 QLoRA 等算法支持大模型的继续预训练、RLHF 及 DPO 等多种微调类型，并可以根据垂直领域迁移的目标进行不同组合。

7.6.1　继续预训练

大模型的预训练阶段是其学习过程中的关键阶段。该阶段主要拟合训练数据集的分布，通过在大量无标签数据上训练来学习语言的基本结构和模式。此阶段旨在让模型掌握语言的通用特性，为之后的特定任务微调打下坚实基础。然而，原始的预训练模型可能未能覆盖所有领域特定的信息，或者难以捕获最新的知识。为了解决这一问题，可以在预训练模型的基础上进一步进行领域特定的预训练，即在特定领域的数据上继续训练模型。

使用 LoRA 算法进行这一步骤可以有效地提高模型在特定领域内的表现。LoRA 通过在模型的特定层中插入低秩的适配器（即额外的参数），而不是更新整个模型的权重，来实现针对特定任务的微调。LoRA 既保留了预训练模型的通用知识基础，又通过引入相对较小的适配器集合来适应特定领域的需求，这不仅提高了模型的领域适应性，也确保了微调过程的高效性和参数效率。这对于那些快速发展变化的领域尤为重要，比如医疗、法律或科技领域，这些领域的知识和信息更新迅速，通过 LoRA 这样的微调方法可以使模型更好地跟上这些变化，提高其实际应用的有效性和准确性。

7.6.2 RLHF

RLHF 是一种让大模型生成的内容“对齐”（Alignment）人类需求的模型训练方法。人类的期望不仅涵盖生成内容的流畅性和语法正确性，也包括生成内容的有效性、真实性和无害性。对齐可被理解为模型生成的输出内容与人类期望的输出内容之间的一致性。如图 7.5 所示，RLHF 过程可以被划分为 3 个主要步骤：一是有监督微调；二是奖励模型；三是强化学习。

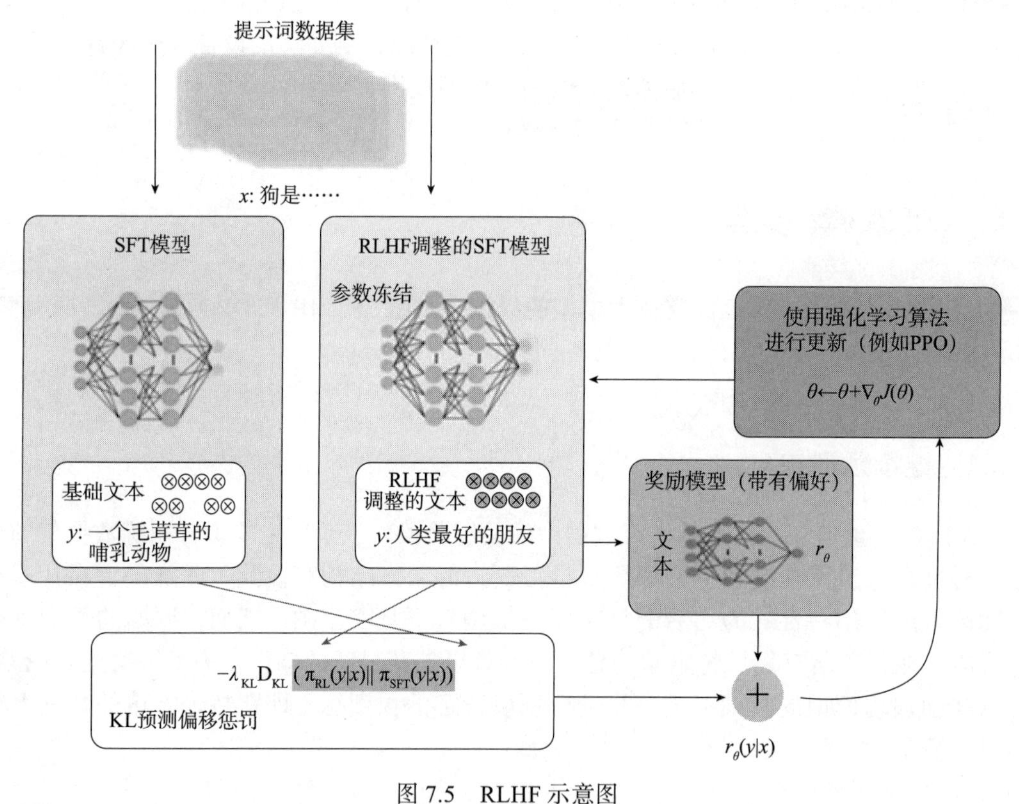

图 7.5　RLHF 示意图

LoRA 通过对原始权重矩阵进行低秩更新，而不直接修改权重本身，来进行模型的微调。LoRA 可以用于人类反馈强化学习的不同阶段。在有监督微调阶段，LoRA 技术被用于调整模型，以更好地适应特定任务的数据。在随后的奖励模型阶段中，LoRA 则用于高效调整参数，以学习人类反馈中的奖励信号。最终，在强化学习阶段，LoRA 帮助模型快速适应新的探索性信号，同时保留在预训练阶段获得的知识。

尽管在 RLHF 的每个阶段使用 LoRA 都会引入新的参数调整，但由于这些调整是在有限范围内进行的，其累积效应是可控的。然而，如果低秩更新过于频繁或幅度过大，可能会导致模型性能退化。此外，如果微调阶段使用的数据质量不高或与任务关联不密切，错误可能会累积。因此，在每个阶段后都需要进行详尽的评估，以确保性能符合预期。如果出现性能下降，应及时调整策略或回退到先前的模型状态。

同时，RLHF 微调的模型对提示的敏感性较高。如果该阶段训练时提示的数量和种类不够充分，则对模型能力的提升非常有限。而对模型性能影响最大的还是有监督微调。因此，在垂直领域的迁移实践中，采用最多的技术方案是仅使用 LoRA 对基座模型进行领域数据继续预训练或领域指令有监督微调。

7.6.3　DPO

在 RLHF 中，通常会先拟合一个奖励模型来反映人类偏好，然后使用强化学习算法来优化策略，以产生被认为是高质量或者更受偏好的输出。而 DPO 方法通过一种替代的参数化形式直接利用人类偏好。它不需要单独拟合一个显式的奖励模型，而是将偏好直接编码到策略模型中，通过将奖励函数与策略模型相结合，使用偏好数据直接调整策略模型的参数。

如图 7.6 所示，RLHF 首先基于历史偏好数据，通过人类对一系列行为或结果进行标签标注，反映他们的偏好。然后，基于这些带有标签的偏好数据，通过最大似然方法来训练奖励模型，该模型预测人类对不同行为的奖励偏好。最后，采用强化学习方法来调整语言模型的参数，使其生成更有可能获得高奖励的输出。在 RLHF 的过程中，奖励模型和语言模型分别独立训练，然后在强化学习环节基于奖励模型生成的奖励来优化语言模型的表现。

DPO 的过程如图 7.6 右侧所示，它同样开始于收集基于历史的偏好数据。但在 DPO 中，偏好数据直接用于语言模型的训练，这通常通过最大似然训练实现，即直接根据偏好数据调整模型的参数，使模型更倾向于生成被偏好的输出。DPO 与 RLHF 的关键区别在于它没有单独的奖励学习步骤和强化学习优化步骤。这种方法简化了训练过程，但它仍然依赖于人类偏好数据来构建优化目标，即增加被偏好输出的概率，减少不被偏好的输出。因此，该方法确保了模型训练的目标与人类偏好紧密相关，从而提高了生成内容的相关性和质量。

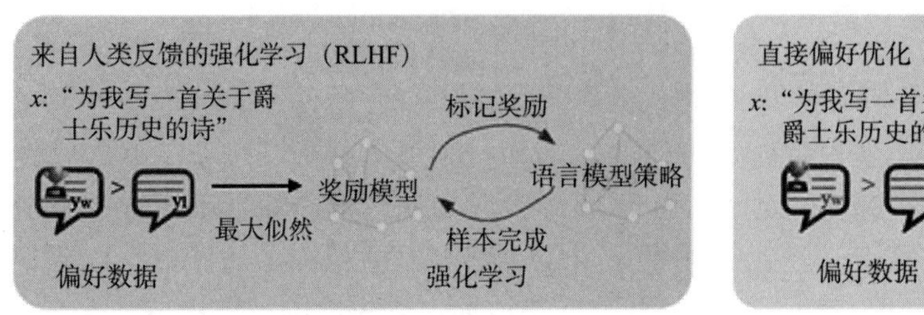

图 7.6 RLHF 与 DPO 步骤对比

DPO 通常是在有监督微调之后进行的。有监督微调可以帮助模型更好地理解和生成目标领域的数据，使模型适应特定的任务，而 DPO 则用于微调模型以更贴合人类的偏好。对于性能要求非常高的任务，可能会先进行有监督微调，以提升模型到一个较好的起点，作为基线模型，然后利用 DPO 进一步调整模型以匹配人类的偏好。

LoRA 方法也可以用于 DPO 训练。在传统的 RLHF 中，LoRA 误差可能来源于奖励模型的不准确性、强化学习过程中的噪声以及策略的过度拟合。这些因素可能导致模型在不断迭代过程中逐渐累积偏差，尤其是在奖励信号稀疏或者质量不高的情况下。DPO 方法通过直接利用人类的偏好反馈来调整模型，避免了显式奖励建模可能引入的误差。此外，由于 DPO 没有涉及传统 RLHF 中的探索过程，因此避免了由探索引起的高方差噪声。DPO 简化了模型训练流程，采用 LoRA 的 DPO 训练中的累积误差要小于人类强化学习方法。

CHAPTER 8

第 8 章

大模型的分布式训练

在开源大模型上进行低算力微调与部署无疑是垂直领域低算力迁移的关键部分。但是，因为基座模型的参数规模过于庞大，虽然 LoRA 等方法可以显著降低训练所需的计算资源，但分布式训练的方式仍然是必须的。分布式训练涉及广泛的软硬件知识，本章主要介绍多卡并行训练和并行推理的相关知识。

8.1 分布式训练的挑战

8.1.1 算力与内存瓶颈

大模型的一个显著特征是其不断扩大的参数规模。例如，GPT-3 模型的参数量达到了 1750 亿，Meta LLaMA2 模型发布了 700 亿参数的版本，而马斯克旗下大模型公司 XAI 近期宣布开源 3140 亿参数的大模型。面对模型参数规模的持续扩大，受物理定律限制，单个设备难以满足大模型规模扩大的需求（见图 8.1），主要挑战如下：

1）显存限制。单片 GPU 也无法容纳这些模型的全部参数。以 1750 亿参数量的 GPT-3 模型为例，该模型需要约 700GB 的模型参数空间（175B * 4bytes），梯度占用 700GB，优化器状态占用 1400GB，总计约 2.8TB。

2）算力限制。即使能将模型放入单个 GPU 中（例如通过在主机和设备内存间交换参数），大模型所需的大量计算操作仍会导致训练时间过长。例如，训练 1750 亿参数量的 GPT-3，使用单个 V100 NVIDIA GPU 需要约 288 年的时间。

因此，用多节点集群进行分布式计算成为大模型训练与推理的主要解决方案。目前主流的分布式训练模式包括数据并行、模型并行、流水线并行，以及数据并行和模型并行的混合并行方法。

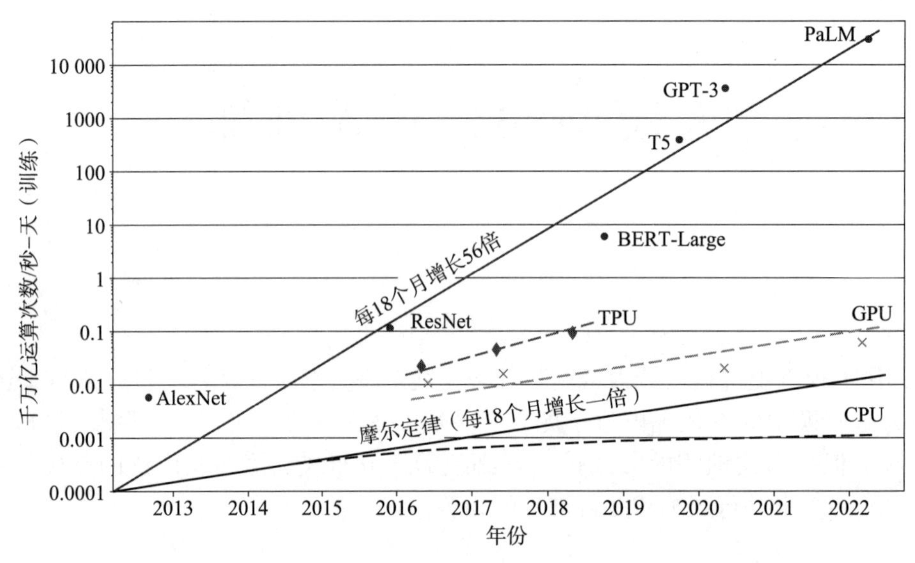

图 8.1 训练大模型所需的计算量增长

8.1.2 分布式训练系统的设计挑战

在深度学习领域，训练一个模型通常涉及对大量高维数据的处理。这些数据被组织成多维数组，即张量，并以小批次的方式输入到训练程序中。如图 8.2 所示，在一个单节点训练场景中，每个小批次的数据通过多层神经网络进行前向和后向传播，产生梯度，这些梯度用于更新网络层中的参数，从而逐步提升模型的准确率。在这个过程中，每个网络层（由算子表示）的参数代表该层的权重，它们是模型学习的关键。在单机环境下，训练过程通常是在一个计算节点内进行，所有的数据和模型参数都存储在这个节点上。因此，当参数需要更新时，这些更新直接在本地进行，不需要跨节点的通信和同步。

单机计算能力和存储容量都受到物理硬件的限制，分布式训练系统被设计用来将一个复杂的训练任务分散到多个计算节点上并行执行。这一设计遵循分而治之的策略，通过减少每个节点的工作量来提高整体的处理速度，同时不牺牲模型的准确性。如

图 8.3 所示，分布式训练涉及多个计算节点，这些节点可能分布在不同的物理位置，每个节点可能处理数据的不同部分，并独立计算梯度。因此，大模型的分布式训练涉及两个核心问题：分布式系统的组成与计算任务的分解。

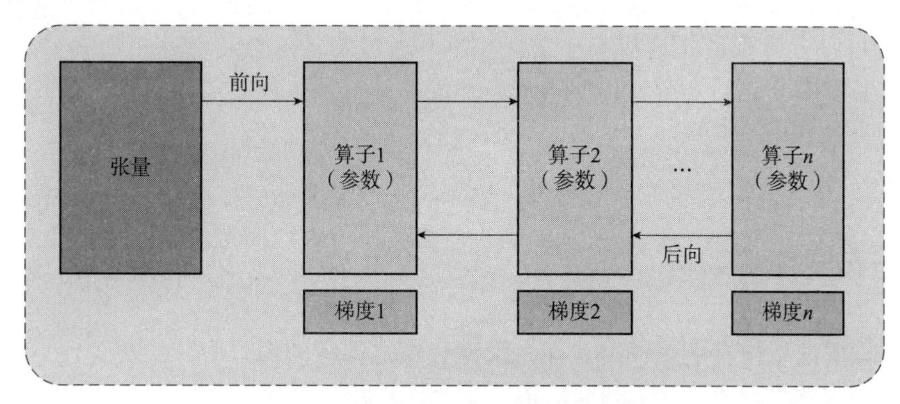

图 8.2　单节点训练中的前向和后向传播

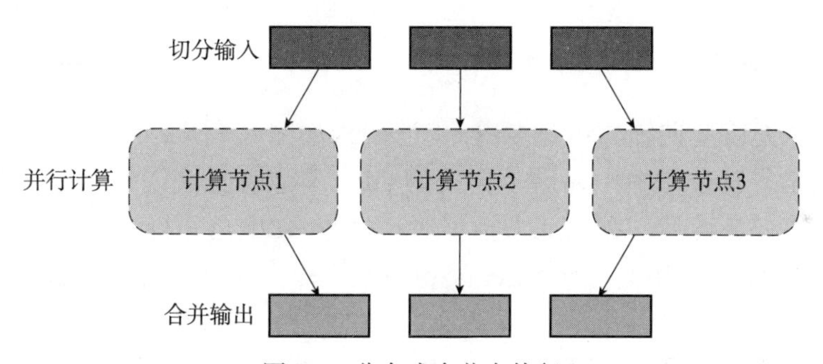

图 8.3　分布式多节点执行

分布式系统的组成决定了参与分布式计算节点的物理与逻辑拓扑结构，计算任务需要在所有参与的计算节点中有效地共享和同步更新模型参数。这包括两个主要方面：一是如何高效地分配和同步训练数据，确保数据的一致性和平衡；二是如何在节点间共享和更新模型参数，以保持训练的一致性。在此过程中，同步随机梯度下降（Stochastic Gradient Descent，SGD）和异步 SGD 是两种常见的参数更新策略，它们各有利弊，同步 SGD 保证了训练的一致性，而异步 SGD 提高了计算效率。

除了同步问题，分布式训练还面临通信效率、系统的容错性和稳定性以及可伸缩性设计的挑战。高效的通信机制可以减少同步延迟，提高训练速度；一个健壮的系统设计可以应对节点故障和网络问题，保证训练的连续性和稳定性。随着计算节点数量的增加，系统的可伸缩性成为提高大规模分布式训练效率的关键。

计算任务的分解可以从张量和算子两个层次进行切分，从而在分布式系统中实现并行加速。选择对数据（张量）进行分区，并将相同的算子复制到多个设备上并行执行，这种方式常被称为数据并行。另一种并行方式是对算子进行分区，模型中的算子会被分发给多个设备分别完成，这种方式常被称为模型并行。根据对算子的切分形式不同，模型并行可以分为张量并行和流水并行。当训练超大型智能模型时，开发人员往往要同时对张量和算子进行切分，以实现最高程度的并行。这种模式是多程序多数据模式，常被称为混合并行。

8.2　分布式集群架构

分布式集群架构有众多类型，在大模型分布式训练的场景中，主要关注 GPU 集群架构及其相应的集合通信算子和通信拓扑。

8.2.1　GPU 集群架构

一个典型的大模型训练与推理 GPU 集群架构如图 8.4 所示，包括集群节点、计算网络和存储网络等部分。图中显示了典型的 GPU 节点，这表明每个节点都装有 GPU，专为高性能计算任务设计。在训练大模型时，这些 GPU 会并行处理数据，加速模型的训练过程。计算网络采用叶－脊（Leaf-Spine）架构，这是一种高性能网络拓扑结构，

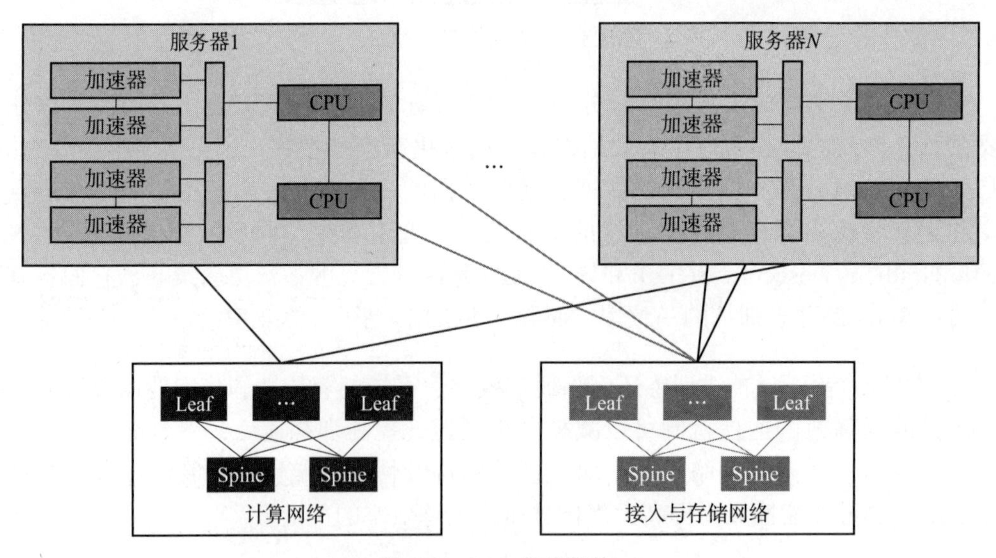

图 8.4　GPU 集群架构

特别适合数据中心和云计算环境。它可以减少网络跳数，提供更高的带宽和更低的延迟，这对于确保 GPU 之间有效通信非常重要。存储网络同样采用叶—脊架构，确保了存储系统的高效访问。这对于大模型训练特别重要，因为需要高速读写大量的训练数据和模型参数。深灰和浅灰的线分别代表计算网络和存储网络的互连路径，这表明集群中的计算节点不仅需要彼此通信，还需要与存储设备进行数据交换。

在此架构中，多台服务器被放置于一个机柜中，并通过位于机柜顶部的交换机进行连接，形成多层树状的叶 - 脊架构。放置在机柜内的服务器通过架顶交换机连接形成了网络的叶子层次，这些叶子节点再连接到脊柱节点，即骨干交换机，从而构成所谓的叶 - 脊架构。叶 - 脊架构是当前数据中心网络设计的一种标准模式，用以提供大规模、高性能和高可靠性的网络。在这种架构下，任意两个设备间的通信只需要通过一个叶子节点和一个脊柱节点，从而最小化跳数和延迟。在训练大模型时，网络带宽的需求量极大。例如，对于具有千亿级参数的神经网络，每次迭代可能需要处理数百 GB 的梯度数据。如有 3 个模型副本，整体至少需要传输 1.4TB 的梯度数据，以确保所有副本能够更新并同步参数。

在服务器内部，为了支持多个 GPU，常常构建一个异构网络。例如，图 8.5 所示的服务器配备了两个 32 核的 CPU 和 8 个 NVIDIA A100 GPU。CPU 负责管理 GPU 操作和执行不能由 GPU 处理的任务。每个 GPU 都有自己的 HBM（高带宽内存），用于处理大规模并行计算任务。CPU 与 GPU 之间使用 PCIe 第 4 代标准进行连接，提供高达

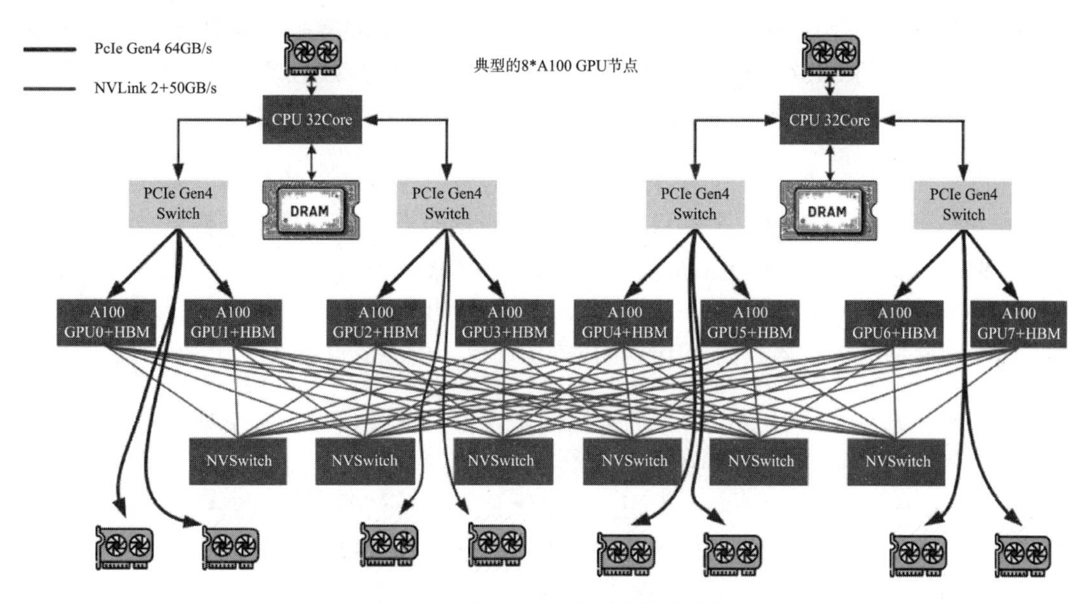

图 8.5　支持多 GPU 的异构网络结构

64GB/s 的带宽。GPU 之间通过 NVIDIA 的 NVLink 技术直接相连。NVLink 提供的带宽远超过 PCIe，每个链接可达 50GB/s 或更高。NVSwitch 用作多个 GPU 之间的中心连接点，支持 GPU 之间进行大带宽、低延迟的通信。图中显示了多个 NVSwitch 互连，形成一个密集的网络，允许每个 GPU 高效地与其他多个 GPU 交换数据。这种配置使得节点特别适用于需要大量并行处理的深度学习任务，如训练大规模神经网络。高速的内存和网络连接确保了数据在复杂的计算过程中能快速移动，从而提高整体的运算效率。

8.2.2 集合通信算子

集合通信算子（Collective Communication Operation）是并行计算和分布式系统中多个计算节点间进行数据交换的一类技术。在 20 世纪 90 年代，随着并行计算的兴起，单纯的点对点通信已不能满足效率和规模上的需求。为了克服这一挑战，消息传递接口（Message Passing Interface，MPI）作为一种高效支持分布式内存环境下并行计算的标准，引入了一系列集合通信算子。这些操作允许在多个进程之间协调执行更加复杂的通信模式，可以在所有参与的计算节点间高效地共享或聚合数据，显著提高并行程序的性能和可扩展性。主要的集合通信算子包括广播（Broadcast）、归约（Reduce）、集合（Gather）等。本节以一台集成了 4 张训练加速卡（标记为 rank 0、rank 1、rank 2、rank 3）的服务器为例，服务器内 4 张训练加速卡是全连接的，并假设每张加速卡对应的输入是：in 0 = [1, 2, 3, 4]，in1 = [5, 6, 7, 8]，in2 = [9, 10, 11, 12]，in3 = [13, 14, 15, 16]，这里的 X 与 Y 是 rank 的索引，i 是在每个 rank 的数据块中的索引（从 0 到 count-1），默认情况下 count 与输入数据的维度相同。下面以此物理拓扑结构描述集合通信中常用的几组通信算子。

广播操作是从一个指定的根节点向所有其他节点发送相同的数据。在分布式训练的初始化阶段，经常使用它来确保每个节点在开始时有相同的模型参数。广播操作如图 8.6 所示，数据从一个指定的根节点（rank 2）传播到所有其他节点（rank 0、rank 1 和 rank 3）。这里的 in 代表输入数据，而 out 代表输出数据。每个节点的输出数据 out[i] 是从根节点接收到的输入数据 in[i]。这段操作确保了所有节点最终拥有一致的数据。

归约操作是分布式计算中常用的数据同步手段。该操作涉及多个处理单元（称为“节点”或“进程”），它们分别拥有局部数据。归约操作的目的是将这些局部数据通过某种特定的二元运算（如求和、求积、找最大值或最小值等）聚合到一个单一的处理单元中，该单元通常被称作“根”节点。不同于广播操作，归约操作的结果不会被发送回所有节点，而仅在根节点上可用。

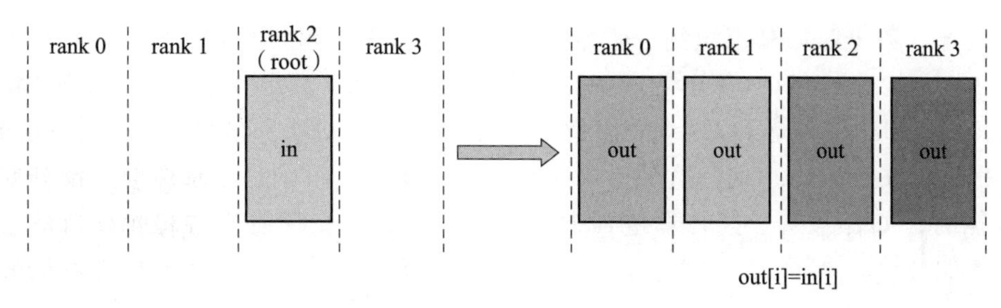

图 8.6　广播操作

如图 8.7 所示，归约操作通过某种预定的归约函数（这里假定为求和）处理这些值，并将最终的计算结果存放在根节点上（在此例中为 rank 2）。因此，对于操作 out[i] = sum(inX[i])，它实际上是指根节点的输出 out=[28, 32, 36, 40] 将是所有输入值 in0 到 in3 的和。

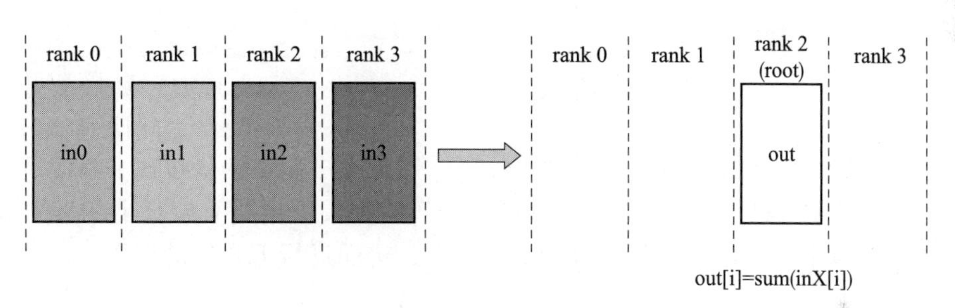

图 8.7　归约操作

这种机制可以用于多种场景。例如，在进行大规模科学计算时，可能需要汇总所有计算节点上的部分结果来计算总和或平均值；在机器学习的分布式训练中，需要在每轮迭代结束时聚合梯度信息。此外，归约操作在高性能计算中非常关键，常用于各种并行算法中，以减少节点间的通信开销并提高算法的整体效率。

集合操作和全体集合操作（AllGather）是分布式计算中两种基本的通信模式。这些模式允许多个处理单元（节点）之间交换数据，从而协同解决问题。在集合操作中，各个节点（如图 8.8 所示中的 rank 0、rank 1、rank 2、rank 3）将它们各自持有的数据（如 in0、in1、in2、in3）发送到一个预定的根节点。在根节点上，这些数据被聚合（但不一定是数学意义上的加法）形成一个数据集合。这种操作适用于需要在单个节点上分析或存储全局数据的情况，如在大规模计算的结束阶段收集结果，或者在需要进行数据汇总以供后续分析的应用中。

全体集合操作是集合操作的一种扩展。在这个操作中，每个节点都将选取的数据发送给所有其他节点。全体集合操作中的表达式 out[Y*count+i] = inY[i] 描述了如何将每个节点的输入数据收集并组织到一个全局的输出数组中。如图 8.8 所示，如果 count=2，rank 0: in0 = [1, 2, 3, 4]（将分享 [1, 2]），相对应的 rank 1 将分享 [5, 6]，rank 2 将分享 [9, 10]，而 rank3 将分享 [13, 14]。因此，全体集合操作的结果是每个 rank 接收的数组是 [1, 2, 5, 6, 9, 10, 13, 14]。这是一个非常有用的操作，特别是当每个节点都需要知道全体数据时，如在某些迭代计算过程中，每个节点都需要其他节点的计算结果才能继续下一步的计算。

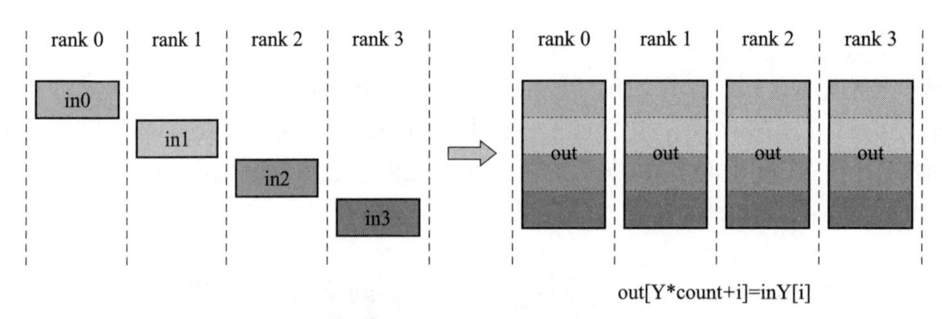

图 8.8　全体集合操作

例如，考虑一个并行的机器学习训练任务，模型的每个副本分布在不同的节点上独立训练。使用全体集合操作，每个节点可以有效地收集其他所有节点上的参数或梯度更新，从而使每个节点都能同步到全局最新状态，进而进行下一轮的训练。

归约－分散（Reduce-Scatter）操作是分布式计算中一种复合通信过程。它先对多个节点（如图 8.9 所示的 rank 0、rank 1、rank 2、rank 3）上的数据执行归约操作，然后将归约后的结果分散到所有参与的节点上。在归约阶段，每个节点上的输入数据（如 in0、in1、in2、in3）首先按照某种预定义的二元操作（例如求和）进行组合。接着，在分散阶段，计算得到的总结果被分成等份，每份分配给一个节点。具体来说，如果使用求和作为归约操作，那么最终每个节点会接收到所有输入值的和的一部分。

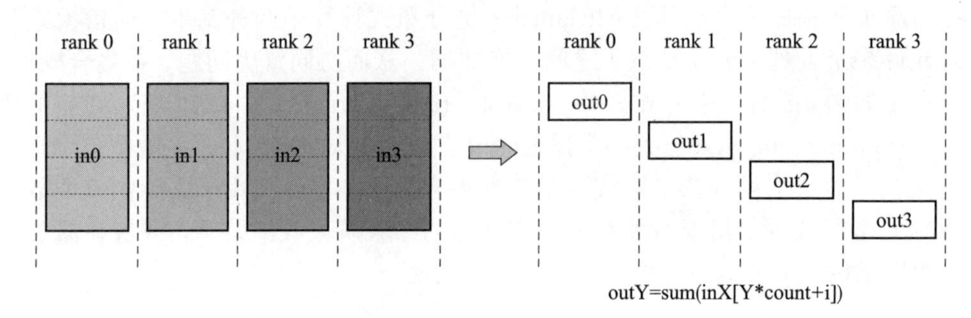

图 8.9　归约－分散操作

例如，假设 4 个节点各自持有一个数值（in0= [1, 2, 3, 4]，in1 = [5, 6, 7, 8]，in2=

[9, 10, 11, 12]，in3= [13, 14, 15, 16]），若 count = 2，即每个节点在归约 - 分散操作后将接收两个数据。归约 - 分散操作首先计算这 4 个数值的总和 [28, 32, 36, 40]，然后将这个总和切分为 4 个部分，分别分发给 4 个节点。在图 8.9 所示的例子中，归约 - 分散操作的结果可以用以下公式计算 out[Y] = sum(inX[Y*count+i)，rank 0 (Y=0):out[0] = sum(inX[0*2+0], inX[0*2+1]) = sum(28, 32) = 60，相应的 out[1] = 76，out[2] = 60，out[3] = 76。

归约 - 分散操作在处理大量数据时非常有用，尤其是在需要将全局归约结果分配给所有节点以便进行后续计算的场合。例如，在进行大规模数值模拟时，可能需要计算所有节点上数据点的总和，然后根据这个总和来调整每个节点上的数据。在分布式梯度下降算法中，归约 - 分散操作可以用来汇总所有节点上计算的梯度，然后将汇总的梯度均匀分配给每个节点，用于下一轮的梯度下降步骤。

全归约操作（All-Reduce）在各个处理单元（称为“节点”）上将数据进行归约（例如求和、求最大值），然后将这个聚合结果分发到所有节点。这种操作在每个节点上都生成了完整的归约结果，而非仅在根节点上。在并行计算的环境中，各节点计算出局部结果后，往往需要获得全局的聚合信息以进行进一步的计算或决策。全归约操作恰好满足这一需求，它通过网络在所有节点间交换信息，计算出全局的归约值，并确保每个节点都能获得这一结果。

在图 8.10 的示例中，有 4 个节点（rank 0、rank 1、rank 2、rank 3），每个节点持有一个输入值（in0、in1、in2、in3）。全归约操作首先在所有这些值上执行求和操作，生成一个全局和。这个全局和随后被广播到所有参与全归约操作的节点。因此，每个节点的输出（out）都是输入值的和，数学表达式可表示为 out[i] = sum(inX [i])，其中 X 表示节点的标识。

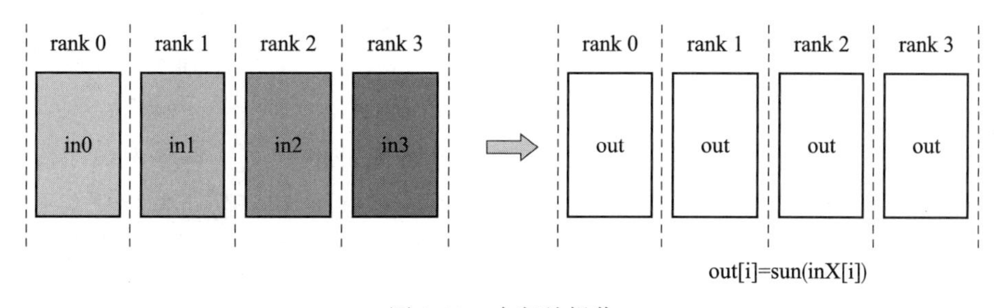

图 8.10　全归约操作

在分布式机器学习的场景中，全归约操作通常用于汇总不同节点上计算出的梯度或参数更新，这样每个节点在进行下一步计算前都拥有完整的全局信息。这对于保证模型的收敛和性能至关重要。许多分布式训练框架和库提供了这些集合通信算子的实现。例如，NCCL（NVIDIA Collective Communications Library）是专门为NVIDIA GPU设计的，能够在GPU集群中高效地执行如广播、归约、集合、分散和全归约等集合通信算子。

8.2.3　通信拓扑

通信拓扑结构对于分布式计算的性能和效率有重要影响。选择合适的通信拓扑是优化性能的关键之一。以下是几种常见的拓扑结构。

1）星形拓扑。在星形拓扑结构中，每个边缘节点（工作节点）直接与中心节点（参数服务器）连接，没有边缘节点之间的直接通信。这意味着所有通信都要通过中心节点进行。星形拓扑的设计简单，工作节点不需要知道其他节点的情况，只需与中心节点通信。这种结构在逻辑上容易理解和实现，尤其适用于小到中等规模的系统。但当系统规模增大时，中心节点可能成为性能瓶颈和单点故障的风险点。

2）环形拓扑。环形拓扑通过将所有计算节点组织成一个闭环，每个节点仅与其两侧的节点直接通信。在进行全归约操作时，数据分片被依次传递并聚合，直到所有片段经过所有节点，最终每个节点获得完整的聚合结果。环形拓扑减少了同一时间内的网络带宽需求，适合带宽受限的环境。

3）树形拓扑。树形拓扑将节点组织成树状结构。全归约操作可以通过先沿树向上聚合数据，达到根节点后再沿树向下广播聚合结果的方式进行。树形拓扑可以减少单次通信中参与的节点数，从而降低延迟，但在深度较大时可能增加总体通信时间。

4）全连接拓扑。在全连接拓扑中，每个节点都直接与其他所有节点连接。这种拓扑结构在小规模集群中可以提供最低的通信延迟，但随着节点数的增加，网络带宽的需求会迅速增长，导致扩展性问题。

5）二维或多维扭结环拓扑。扭结环拓扑是环形拓扑的扩展，将节点组织成二维或多维的网格，每个节点连接到其每个维度上的邻居。这种拓扑通过增加维度来提高通信的并行度和网络的带宽利用率，适合大规模的分布式训练任务。

6）混合拓扑。混合拓扑结构结合了以上几种拓扑的优点，以适应特定的网络环境和训练需求。例如，可以在全局使用环形拓扑，在局部使用全连接拓扑，以平衡带宽使用和通信延迟。

通信拓扑结构可以由物理硬件连接决定，也可以是逻辑上的数据传输路径，或两者的结合。图 8.5 展示了多个 GPU 通过 NVSwitch 进行连接的情况，这是 NVIDIA 提供的一种高性能连接方案。

在这个示例中，每个 GPU 都能直接通过 NVSwitch 与其他 GPU 通信。这种设计接近于全连接拓扑，因为每个 GPU 都有路径直接访问其他所有 GPU。这可能会极大减少需要多跳传输的情况，降低通信延迟。这种设计对于集合通信操作，尤其是全归约算子来说是高度优化的，因为它能有效利用这种密集的互连结构来快速聚合和传播数据。

然而，即使物理硬件连接允许类似全连接的通信，实际的通信拓扑也可能因软件层面的实现与算法优化而不同。例如，全连接拓扑在节点数增多时可能会导致通信开销过大。对于全归约等操作，NCCL 经常使用环形拓扑，使数据在 GPU 之间顺序传递，减少了带宽的要求。

8.3 分布式训练的通信架构

在大模型的分布式训练场景中，通信架构主要关注如何在多个计算节点间同步模型参数和梯度。基于参数服务器（Parameter Server，PS）的架构和基于归约的架构是两种常见的架构设计，用于在分布式训练或推理中同步信息。它们各自有优势和适用场景，可以视为中心化和去中心化的架构模式。

8.3.1 基于参数服务器的架构

参数服务器架构采用星形拓扑结构。在大模型的训练中，一台或多台服务器负责维护和更新模型参数。参数服务器的主要职责是收集工作节点发送的梯度，聚合这些梯度（例如，通过计算梯度的平均值），然后根据这些聚合后的梯度更新模型参数。参数服务器还负责将更新后的模型参数分发给工作节点。同时，多个工作节点负责处理分配给它们的数据批次，执行模型的前向和后向传播过程，以计算梯度。工作节点使用本地数据执行计算，使得整个训练过程可以在多个节点上并行进行。

训练开始时，参数服务器首先初始化模型参数。这一步是训练开始之前的准备工作，确保所有模型参数都有一个起始值。每个工作节点在开始训练前，需要从参数服务器拉取这些初始化的模型参数。这样，每个工作节点都从相同的初始状态开始计算梯度。接下来，以下步骤将在整个训练周期中重复进行，直到模型收敛或满足其他停止条件，如图 8.11 所示。

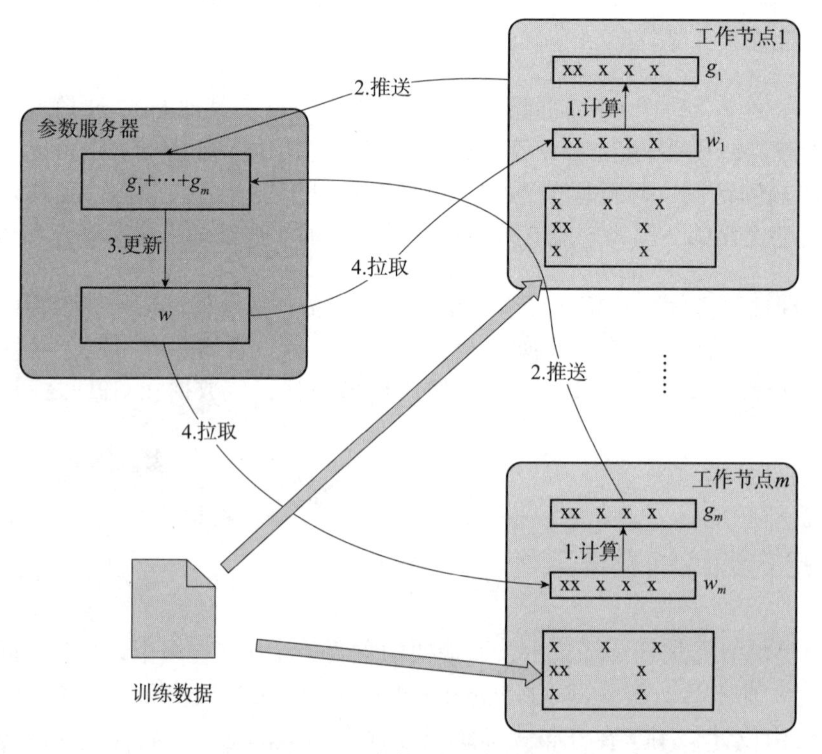

图 8.11　参数服务器架构

1）计算（Compute）：每个工作节点（Worker 1 到 Worker m）独立地计算其所分配到的数据批次上的梯度。这里的 w_i 代表第 i 个工作节点的本地模型参数，而 g_i 代表该节点计算出的梯度。

2）推送（Push）：工作节点将计算出的梯度 g_i 推送到参数服务器。这意味着每个工作节点完成其本地梯度计算后，会将这些梯度发送到服务器，以便进行全局参数更新。

3）更新（Update）：参数服务器接收到所有工作节点推送的梯度后，会聚合这些梯度（通常是取平均值），并用它们更新全局模型参数 w。这一步是在参数服务器中执行的关键同步点，保证了所有工作节点都能对一个共同的模型状态做出贡献。

4）拉取（Pull）：更新完全局模型参数后，工作节点从参数服务器拉取最新的模型参数 w，以便于下一轮的训练使用。这保证了所有工作节点在开始新一轮计算前都有一致的模型状态。

在参数服务器的架构中，模型训练中的通信主要发生在工作节点和参数服务器之间。工作节点直接向参数服务器发送梯度（类似于“收集”算子），参数服务器更新参数后，再将更新的参数发送回工作节点（类似于“分散”算子）。这种架构倾向于使用更为简单的通信模式，如直接的参数读取和更新操作，而不是复杂的集合通信算子。

在参数服务器架构的分布式训练中，参数服务器与工作节点之间的通信可以是同步的，也可以是异步的。在同步模式下，所有工作节点必须完成它们的梯度计算后，才能向参数服务器发送梯度。然后，参数服务器聚合这些梯度，更新模型参数，并将更新的参数发送回所有工作节点。这个过程在每一轮训练中重复进行。这种方式保证了所有工作节点在每一步训练中都使用相同版本的模型参数，这有助于保持训练过程的稳定性和提高模型的最终精度，但可能会因为某些较慢的工作节点而导致整个训练过程等待，从而降低训练效率。

在异步模式下，工作节点完成梯度计算后会立即向参数服务器发送梯度，无须等待其他节点完成计算。参数服务器接收到梯度后立即更新模型参数，并将更新后的参数提供给请求它们的工作节点，而不是等待所有节点的梯度。这种方式提高了训练的效率，因为它减少了因等待慢节点而造成的空闲时间。这对于规模较大、计算资源分布不均的环境特别有利。但由于不同的工作节点可能会使用不同版本的模型参数进行计算，这可能导致模型训练的不稳定性，从而影响模型的收敛性和最终的精度。

8.3.2　基于归约的架构

在大模型的分布式训练中，对计算资源和数据处理能力的要求非常高。为了优化通信效率，通常采用环形去中心化通信拓扑结构。特别是当结合使用高速网络技术如 NVLink 和 InfiniBand 时，环形拓扑能够显著降低通信延迟并最大化硬件性能的利用。在此架构中，集合通信操作通常会选用全归约等算子，它们是“归约”架构命名的由来。环形全归约实现了在分布式环境中对梯度的高效聚合与模型参数的更新，提升了整个训练过程的效率。

如图 8.12 所示，每个处理单元（GPU0 至 GPU3）按照预定义的序列构成一个闭环网络，用于执行分布式数据聚合操作。每个 GPU 只与其相邻的两个 GPU 通信。每次发送对应位置的数据进行累加。每一次累加更新都形成一个拓扑环。全归约操作对所有节点的数据进行聚合，并将聚合结果广播给所有节点。

全归约操作可以通过组合两个更基本的集群通信操作来实现：归约 – 分散操作和全体集合操作。在归约 – 分散阶段，数据被切分并在多个处理单元（如 GPU）之间进行归约操作，每个处理单元仅保留属于自己的那一部分数据。例如，当进行求和运算时，每个节点计算得到一个局部和，然后将结果中属于自己的部分保留下来，其余部分则发送给其他节点。在这一过程中，数据被逐步累积，直至每个处理单元拥有其对应位置上完整的聚合数据（如图 8.13 所示的网格部分）。随后，全体集合阶段开始。在这个阶段，每个处理单元将其拥有的数据（经过归约 - 分散阶段处理过的网格数据块）发送给其他所有处理单元，确保每个单元获得完整的数据集。全体集合阶段完成后，所有处理单元上的数据状态是一致的，每个单元都拥有完整的聚合数据。

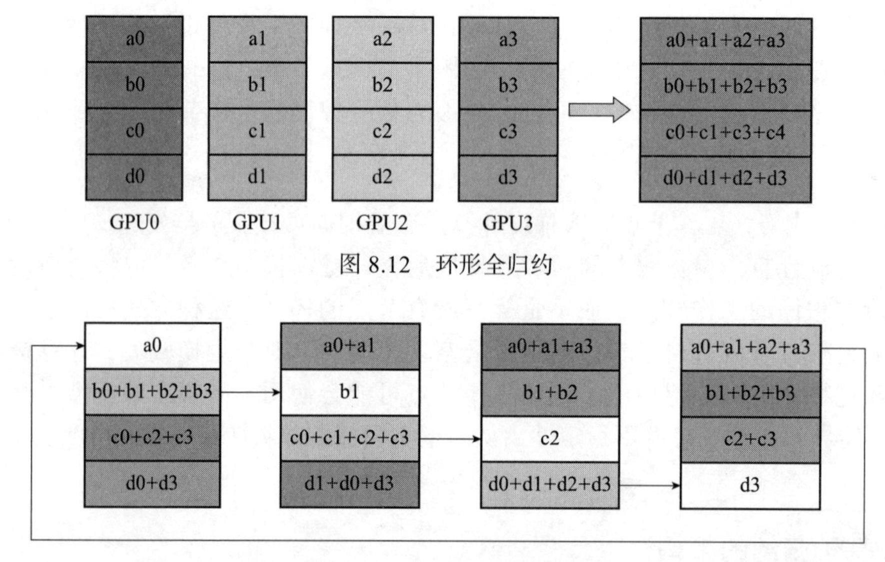

图 8.12　环形全归约

图 8.13　归约 - 分散阶段

这种组合操作是分布式深度学习训练中的常见策略。例如，在进行大规模并行训练时，不同的 GPU 或计算节点可能需要同步它们的梯度或参数更新。在归约 - 分散阶段，每个 GPU 先计算其梯度部分的总和，然后在全体集合阶段，每个 GPU 获得所有梯度的完整集合，以便进行模型更新。通过这种方式，分布式训练过程能够保持一致性，同时提高通信效率和缩短同步时间。在实际实现中，这两个阶段需要精心设计，以确保数据在各处理单元之间高效、均匀地流动，同时最小化通信延迟。这通常涉及对通信拓扑的优化，可能会使用环形、树形或其他复杂的网络结构来执行这些操作，取决于处理单元的配置和网络带宽。

在并行计算环境中，环形全归约操作以其高效和可扩展性的特点，被广泛应用于大规模分布式机器学习任务中。相较于传统的集中式通信模式，环形全归约能够均匀地分配通信负担至每个处理单元（如 GPU），从而避免任何单一节点成为瓶颈。在一个包含 N 个 GPU 的集群中，总的数据（梯度或参数更新）Ψ会被等分为 N 份，使得每个

GPU 只需处理 Ψ / N 的数据量。具体到每个 GPU 的通信量，它在归约 - 分散阶段和全体集合阶段各自发送的数据量为 $(N-1)\frac{\Psi}{N}$，所以单个 GPU 在一个完整的环形全归约操作过程中的总发送通信量近似为 2Ψ，这一数值随着处理单元数 N 的增加而趋近于一个固定值，显示了该操作的可扩展性。此通信模式确保在扩展节点数量时，单个节点的通信负担不会显著增加，从而有效提升系统的整体通信效率。

同时，环形全归约通过将数据流量均匀分布到所有参与节点上，显著减少了通信瓶颈的风险。由于所有数据传输都是在离散迭代中同步进行的，因此传输速度受到环中相邻 GPU 之间最慢连接的限制。然而，如果选择了正确的 GPU 邻居，这种方法是带宽最优的，并且是执行全局操作的最快方法。

基于归约的架构（如环形全归约）主要采用同步模式，而不是异步或混合模式。因为这种架构的目的是确保所有工作节点在每一轮迭代中都使用相同的模型参数，从而确保模型的收敛性。异步或混合模式可能会破坏这种一致性。环形全归约提供了一种高效的方式来在多个 GPU 之间同步数据，特别是在大规模的集群中。这种方法与传统的参数服务器方法相比，由于不存在单一的中心节点来处理所有数据，环形全归约自然避免了网络中的热点，这是集中式通信中的常见问题，具有更低的通信开销和更高的并行性，从而提高了分布式训练的效率。

8.4　并行模式

采用多节点集群进行分布式训练成为大模型训练的主要解决方案，并行模式关注于如何将大模型的训练任务进行分解。

8.4.1　数据并行

由于设备内存容量的限制，整个批处理样本数据通常无法一次性被加载到设备中。目前，主流的机器学习框架支持将批处理切分为多个独立的子批次，然后以梯度累积的方式串行或并行执行，以此实现批处理的训练效果。然而，串行执行子批次的方式会降低模型训练的吞吐量，因此数据并行应运而生。

数据并行是指在批处理的维度上进行划分，将不同的子批次分配到不同的设备上进行计算。每个设备独立地训练模型（独立维护一份完整的模型参数、梯度等），使用分配给它的数据批次进行前向传播、后向传播和参数更新。在每个训练迭代之后，计算设备之间同步更新参数，以确保所有设备上的模型保持一致。

数据并行可以采用参数服务器或基于归约的架构进行参数同步。如图 8.14 所示，整个数据集被分割成多个子集（如图中的数据 1、数据 2 至数据 n），每个子集存储在对应的数据存储中。每个数据存储连接到一个工作节点，工作节点将独立处理其对应的数据子集。每个工作节点（如图 8.14 中的设备 1、设备 2 至设备 n）各自独立地进行模型的前向和后向传播，计算出梯度或参数更新。全归约将所有节点的梯度汇总起来，并将汇总后的结果（通常是梯度的平均值）分发给所有参与计算的节点。

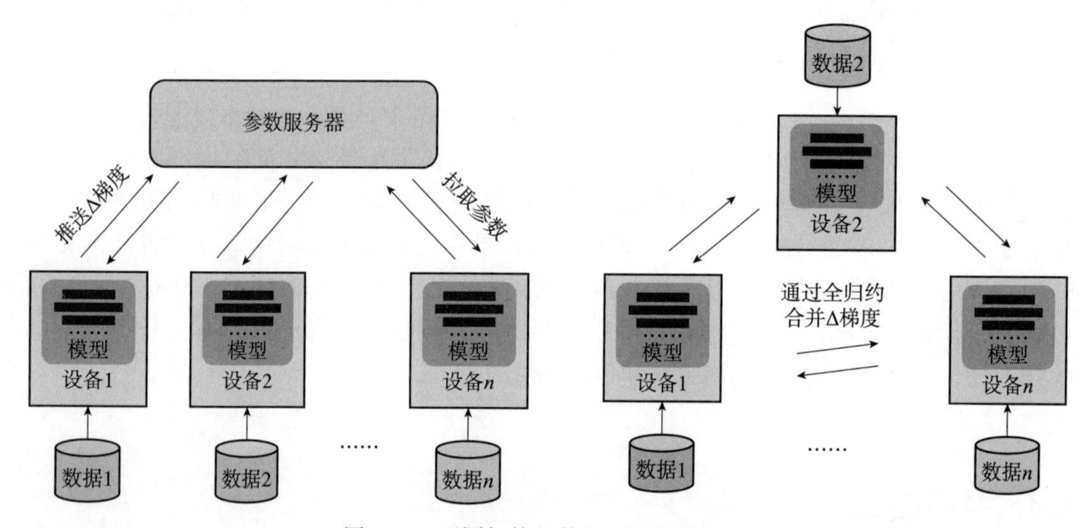

图 8.14　不同架构的数据并行参数同步

在数据并行场景中，通常所有的工作节点都属于同一个组，并参与梯度的聚合操作。这个操作确保所有工作节点在优化器更新参数之前拥有一致的梯度信息。只有在聚合了全局梯度信息后，各节点的优化器才会根据聚合的梯度对本地模型副本进行参数更新。这个过程对于保持模型在各节点上的一致性至关重要，是分布式训练中确保收敛性的关键因素。

使用参数服务器时，虽然底层逻辑和全归约操作有所不同，但目的是相同的：确保每个工作节点在进行参数更新前拥有全局一致的参数或梯度信息。参数服务器负责接收每个节点的梯度，聚合后再分发给各个节点，这个过程可以是同步的，也可以是异步的，取决于具体实现。

8.4.2 张量并行

模型并行主要解决模型参数规模过大，导致无法在单个计算设备（如一个 GPU）上存储或处理的问题。模型并行通过对模型参数的划分，将这些参数分配到不同的设备上。这种方式涉及不同的分片（Sharding）方法，目前最常用的是一维分片，它按照张量的某一个维度进行划分。这可以是横向或纵向切割，即水平切分（层内张量切分）和垂直切分（以层为单位的层间切分），两种切分策略相互正交。参与模型并行的计算节点共同维护一整份模型副本。

张量并行是模型并行的一种形式。为了在多个计算设备上并行处理这些层的计算，需要将它们的层内张量（如矩阵乘法、卷积等）分割成更小的部分。如图 8.15 所示，以矩阵乘法为例，设 $\boldsymbol{XA}=\boldsymbol{Y}$，其中 $\boldsymbol{X}$ 是输入，$\boldsymbol{A}$ 是权重，$\boldsymbol{Y}$ 是输出。从数学角度看，线性层的处理方法是将矩阵分块计算，然后合并结果，而非线性层则无须额外设计。因此，对于矩阵 $\boldsymbol{A}$，可以选择按列或按行进行拆解。将矩阵 $\boldsymbol{A}1$ 和 $\boldsymbol{A}2$ 分别放置到两块不同的 GPU 上，让两块 GPU 分别进行两部分矩阵乘法的计算，最后在两块 GPU 之间进行通信以得到最终的结果。这种方法还可以扩展到更多的 GPU，以及其他可以进行分片的算子上。

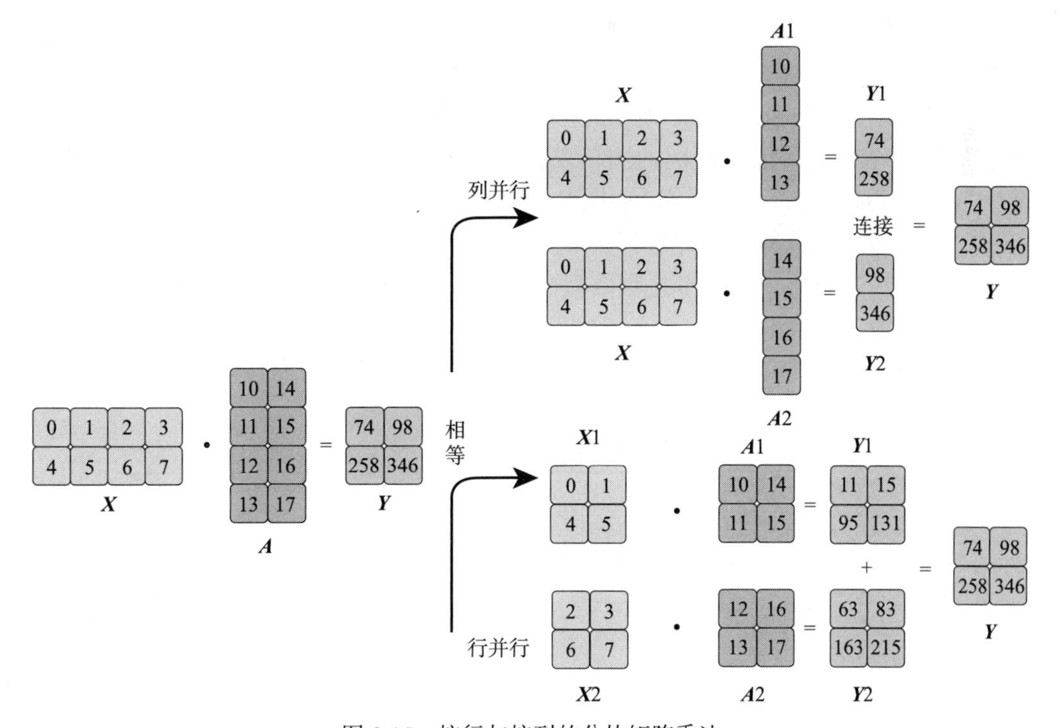

图 8.15　按行与按列的分块矩阵乘法

与数据并行类似，张量并行也可以采用基于参数服务器的架构或基于归约的架构进行参数同步。但不同的是，在数据并行中，每个工作节点都有模型的一个完整副本，不同节点上的模型并行处理不同的数据子集。而在张量并行中，模型被分割成多个部分，每个工作节点负责模型的一部分。同时，数据并行中工作节点计算其数据子集上的梯度，然后通过参数服务器或分布式通信算子库进行梯度的聚合（如全归约操作），最终每个节点会得到所有节点梯度的平均值，并更新其模型副本。而在张量并行中，梯度同步是在模型的不同部分之间进行的。节点间同步的是跨越不同模型部分的梯度，而不是跨越不同数据子集的梯度。

虽然张量并行理论上可以采用基于参数服务器的架构或基于归约的架构进行参数同步，但在实际大模型预训练中，使用参数服务器进行同步可能导致通信瓶颈，可能会面临效率低下的问题。基于归约的架构通常更受青睐，因为它能更有效地在所有计算单元间同步梯度或参数，减少通信瓶颈。通过优化通信模式（如环形通信或分层通信），可以显著提高同步效率。

8.4.3 流水线并行

流水线并行也是一种模型并行策略，其核心是将整个模型或模型的一部分按照顺序分成几个部分，然后在多个处理单元上按顺序执行这些部分。每个处理单元执行的是模型不同部分的计算，这些部分按顺序传递数据，从而提高处理吞吐量。神经网络结构具有天然的层次结构，可以将不同的网络层或层组分配给不同的计算设备，从而在多个设备上同时进行前向和后向传播。如图 8.16 所示，每个计算设备可以存储网络的一层（或几层），然后依次进行前向传播。在第一个时间步接收数据输入时，设备 0 开始计算网络的第一层；在第二个时间步接收数据输入时，设备 0 可以开始计算第二个数据的第一层（如果有第二个数据），而设备 1 则开始计算第一个数据的第二层，以此类推。这种并行处理模式显著提高了处理吞吐量，尤其适用于大规模神经网络模型的训练。

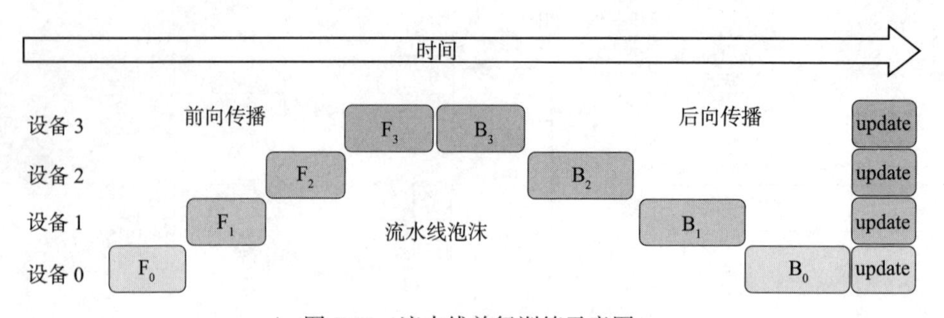

图 8.16 流水线并行训练示意图

流水线并行策略也面临着一些挑战。例如，下游处理单元必须等待上游单元完成计算后才能开始工作，这可能导致设备利用率不均衡。此外，流水线并行中还可能出现所谓的“流水线泡沫”现象，即在等待后续数据进行后向传播计算时，某些设备可能会暂时处于空闲状态，从而影响整体效率。如图 8.16 中的设备 1 从完成前向传播（如果没有后续的数据）到后向传播开始，都处于空闲状态。

流水线并行和张量并行虽然都属于模型并行，但流水线并行通常不采用基于参数服务器的架构同步模型参数。因为流水线并行的核心在于最大化计算单元的利用率和缩短流水线的停顿时间，而参数服务器架构可能增加通信开销和延迟，影响整体的流水线效率。尽管基于归约的同步方式在流水并行中也面临挑战（尤其是如何有效地管理不同阶段的依赖和同步），但通过设计的同步策略（如局部全归约或者分层通信策略），可以有效支持流水线的高效执行。例如，可以在流水线的不同段之间安排局部的全归约操作，以减少通信延迟对流水线效率的影响。

8.4.4　并行模式的对比

神经网络的不同部分适合应用不同的并行策略。例如，对于参数量较大的部分，可能优选模型并行，而在参数量较小的部分，数据并行可能更为合适。相较于只使用单一并行策略，同时应用多种并行策略可进一步减少传输量。例如，在隐藏层较大的部分，可能会同时进行数据并行和模型并行。尽管数据并行和模型并行都旨在使多个设备执行相同层次的计算，但它们的实现方式和目标存在差异。流水线并行通过将任务划分为有明确先后顺序的阶段，并将不同阶段的任务分配给不同的计算设备，从而实现多设备接力完成网络计算。这种方法不仅可以支持更大的模型，还可以处理更大的批处理规模，通过充分利用并行计算资源来提高整体的计算效率。

这 3 种并行模式从通用性、计算利用率、显存开销和通信量等方面进行比较，具体如表 8.1 所示。可以看出，数据并行具有强大的通用性和较高的计算与通信效率，但其显存总开销较大；张量并行的显存效率较高，但需要引入额外的通信开销，并且其通用性较弱；而流水线并行则具有较高的显存效率和较小的通信开销，但其可能存在流水线中的“气泡”问题。

表 8.1　3 种并行模式的比较

	数据并行	张量并行	流水线并行
通用性	完全通用	只能在部分模型上使用，比如 CNN 就暂时不能进行张量并行	基本通用

（续）

	数据并行	张量并行	流水线并行
计算利用率	在数据分配较均匀的情况下，计算设备的利用率损耗较低	需要经常进行中间结果的传输，计算设备的利用率有一定的损耗	流水线中存在气泡，计算设备的利用率有一定损耗
显存开销	每张卡上都保留相同的模型和优化器参数，总开销比较大	能将显存开销均匀地分摊到不同服务器上	如果模型不同层的参数量差异较大，则需要进行调整才能达到比较好的效果
通信量	只用传输不同 GPU 上的梯度，开销较小	需要经常地将中间结果进行传输，通信开销比较大	只用在不同层之间传输隐藏状态和反向梯度的值，通信开销较小

在训练大模型时，往往会同时面临算力不足和内存不足的问题。因此，需要混合使用数据并行和模型并行，这种方法被称为混合并行。张量并行和流水线并行两种切分策略相互正交，数据并行可以与张量并行和流水线并行结合起来，形成一个更高效、更复杂的并行策略框架。这种组合方式允许同时在数据、模型的不同部分，以及模型的不同处理阶段进行并行处理，极大地提高了训练大模型的效率和可行性。

8.5 大模型的张量并行

OpenAI 的 GPT 系列和 BERT 的大模型都是基于 Transformer 模型，Transformer 模型由 Vaswani 等人于 2017 年提出，标志着自然语言处理技术的一个重要发展方向。当我们提及 Transformer 模型的“层数”，实际上是指模型中编码器或解码器的数量。编码器和解码器的结构都很相似，包括两个核心部分：自注意力和前馈神经网络。Transformer 模型还包括输入层与输出层等部分。由于 Transformer 模型中包含大量的矩阵运算，因此非常适合采用张量并行技术来加速其训练与推理速度。但不同的并行库对上述算子的拆分有所不同，本节将主要以 Nvidia Megatron 张量并行实现为例介绍大模型张量并行原理。

8.5.1 输入层

在 Transformer 的架构中，输入层将离散型数据（例如单词或字符）映射为连续型向量，使得模型能够处理文本数据。输入层主要由两个关键部分组成：词嵌入（Word Embedding）和位置嵌入（Positional Embedding）。词嵌入的任务是为每个单词提供一个唯一的向量表示，而位置嵌入则赋予模型对单词顺序的理解能力。

词嵌入部分的维度表示为 (v, h)，其中 v 代表词汇表的大小，h 代表嵌入向量的维度。词汇表的大小决定了模型可以区分多少不同的单词，而嵌入向量的维度决定了每个单词向量的信息容量。位置嵌入的维度为 (max_s, h)，其中 max_s 表示模型能处理的最大序列长度，这使得模型能够理解不同单词在句子中的位置关系。对于位置嵌入，由于序列长度（max_s）通常较短，每个 GPU 上都可以存储一份完整的位置嵌入副本，这样不会对显存产生太大的压力。然而，词嵌入由于其巨大的词汇表（v）尺寸，尤其是在处理大规模数据集时，其大小可以变得相当大。因此为了有效利用多个 GPU 的计算能力并优化显存使用，可以将词嵌入矩阵分割并分别存储到多个 GPU 上。

如图 8.17 所示，假设有一个输入序列 $\boldsymbol{X}$，其批大小 b=2，序列长度 s=4，即 $\boldsymbol{X}$= [[0, 212, 7, 9], [1, 150, 8, 199]]，其中每个数字代表词汇表中一个词的索引。词汇表大小 v=300，并且词嵌入矩阵（WE）被分割到两块 GPU 上，每块 GPU 存储 $1/N$ 的词向量。在此例中，使用两个 GPU（N=2），因此第一个 GPU（WE1）存储索引范围为 [0, 150) 的词向量，而第二个 GPU（WE2）存储索引范围为 [150, 300) 的词向量。

当序列 $\boldsymbol{X}$ 的每个索引在相应的 GPU 上进行查找时，如果索引在该 GPU 负责的范围内，那么它会返回对应的词向量。如果不在范围内，则返回一个全零向量。例如，对于第一个索引序列 [0, 212, 7, 9]，第一个 GPU 的查找结果为 [emb_0, 0, emb_7, emb_9]，而第二个 GPU 的查找结果为 [0, emb_212, 0, 0]。对于第二个索引序列 [1, 150, 8, 199]，第一个 GPU 的查找结果为 [emb_1, 0, emb_8, 0]，第二个 GPU 的查找结果为 [0, emb_150, 0, emb_199]。

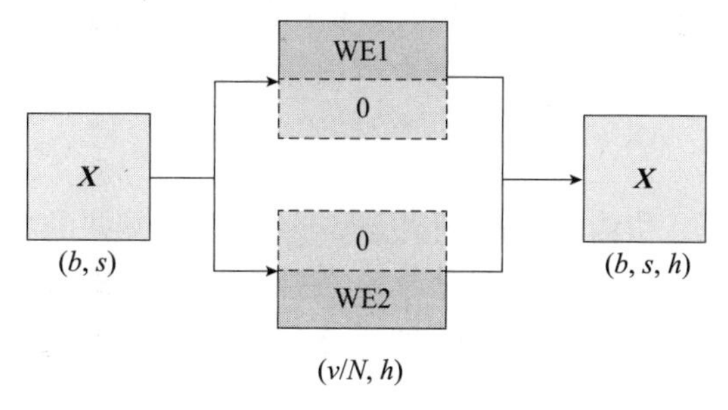

图 8.17　输入层的张量并行

接下来，通过全归约操作，两块 GPU 上的结果会被合并。对于第一个索引序列，合并结果为一个完整的词向量序列 [emb_0, emb_212, emb_7, emb_9]。同样，第二个索引序列合并后的结果为 [emb_1, emb_150, emb_8, emb_199]。这种方法实现了大规模词汇表的高效处理，并优化了显存的使用。

8.5.2 输出层

在 Transformer 模型的设计中，输出层负责将模型的连续型输出转换为离散型的数据表征，例如单词或字符。这一转换过程通常涉及对模型输出的概率分布进行解码，以便选出每个序列位置上概率最高的单词。此操作是通过将模型的输出与词嵌入权重矩阵相乘，然后进行 Softmax 函数处理来完成的，该权重矩阵在输入层和输出层之间共享。

如图 8.18 所示，***X*** 代表着模型的连续型输出，其形状由批次大小 b、序列长度 s，以及嵌入向量的维度 h 定义。在输出层，此连续型输出将与分布在多个 GPU 上的词嵌入矩阵的各部分 WE1 和 WE2 进行点积运算。这些词嵌入矩阵的分割是为了并行化处理而设计的，每个部分具有（h, v/N）的维度，其中 v 是词汇表的总大小，N 是参与计算的 GPU 数量。

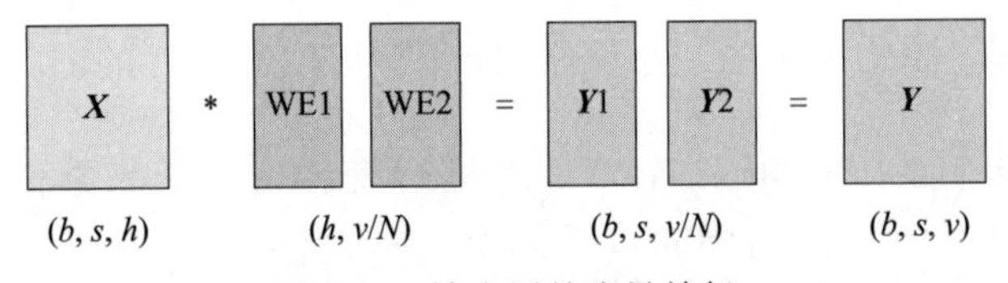

图 8.18　输出层的张量并行

每个 GPU 计算得到一个中间输出，表示每个单词在词汇表中的原始得分。然后，应用 Softmax 函数对这些得分进行归一化，将其转换成概率分布 ***Y***1 和 ***Y***2，其形状为（b, s, v/N）。这里的 v/N 表示每个 GPU 负责模型输出中一部分可能单词的概率。这些中间输出随后需要合并以形成完整的概率分布 ***Y***，形状为（b, s, v）。***Y*** 表示在每个序列位置上单词的最终概率分布。从这个分布中可以选择概率最高的单词作为输出序列中的单词。

词嵌入权重在输入层和输出层之间共享，可以减少模型的参数数量并提高参数效率。同时，由于模型的参数数量与其计算复杂性和过拟合风险直接相关，通过参数共享，能够有效地利用训练数据提高模型的泛化能力。然而，这种参数共享也意味着在训练过程中，词嵌入矩阵会受到来自模型两端的梯度影响：一端是输入层，另一端是输出层。在梯度下降优化过程中，必须将这两处计算得到的梯度相加，以确保词嵌入权重的正确更新。这一操作在单 GPU 训练过程中相对直接，因为所有梯度的计算与累加都在同一个计算设备上完成。

当涉及多 GPU 训练时，尤其是在分布式训练环境中，输入层和输出层可能位于不同的 GPU 上。在这种情况下，不同 GPU 计算得到的梯度必须在更新权重之前进行同步。这通常通过全归约操作实现，该操作能确保跨设备的梯度统一，从而允许模型准确地执行权重更新步骤。这一步骤对于保持模型在多 GPU 设置中的一致性和效率至关重要。

因此，为了维护梯度的一致性并确保模型的稳健训练，在设计分布式训练策略时，必须在权重更新前进行跨设备的梯度累加操作。这要求我们的训练框架能够处理跨设备通信，并在计算资源之间进行有效的数据同步。

8.5.3　多层感知机

在 Transformer 模型中，多层感知机（Multi-Layer Perceptron，MLP）由两个全连接层组成，它们分别执行矩阵与权重的乘法操作，并在每次乘法后添加偏置。这些全连接层，也就是广义矩阵乘法（General Matrix Multiply，GEMM）层，已经在 GPU 上高度优化。在两个 GEMM 层之间，通常会嵌入一个激活函数，以引入非线性，增加模型的表达能力。常用的激活函数是高斯误差线性单元（Gaussian Error Linear Unit，GeLU），它能使模型捕捉到输入数据中的非线性关系。

如图 8.19 所示，输入数据 $\boldsymbol{X}$ 首先通过一个全连接层，与权重矩阵 $\boldsymbol{A}$ 进行矩阵乘法操作，然后应用 GeLU 激活函数，再通过第二个全连接层与权重矩阵 $\boldsymbol{B}$ 相乘，从而得到输出 $\boldsymbol{Y}$。这一连串的操作允许 MLP 块捕获输入数据的复杂模式，并为 Transformer 模型的每一层提供强大的表示能力。通过重复这样的结构，MLP 不仅加深了网络的层次，还增强了其处理复杂问题的能力。

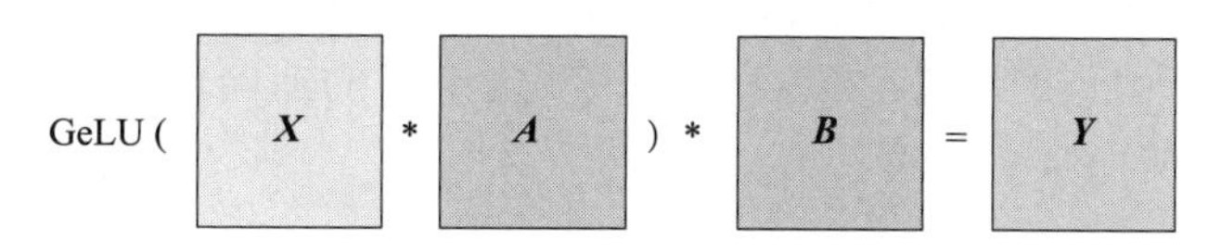

图 8.19　多层感知机的张量并行

在 MLP 的张量并行实现中，可以采取不同的分区策略以适应多 GPU 的计算。第一种策略是将权重矩阵 $\boldsymbol{A}$ 沿行方向分割，并相应地沿列方向切分输入 $\boldsymbol{X}$。例如，将输入 $\boldsymbol{X}$ 分为两部分 $[\boldsymbol{X}_1, \boldsymbol{X}_2]$，权重矩阵 $\boldsymbol{A}$ 分为两部分 $[\boldsymbol{A}_1, \boldsymbol{A}_2]$。然后，分别在两个 GPU 上计算 $\boldsymbol{X}_1\boldsymbol{A}_1$ 和 $\boldsymbol{X}_2\boldsymbol{A}_2$，并在应用 GeLU 激活函数前，使用全归约操作将两个 GPU 上的结果汇总。因为 GeLU 是非线性函数，必须在整个表达式计算完成后应用。

而另一种分区策略是将权重矩阵 $\boldsymbol{A}$ 沿列方向分割为 $[\boldsymbol{A}_1, \boldsymbol{A}_2]$，允许在每个 GPU 上

独立计算 GeLU 激活函数，并将结果拼接。此方法的效率更高，因为它避免了同步点。按此方式，第一个全连接层后的 GeLU 输出可以直接传递给第二个全连接层，无须额外的通信操作。

如图 8.20 所示，首先，函数 f 将输入数据 $\boldsymbol{X}$ 分布到不同的 GPU 上。第一个全连接层按列切分策略执行，其中权重矩阵 $\boldsymbol{A}$ 被分为 $[\boldsymbol{A}_1, \boldsymbol{A}_2]$ 两部分，分别与输入 $\boldsymbol{X}$ 的对应部分相乘。之后，各部分独立地通过 GeLU 激活函数处理，得到 $[\boldsymbol{Y}_1, \boldsymbol{Y}_2]$。

对于第二个全连接层，采用行切分策略，权重矩阵 $\boldsymbol{B}$ 也被分为 $[\boldsymbol{B}_1, \boldsymbol{B}_2]$。此时，可以直接使用第一个全连接层的输出 $\boldsymbol{Y}_1$ 和 $\boldsymbol{Y}_2$ 与 $\boldsymbol{B}_1$ 和 $\boldsymbol{B}_2$ 相乘，得到 $\boldsymbol{Z}_1$ 和 $\boldsymbol{Z}_2$。完成这两个矩阵乘法操作后，通过全归约操作对 $\boldsymbol{Z}_1$ 和 $\boldsymbol{Z}_2$ 进行同步，然后通过 Dropout 层产生最终的输出 $\boldsymbol{Z}$。

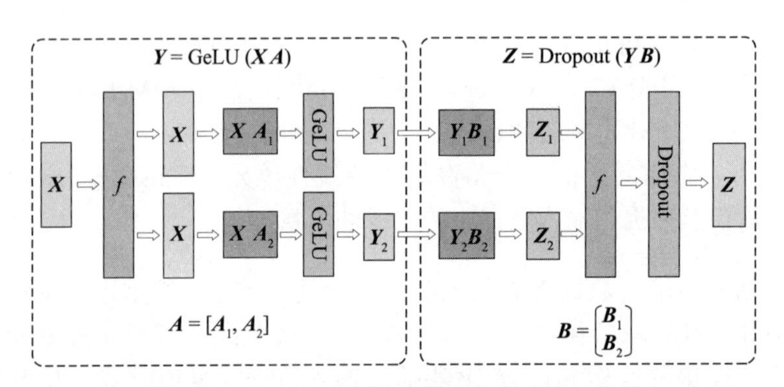

图 8.20 MLP 权重矩阵 $\boldsymbol{A}$ 沿列方向的张量并行

在整个过程中，第二个全连接层的输出需要在进行 Dropout 操作之前同步。这是因为 Dropout 需要在完整的数据上执行，以确保每次训练迭代中随机丢弃的神经元是一致的。这种处理方式允许模型在多 GPU 环境中实现有效的前向传播，并且只在必要的时候进行通信同步，从而减少通信开销。

8.5.4 自注意力

Megatron 利用了 Transformer 中多头注意力操作的固有并行性，将自注意力机制中的查询（$\boldsymbol{Q}$）、键（$\boldsymbol{K}$）和值（$\boldsymbol{V}$）相关的矩阵乘法操作按列进行分区，实现了在不同 GPU 上的并行计算。这样，与每个部分的 $\boldsymbol{Q}$、$\boldsymbol{K}$、$\boldsymbol{V}$ 相对应的操作可在各自的 GPU 上独立完成，以保证计算的局部性。

如图 8.21 所示，在自注意力操作后的全连接层并行化过程中，由于前面步骤的部

分输出 $\boldsymbol{Y}_1$ 和 $\boldsymbol{Y}_2$ 已经在各自的 GPU 上可用，接下来的权重矩阵 $\boldsymbol{B}$ 被按行切分成 $[\boldsymbol{B}_1, \boldsymbol{B}_2]$。这使得每个 GPU 可以直接利用其自身的输出 $\boldsymbol{Y}$ 进行进一步的矩阵乘法运算。随后，通过执行一个全局同步操作（即全归约操作）和 Dropout 操作，以获得最终的输出 $\boldsymbol{Z}$。

在实际应用中，并不一定会将每个自注意力操作单独分配到一个 GPU。有时候，可能将多个操作分配到同一个 GPU 上，这取决于 GPU 的数量以及模型设计的需要。主要目的是确保每个 GPU 可以独立完成其计算任务，同时减少 GPU 之间的通信需求，以此确保计算效率。这一并行化策略显著提升了 Transformer 模型在处理大规模数据集时的训练效率，并允许模型在维持高效通信的同时扩展到更大的规模。通过合理地在 GPU 之间分配自注意力机制的计算任务，Megatron 为深度学习研究提供了强大的计算能力，以支持复杂模型结构的训练和探索。

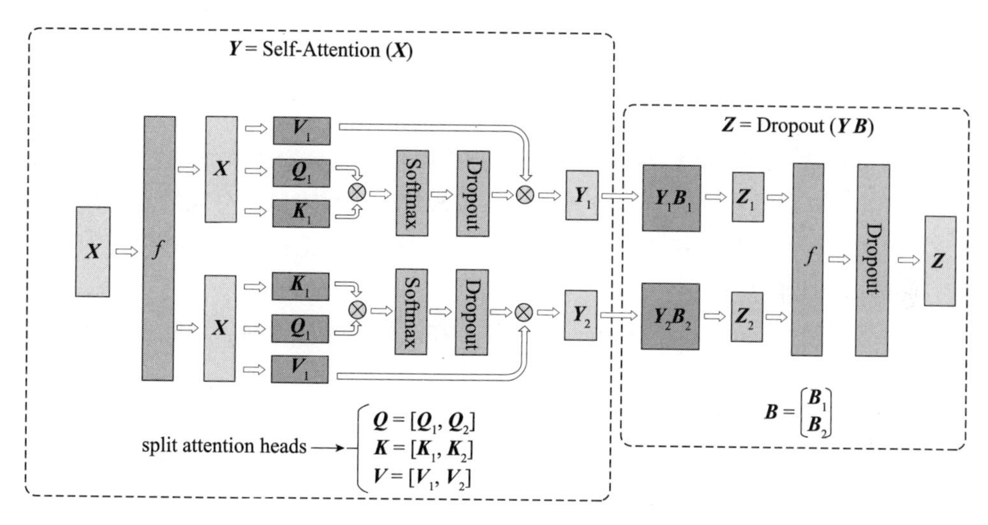

图 8.21　自注意力的张量并行

8.6　数据并行的内存优化

数据并行会导致数据在多个处理器间重复，从而增加内存需求；模型并行则可能造成通信瓶颈，因为不同的处理器需要频繁交换信息。零冗余优化器（Zero Redundancy Optimizer，ZeRO）是微软团队提出的一种数据并行内存优化方法，其核心思想是消除数据并行进程中的内存冗余。

8.6.1　设备内存占用

在大模型的训练过程中，内存管理起着至关重要的作用。它不仅关系到模型训练的效率，还直接影响到训练过程的可行性。在训练大模型时，设备内存被用于存储两类关键信息：模型状态（Model State）和剩余状态（Residual State）。

1）模型状态是指直接与模型训练密切相关、必须持久存储的数据。

- 优化器状态（Optimizer State）：优化器状态与使用的优化算法相关，如 Adam 算法。优化器状态包括用于调整参数更新速率的动量和方差。
- 梯度（Gradient）：在后向传播过程中计算得到的模型参数梯度。梯度是模型参数相对于损失函数的偏导数，指导模型如何更新其参数以减少损失，是模型学习的基础。
- 参数（Parameter）：模型的权重（$\boldsymbol{W}$），决定了模型的功能和表现。

2）剩余状态是指在模型训练过程中产生的，非持久化存储的额外数据。

- 激活值（Activation）：激活值是网络中各层激活函数的输出，它们在后向传播中用于计算梯度，因此必须在内存中暂存。这些临时变量通常在前向传播计算期间存储，并在后向传播结束后释放。例如，流水线并行技术通过分割模型和数据，使得不同模块可以并行处理。在这种情况下，合理管理激活值可以显著提高内存利用效率和加速训练过程。
- 临时缓冲区（Temporary Buffer）：例如，在进行梯度聚合时，临时存储用于将梯度发送至特定 GPU 的数据。
- 碎片化存储空间（Unusable Fragment Memory）：指由于无法获取连续空间而导致无法用于存储的内存碎片。通过内存整理可以缓解这一问题。

如图 8.22 所示，以混合精度训练中常用的 Adam 优化器为例，在混合精度训练中，模型的参数、动量和方差初始以 32 位浮点数格式存储，以确保更新过程中的精度。训练过程开始时，这些参数通过减半操作转换为 16 位浮点数格式，用以执行前向传播计算，得到损失并进行后向传播，以计算梯度。计算出的梯度仍以 FP16 格式存储，减少了存储和计算负担。在梯度计算后，系统将使用这些 FP16 梯度更新原始的 FP32 参数，从而在保持模型收敛性的同时提高了内存利用率和计算效率。当模型训练完成后，保留的 FP32 参数则代表了最终模型的状态。

在 Adam 优化器中，动量和方差与模型的参数具有相同的规模。这是因为动量和方差是为每个模型参数独立维护的运行平均值。换句话说，如果模型有 $\varPsi$ 个参数，那么会有Ψ个动量值和Ψ个方差值。因此，如果参数使用 32 位浮点数（FP32）来存储，每个参数需要 4 字节，那么动量和方差也会各自占用相同大小的存储空间。这是因为在 Adam 优化器中，对于每个参数，都需要保存对应的动量和方差值，以用于梯度的更新计算。所以，假设参数总数为Ψ，那么参数（FP32）、动量（FP32）和方差（FP32）的总存储需求将会是 $3\times4\times\Psi$字节，每项都占用 $4\times\Psi$字节。

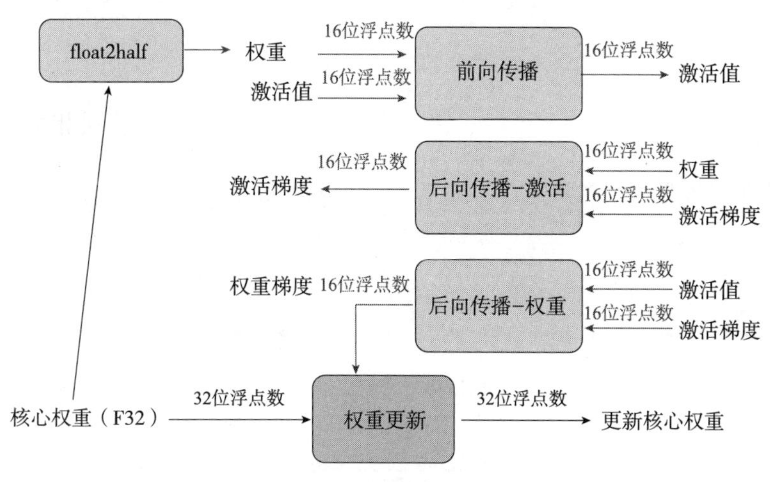

图 8.22　混合精度训练迭代

在混合精度训练的前向传播中，FP32 的参数被减半（或者说是“降精度”转换）成 FP16 格式的参数。在后向传播中，计算出的梯度仍以 FP16 格式存储。如果不考虑激活值还需要$2\Psi+2\Psi$字节，那么采用 Adam 优化器进行混合精度训练，如果模型有Ψ个参数，一共需要 16 Ψ字节。更一般的情况，如果采用其他优化器，记模型的优化器内存占用大小为$K\Psi$。因此，最终内存开销为$(2+2+K)\Psi$。

在数据并行的默认配置下，每个设备（通常是 GPU）都会存储整个模型状态和剩余状态的一个完整副本。这种冗余存储机制会导致相同数据的多份复制，从而低效利用内存，并限制了模型规模。

8.6.2　ZeRO 技术

ZeRO 技术通过在数据并行的设备间均等分配模型状态，减少了冗余存储，从而有效降低了内存消耗。它通过三个主要的优化阶段来提高大型模型训练的效率和可行性，这些阶段分别对应于优化器状态分割、梯度分割和模型参数分割。如图 8.23 所示，在N_d个 GPU 的集群中，对于有Ψ个参数模型，模型的优化器内存占用大小为 $K\Psi$，其在混合精度训练中的最终内存开销为$(2+2+K)\Psi$，总的数据（梯度或参数更新）Ψ会被等分为N_d份，使得每个 GPU 只需处理Ψ / N_d的数据量。具体到每个 GPU 的通信量，它在归约－分散阶段和全归约阶段各自发送的数据量为$(N-1)\frac{\Psi}{N_d}$，所以单个 GPU 在一个完整的环形全归约操作过程中的总发送通信量近似为2Ψ。以此作为对比 ZeRO 三个阶段的基线。

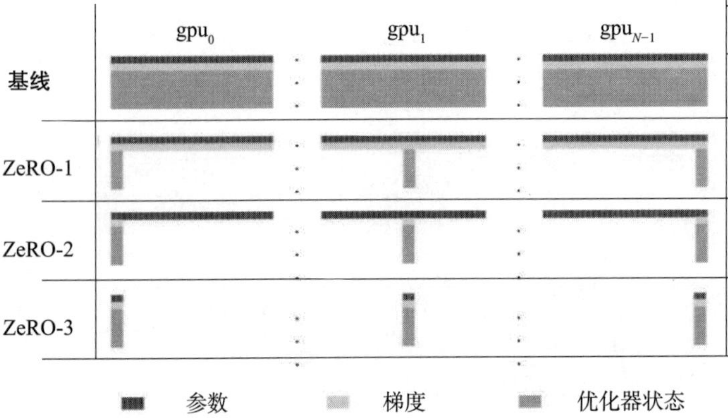

gpu$_0$　gpu$_1$　gpu$_{N-1}$

	内存消耗：公式	内存消耗：具体例子 $K=12$ $\psi=7.5B$ $N_d=64$	通信量
基线	$(2+2+K)\cdot\psi$	120GB	1×
ZeRO-1	$2\psi+2\psi+\frac{K\cdot\psi}{N_d}$	31.4GB	1×
ZeRO-2	$2\psi+\frac{(2+K)\cdot\psi}{N_d}$	16.6GB	1×
ZeRO-3	$\frac{(2+2+K)\cdot\psi}{N_d}$	1.9GB	1.5×

参数　梯度　优化器状态

图 8.23　ZeRO 三个优化阶段内存基线

1）ZeRO-1 阶段：优化器状态分割（Optimizer State Partitioning，Pos）。ZeRO 仅将优化器状态在各个 GPU 之间分割，减少了每个 GPU 的内存负担，从而实现了内存消耗的减少。单节点的内存消耗为$2\Psi+2\Psi+\frac{K}{N_d}\Psi$。在这个阶段，优化器状态是分割存储的，这意味着每个 GPU 只保存一部分优化器状态。但是，每个 GPU 仍然计算其分配的数据的全局梯度（即它所看到的整个批次的梯度），而不是仅计算与它存储的优化器状态相对应的梯度部分。这些梯度仍然需要通过全归约操作与其他 GPU 共享以计算全局平均值，然后更新模型参数。在 ZeRO-1 阶段，每个 GPU 仍然要处理整个模型的梯度，所以梯度通信的工作量与传统数据并行相同。

2）ZeRO-2 阶段：增加梯度分割（Pos+g）。ZeRO 进一步将梯度分割到各个 GPU 上，单节点的内存消耗$2\Psi+\frac{2+K}{N_d}\Psi$。与优化器状态一样，每个 GPU 只保存和处理$\frac{1}{N_d}$的梯度。由于梯度不需要在所有 GPU 间广播，所以环形全归约操作只涉及模型参数，优化器状态和梯度的更新在本地完成。由于模型参数仍然需要在所有 GPU 间通信，所以每个 GPU 在环形全归约操作中的总通信量依然与传统数据并行一致。

3）ZeRO-3 阶段：增加模型参数分割（Pos+g+p）。ZeRO 将模型参数在 GPU 之间进行分割，单节点的内存消耗$\frac{2+2+K}{N_d}\Psi$。在此阶段，每个 GPU 只负责部分参数的更新。为了保证模型参数的一致性和完整性，需要额外的通信步骤。在梯度计算和应用优化器更新之后，通过全体集合操作，每个 GPU 必须收集其他所有 GPU 上的参数更新。这增加了通信量，因为每个 GPU 不仅要发送自己的参数更新给其他 GPU，还要接收其他所有 GPU 的参数更新。因此，相比于 ZeRO-1 和 ZeRO-2 阶段，ZeRO-3 在通信量上有所增加。

具体来说，如果每个 GPU 在基线模型中的通信量是 2 Ψ（来回各一次，故乘以 2），在 ZeRO-3 阶段，每个 GPU 需要发送自己的 $1/N_d$ 的更新，并收集其他所有（N_d-1）个 GPU 的更新。所以，ZeRO-3 阶段的通信量变为：

$$\text{ZeRO-3 通信量} = \text{发送} + \text{接收} = \frac{\Psi}{N_d} + \left(N_d - 1\right) * \frac{\Psi}{N_d}$$

由于每个 GPU 需要接收其他所有 GPU 的参数更新，接收的总量是 $(N_d-1)/N_d$ 倍的模型大小。因此，ZeRO-3 阶段的总通信量相比于传统数据并行的通信量增加 $\left(N_d-1\right)*\frac{\Psi}{N_d}\approx\Psi$（当$N_d$远大于 1 时），加上原始的发送量$2\Psi$，ZeRO-3 阶段的总通信量约为$3\Psi$，即基线通信量（$2\Psi$）的 1.5 倍。

ZeRO 的核心思想是“通信换内存”。ZeRO 优化器对数据并行训练中的模型参数、梯度和优化器状态进行了重新组织，使得这些数据在多个训练设备（通常是 GPU）上分布存储，而不是在每个设备上都保留一份完整的副本。这意味着每个设备只存储并更新模型的一部分状态，减少了单个设备上的内存使用，但会增加通信负担。如图 8.23 所示，ZeRO-1 和 ZeRO-2 的通信量与基线的传统数据并行相同，而 ZeRO-3 则会增加通信量。

ZeRO 将模型参数、梯度和优化器状态在所有参与并行训练的设备之间分割，这种分割意味着每个设备只存储了模型状态的一部分（从而在某种程度上与模型并行类似）。但 ZeRO 依然是一种数据并行策略。因为模型并行通常涉及模型不同部分的计算分布在不同的处理单元（如 GPU）上，每个处理单元仅需要用其维护的那部分权重 $\boldsymbol{W}$ 和相应的输入片段来执行前向传播和后向传播。这个过程可能需要在各个处理单元之间传递中间结果，以保证最终输出的正确性。

而在 ZeRO 中，模型的状态（包括权重 $\boldsymbol{W}$、梯度和优化器状态等）被分割并分布到各个处理单元上。每个处理单元在执行前向传播和后向传播时，仍然需要在设备之间进行通信以访问完整的模型权重。例如，在参数更新步骤之前，各设备上计算的梯度需要通过全归约等集合通信操作聚合在一起，以便每个设备都能获得完整的全局梯度信息来更新其维护的参数片段。

ZeRO 通信换内存会增加通信负担，但现代计算平台通常具有高带宽的网络连接，能够处理相对较大的通信负载。ZeRO 通过增加通信负载来换取单个设备上的内存使用率，从而允许训练参数规模远远超出单个设备内存的模型。这对于需要训练具有数十亿甚至数千亿参数的大模型的研究和实践来说，是一个重要的技术进步。

8.6.3 ZeRO-Offload 技术

ZeRO-Offload 是 ZeRO 技术的一个扩展。它通过利用其他层级的存储资源，如 CPU DRAM 或磁盘，将设备内存中的变量卸载到这些容量相对充裕的存储单元上。然而，由于不同层级的存储单元的读写性能差异较大，对于性能要求较高的应用，简单的卸载机制势必会对程序性能产生较大的影响。因此，在实施卸载策略时，需要考虑其对程序性能的影响，并采取适当的优化措施以平衡内存使用和程序性能的需求。

为了避免 GPU 和 CPU 之间的通信开销问题，并考虑到 CPU 本身计算效率低于 GPU，ZeRO-Offload 通过分析 Adam 优化器在 FP16 模式下运算流程的 4 个关键节点：前向传播、后向传播、参数更新和数据精度转换，设计了计算任务的分配策略。如图 8.24 所示，ZeRO-Offload 只将部分需要计算的参数放在 CPU 上，其他的则放在 GPU 上。在这个过程中，CPU 扮演了一个参数服务器的角色。通过这种方法，CPU 和 GPU 可以协同工作，CPU 负责较少但对显存要求高的更新计算任务，而 GPU 则负责大部分的前向和后向传播的计算任务。

网络的前向和后向传播步骤由于涉及大量计算，其复杂度与批量大小 M 成正比，因此这两个步骤被设计为在 GPU 上执行，以利用其高性能计算能力。而参数更新和数据精度转换这两个计算节点，不仅计算复杂度较低，还需处理优化器状态，例如 Adam 优化器中的动量和方差。这些状态通常存储在主存中，因此这两个节点更适合在 CPU 上执行。

为了提高系统的计算效率，图中采用了节点融合策略，将前向和后向传播节点合并为一个超级节点，同时将参数更新和数据精度转换合并为另一个超级节点。这样的设计简化了数据流图，并通过沿着梯度（梯度值 16）和参数（参数值 16）的边界进行分割，实现了计算任务在 CPU 和 GPU 之间的高效划分。通过这种划分，网络在不同计算平台间实现了高效的数据交换和处理，同时避免了激活函数在 CPU 和 GPU 之间频繁迁移，降低了通信成本。

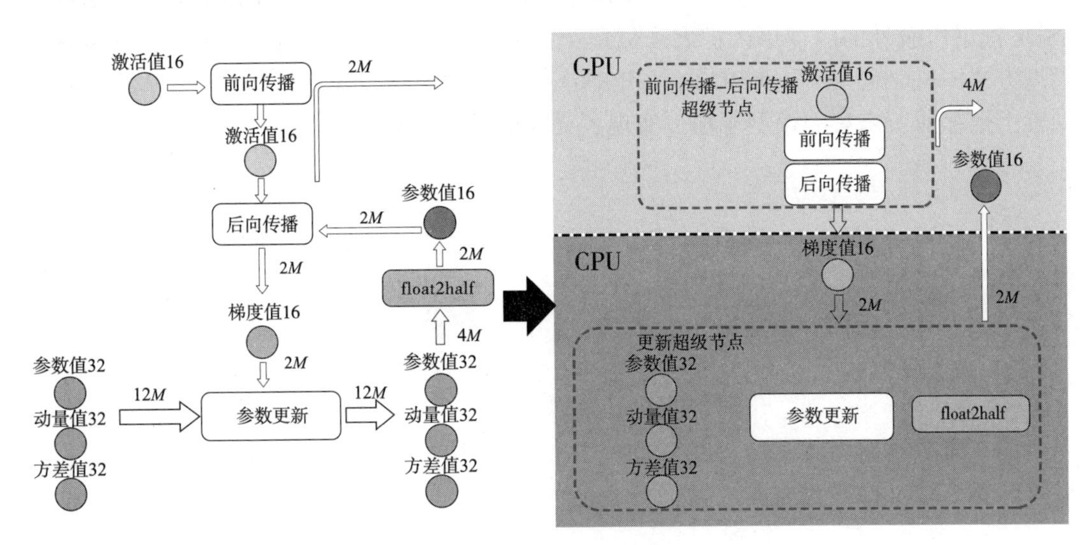

图 8.24 通信和计算的过程并行图

前向传播和后向传播过程中的激活数据需要被存储，以便在后向传播时计算梯度。由于这些激活数据占用的内存可能非常大，为了优化内存使用，可以采用激活检查点技术。这种技术涉及在前向传播过程中的某些点保存激活数据，然后在后向传播过程中重新计算这些激活数据，而不是将它们一直保存在内存中。这样可以在增加一些计算成本的情况下，显著降低内存需求。

从图 8.24 的例子可以看到，通过使用激活检查点，激活所需的内存从原本的 16MB 减少到了 2MB。这种方法特别适合在内存资源有限时，例如在 GPU 显存不足以存储所有激活数据时，将激活数据“卸载”到 CPU 内存中。然而，为了避免频繁的数据迁移带来的性能损失，使用激活检查点可以减少必要的数据迁移。

在后向传播过程中，通常需要存储梯度和参数，以便进行参数更新。图 8.24 中也展示了参数更新过程，其中参数、动量和方差分别以 32 位浮点数存储，而梯度在传输到 CPU 后转换为 16 位浮点数进行更新，这进一步节约了内存。更新完成后，参数再从 CPU 以 16 位浮点数的形式传回 GPU。

ZeRO-Offload 对于那些 GPU 资源有限但 CPU 资源相对充足的环境特别有用，它允许在这种环境下有效扩展模型的规模和训练的复杂度。通过分配计算和数据，决定哪些应该留在 GPU 上，哪些可以卸载到 CPU 上，ZeRO-Offload 提高了整个训练过程的内存效率和计算效率。

ZeRO-Infinity 可以看作 ZeRO-Offload 的扩展版本。在 ZeRO-Infinity 中，NVMe SSDs 被用作额外的内存层，扩展了可用于模型训练的总内存容量。这种层次化的内存管理方式——GPU 内存、CPU 内存和 SSD 存储共同工作，使得可以在资源有限的硬件配置上训练前所未有的模型规模，实现了更高的扩展性和灵活性。

CHAPTER 9

第9章

推理优化技术

在大模型的部署应用中，推理优化是关键步骤，旨在通过降低延迟和提升吞吐量来提升模型性能。实现推理优化的技术主要包括计算加速、内存优化、吞吐量优化与量化。延迟是指系统处理单个请求所需的时间，而吞吐量是指系统在单位时间内能够处理的请求总数。尽管理想状态下推理优化能够同时实现低延迟和高吞吐量，但在实际应用中，通常需要在两者之间做出权衡。例如，采用张量并行技术可以将较大模型分割为多个小的子模型，在不同计算节点上并行处理，从而显著降低处理单个请求的时间（即降低延迟）。然而，这可能会增加节点间通信和数据聚合的成本，从而降低整体吞吐量。

9.1 计算加速

计算加速的目标是通过算法改进和提高硬件利用率来提高计算效率，同时不牺牲模型输出质量。算子融合可以减少内存访问次数，加速计算过程。此外，如第8章所述，分布式计算（包括模型并行和数据并行）可以在多个计算节点上分散计算负担，以进一步提升处理速度。本节将进一步探讨分布式推理与训练的区别。

9.1.1 算子融合

算子融合，又称操作融合，是将多个低级别的操作（或算子）融合为一个复合操作，从而减少内存传输和同步开销，提高计算效率。算子融合在硬件抽象或低级中间表示（Low-level IR）上进行，这样可以充分利用特定硬件的特性和能力。例如，在GPU上，算子融合可能会进行更深入的内存访问和线程排布优化，以适应GPU的硬件特性。算子融合可以采用运行库融合。以DeepSpeed Inference为例，算子融合主要分为如下4个部分（如图9.1所示）：

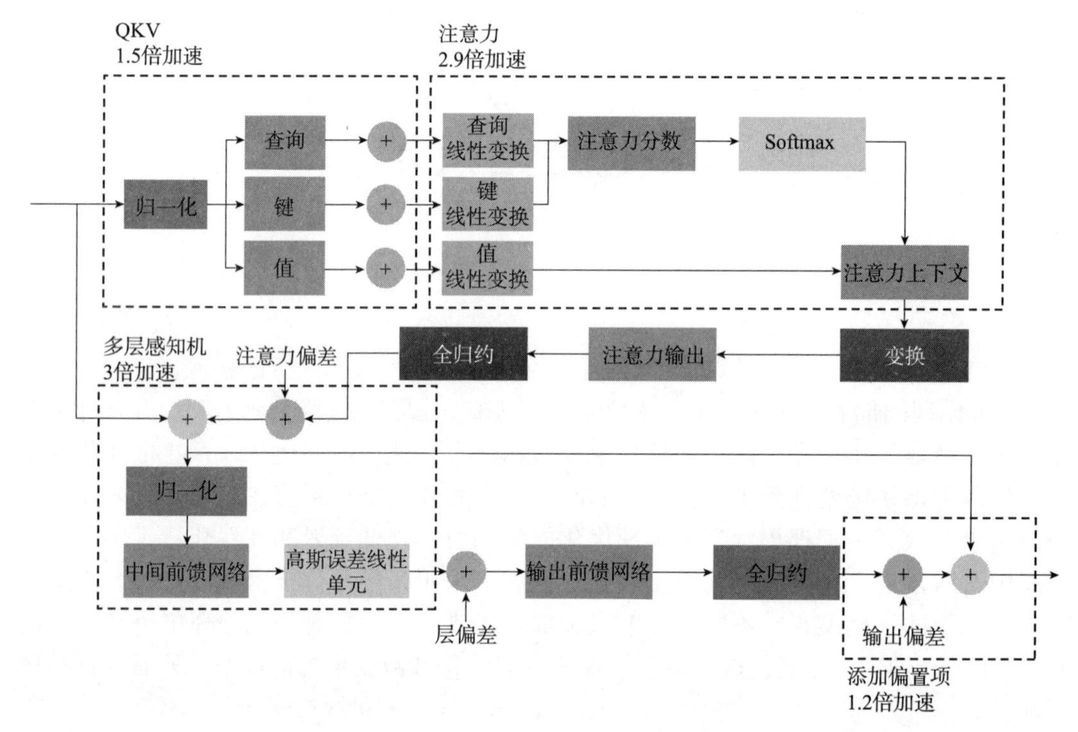

图9.1 DeepSpeed Inference的算子融合

1）归一化层与QKV的横向融合。此融合技术将计算查询（$\boldsymbol{Q}$）、键（$\boldsymbol{K}$）、值（$\boldsymbol{V}$）的三个操作整合为单一算子，并与前置的归一化层进行合并，目的是减少冗余计算，加速处理过程。具体过程如下：输入序列首先经过归一化层，便于模型处理不同范围的数据。归一化可以减少模型训练过程中的内部协变量偏移，提高模型的稳定性和学习速度。接着，经过归一化的数据将被传递给三个线性变换层，这些层分别用于生成$\boldsymbol{Q}$、$\boldsymbol{K}$和$\boldsymbol{V}$。在传统的Transformer实现中，这些变换会作为独立的线性层执行。在融合优化中，归一化层的输出直接与QKV变换相连。这意味着，我们可以把归一化后的数据和QKV的权重矩阵一次性地传递给一个专门的融合算子，该算子会在一个步骤中完成所有的线性变换。这种方法避免了多次读写内存，尤其是当权重矩阵很大时，可以显著提高效率。

2）自注意力计算的融合。自注意力机制在Transformer模型中是实现序列到序列转换的关键组件。它通过计算输入序列的每个元素对其他元素的影响（即注意力）来工作。自注意力计算包含以下独立算子：计算 $\boldsymbol{Q}$、$\boldsymbol{K}$ 和 $\boldsymbol{V}$ 的线性变换，计算注意力分数，应用 Softmax 函数，以及最终的加权求和。这些操作在未融合的情况下会逐步执行，每步都涉及对数据的独立读写。在未融合的情况下，上述每一步都需要单独读取数据，执行操作，并写回结果，这在内存密集型的操作中可能会成为瓶颈。通过融合，将线性变换和归一化融合为单个操作，这样，$\boldsymbol{Q}$、$\boldsymbol{K}$ 和 $\boldsymbol{V}$ 的计算就可以在一次数据传递中完成。融合操作可以重新安排数据访问顺序，以优化缓存使用和降低内存访问延迟。在 GPU 或其他并行硬件上，通过算子融合可以更好地利用并行性，因为相关的计算可以更紧凑地排列在一起。

3）残差连接、归一化层、全连接层与激活层的融合。在 Transformer 模型中的 MLP 部分，包含全连接层（也称为前馈层）、激活函数以及与之相连的归一化层和残差连接。在没有算子融合的情况下，每一步操作都可能需要单独的内存读写和计算资源。具体的算子融合包括：归一化操作通常会产生一个中间结果，然后该结果被用作全连接层的输入。通过归一化和全连接层的算子融合，可以直接在归一化层的输出上应用全连接层的权重和偏置，避免中间结果的存储；融合激活函数，激活函数的计算可以直接在全连接层的结果上进行，而不需要额外的数据移动；在应用激活函数后，需要额外的操作来将输出与残差连接相加，残差连接算子融合可以在激活函数应用后立即执行这一步骤，进一步减少内存访问。

4）偏置加法与残差连接的融合。通过将偏置项添加至层输出的操作与残差连接的步骤合二为一，简化了网络结构，并可能减轻过拟合的风险。在全连接层后，会对输出加上一个偏置向量，而残差连接通常是将层的输入直接加到层的输出上。在融合过程中，偏置加法操作可以与残差连接的加法操作合并。由于加法是可交换的（即 $A+B=B+A$），因此可以将来自上一层的输出、偏置项和残差连接的输入一起加总，而无须执行两次加法操作。这种融合减少了一个独立的偏置项加法步骤，降低了内存的访问需求，并可能提高计算效率。同时，也简化了模型结构，减少了中间结果的存储需求。

在大模型的推理优化中，算子融合技术可以通过两种主要方式实现：使用专门的库（如 DeepSpeed Inference）或采用编译器技术（如 TensorFlow XLA 或 Apache TVM）。

使用专门库进行算子融合的方法涉及调用这些库提供的高级 API，这些 API 集成了算子融合、内存优化和数据并行等多种优化策略。开发者不需要对模型进行额外的重构，因为优化过程在库级别进行，对使用者而言是透明的。以 DeepSpeed Inference 为例，该库具备算子融合功能，能够自动将多个操作合并为一个操作，以减少内存访问和计算开销。DeepSpeed Inference 通过内部重写和优化模型图，智能识别可融合的算子并应用最佳融合策略，开发者只需调用相关 API 即可利用这些优化。

编译器技术（如 TensorFlow XLA 和 Apache TVM）则通过将模型的计算图编译成针对特定硬件架构优化的机器码来实现算子融合。在编译过程中，编译器会分析计算图以确定哪些操作可以融合，并生成优化后的执行路径。这一过程通常作为模型部署的一部分，在模型开发阶段进行。相较于使用专门库的方法，编译器技术属于底层的实现方式，通常要求开发者对模型的计算图有深入理解。编译器生成的代码是针对特定硬件优化的，可能需要开发者进行更多的手动干预以达到最佳性能。

9.1.2　并行推理

采用多节点集群进行分布式训练已成为大模型训练的主流方案。并行模式旨在解决如何有效地将大模型训练任务分解为更小的子任务问题。大模型的分布式训练主要采用 4 种并行模式：数据并行、张量并行、流水线并行及数据和模型并行的混合方法。在模型部署及推理阶段，主要采用张量并行技术，数据并行和流水线并行的应用较为少见。

数据并行在训练阶段非常有效，它通过并行处理大量数据来加速训练过程。但在推理阶段，目标通常是尽快处理单个请求，此时采用数据并行意味着需要对单个数据点进行分割处理，这不仅不会显著提升性能，反而可能因增加通信和数据整合的开销而引入更高的延迟。类似地，流水线并行在训练中可以有效地处理模型的不同部分，但在推理过程中，由于需要时间启动流水线，可能会引入额外的延迟。此外，流水线并行需要复杂的协调机制以确保数据在各个阶段的正确传递，这在处理少量推理请求时可能效率低下。

推理阶段通常要求低延迟和高吞吐量。相比之下，数据并行和流水线并行需要维护多个模型副本或需要多阶段处理，这在资源受限的环境下不是最优选择。张量并行能更有效地利用硬件资源，特别适用于单个请求需要大量计算的场景。同时，在推理阶段，模型大小和复杂度已确定，因此可扩展性需求主要集中在处理能力上，而不是模型规模上。张量并行提供了更好的灵活性和扩展性，优化了单个请求的处理，而不是批量处理多个请求。

虽然张量并行技术在训练和推理阶段均可应用，它们的核心理念相似——在多个处理器或设备上并行处理模型的不同部分，但两个阶段的应用存在几个关键差异：训练阶段的目标在于通过后向传播更新模型权重，涉及前向传播、损失计算、后向传播及权重更新过程；而推理仅涉及前向传播，即根据输入数据生成模型输出；训练阶段可能涉及较频繁的跨设备或跨节点通信，如梯度同步，而推理阶段由于不需要后向传播和权重更新，通信开销可能降低；训练需要维护额外的状态信息，如梯度、优化器状态等，而推理不需保持这些状态信息；训练阶段模型权重和结构可能变化，而推理阶段模型一旦训练和优化，其权重和结构通常固定；训练需存储梯度等状态信息，对内存和计算资源需求较高，而推理通常需求较低；训练通常采用较大批处理大小以提高硬件利用率和稳定性，推理可能采用较小批处理大小，尤其在实时应用中。

综上所述，虽然数据并行和流水线并行在训练阶段极有价值，但它们在推理阶段因效率、延迟、资源利用和系统复杂性等而受限。在推理阶段，张量并行是首选方案，这反映了训练和推理阶段目标及需求的差异，需要采用不同的策略和优化方法。

9.2　内存优化

内存优化旨在通过创新的算法设计，减少内存消耗并避免不必要的重复计算。例如，利用缓存局部性原理可以提升内存读取速度，或者通过优化数据结构和算法，减少数据的复制和移动，从而提高内存访问效率。

9.2.1　KV 缓存

KV 缓存（Key-Value Cache，又称键值缓存）是在 Transformer 模型中使用的一种技术。它存储已经计算过的键（$\boldsymbol{K}$）和值（$\boldsymbol{V}$）向量，以便在自注意力机制中重用，从而避免重复的计算过程。自注意力机制是 Transformer 架构的关键组成部分，通过计算输入序列中每个 Token 的注意力分数来加强模型的预测能力。其计算的伪代码如图 9.2 所示。

```
def attention(q_input, k_input, v_input):
    q = self.Q(q_input)
    k = self.K(k_input)
    v = self.V(v_input)
    return softmax(q * k.transpose()) * v
```

图 9.2　输入序列中每个 Token 的注意力分数算法的伪代码

大模型的主流架构只采用了 Transformer 的解码器部分，其推理分为两个阶段。

1）上下文阶段（Context Phase）或预填充阶段（Prefill Phase）。在此阶段，模型计算整个提示的自注意力分数。此时 q_input、k_input 和 v_input 的维度都是 [序列长度，嵌入维度]，即整个提示的嵌入表示。上下文阶段在生成序列的第一个 Token 之前进行一次。

2）生成阶段（Generation Phase）或解码阶段（Decoding Phase）。在此阶段，为生成每个新 Token，模型都会重新计算注意力分数。此时 q_input 的维度是 [1, 嵌入维度]，代表当前 Token 的嵌入表示；而 k_input 和 v_input 的维度是 [先前 Token 数，嵌入维度]，代表所有先前生成的 Token 的嵌入表示，此时计算的是当前 Token 与所有先前 Token 的注意力分数。

然而，KV 缓存的使用降低了解码阶段的时间复杂度，是 Transformer 架构的效率提升的关键因素。

图 9.3 展示了在 Transformer 模型的自注意力计算过程中，使用与不使用 KV 缓存的对比。在不使用 KV 缓存的过程（图的上半部分）中，模型对每个查询 Token（$\boldsymbol{Q}$）与所有键 Token（$\boldsymbol{K}$）的转置（$\boldsymbol{K}^{\mathrm{T}}$）进行矩阵乘法，生成一个注意力分数矩阵（$\boldsymbol{QK}^{\mathrm{T}}$）。此处矩阵的维度显示为 (4, 4)，意味着有 4 个查询 Token 和 4 个键 Token。接着，模型使用这个注意力分数矩阵与值 Token（$\boldsymbol{V}$）相乘，得到加权后的值，即最终的注意力表示。这里的维度是 (4, emb_size)，表明有 4 个 Token，每个 Token 由一个 emb_size 维的向量表示。最终，模型生成的输出序列与输入序列的长度相同，每个输入 Token 都得到了一个对应的输出表示。

在使用 KV 缓存的过程（图的下半部分）中，最新的查询 Token（$\boldsymbol{Q}$）与缓存中的键 Token（$\boldsymbol{K}^{\mathrm{T}}$）进行矩阵乘法，以计算注意力分数。此时，分数矩阵的维度是 (1, 4)，意味着有 1 个查询 Token 和 4 个键 Token。计算得到的注意力分数再与缓存中的值 Token（$\boldsymbol{V}$）相乘，得到最新查询 Token 的加权值表示，其维度 (1, emb_size) 显示只针对单个查询 Token 进行计算。生成的输出只针对最新的 Token，这意味着与图的上半部分相比，每次生成操作避免了对先前 Token 的重复计算，仅计算与最新 Token 相关的表示。

KV 缓存优化了解码过程。在生成新 Token 时，模型只需计算与最新 Token 相关的注意力分数，先前的计算结果已保存在缓存中，这样减少了计算量，提高了效率。在使用现代深度学习库时，KV 缓存通常是自动管理的，开发者只需通过相应的配置项启用即可。以 Hugging Face 的 Transformers 库为例，KV 缓存通常是模型的默认实现，只需在配置中设置 use_cache=True 即可启用 KV 缓存优化。

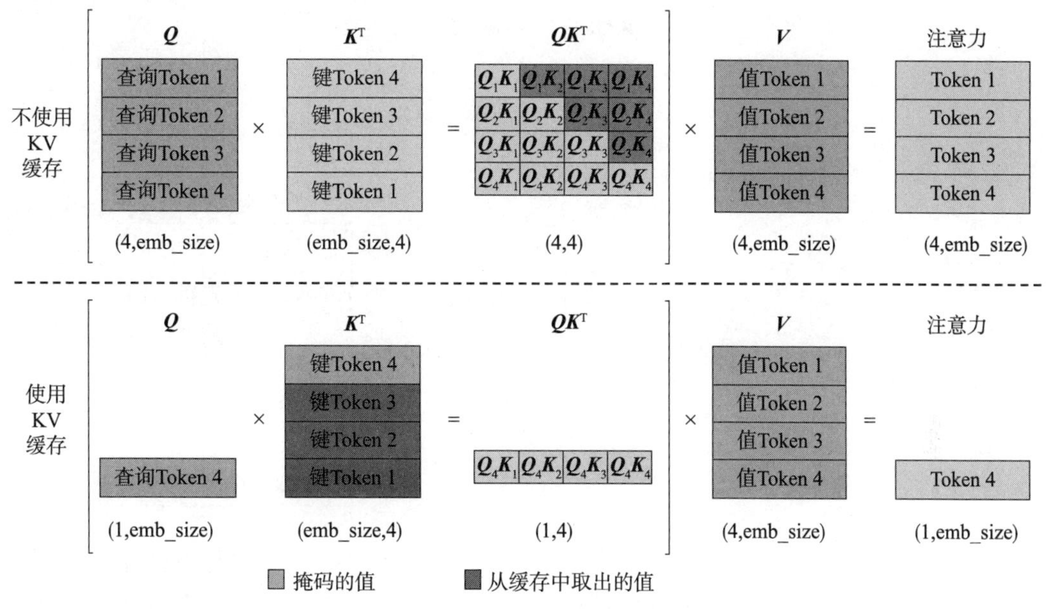

图 9.3 自注意力计算过程中使用与不使用 KV 缓存的对比

9.2.2 页注意力

在 Transformer 的注意力计算过程中，页注意力（Page Attention）技术通过一个创新的块表设计，实现了逻辑 KV 缓存块到物理 KV 缓存块的有效映射。该技术允许不同的逻辑块映射到非连续的物理存储块，从而为内存管理提供了更大的灵活性。这种映射机制与操作系统中不同进程共享物理内存页面的方式相似，即不同的序列可以共享相同的物理 KV 缓存块，以此来共享内存块。

在图 9.4 所示的例子中，序列 *A* 中的令牌被组织成若干逻辑 KV 缓存块，并映射到物理 KV 缓存块中，映射信息由块表记录。例如，“Alan Turing is a”这一提示信息的逻辑块 0 映射到了物理块 7 中。当模型生成与“Alan Turing”相关的新令牌时，它将直接在物理块 7 中检索信息，而不需要遍历整个 KV 缓存。这极大地提高了推理速度，并减少了必要的计算量。

此外，页注意力技术通过只对当前活跃的“页”中的 KV 对进行更新，大大减少了对整个序列的全面注意力计算，尤其在生成新令牌时，这样就避免了对既有键值对的重复计算。这种策略在处理长文本序列时尤为有用，因为它显著提升了计算效率，并减少了推理过程中的延迟。在并行采样场景中，即在从相同提示信息并行生成多个序列输出的情况下，页注意力技术也显示出其优越性，原始提示的相关计算和内存资源能够被多个生成序列共享，提高了整体的效率和资源利用率。

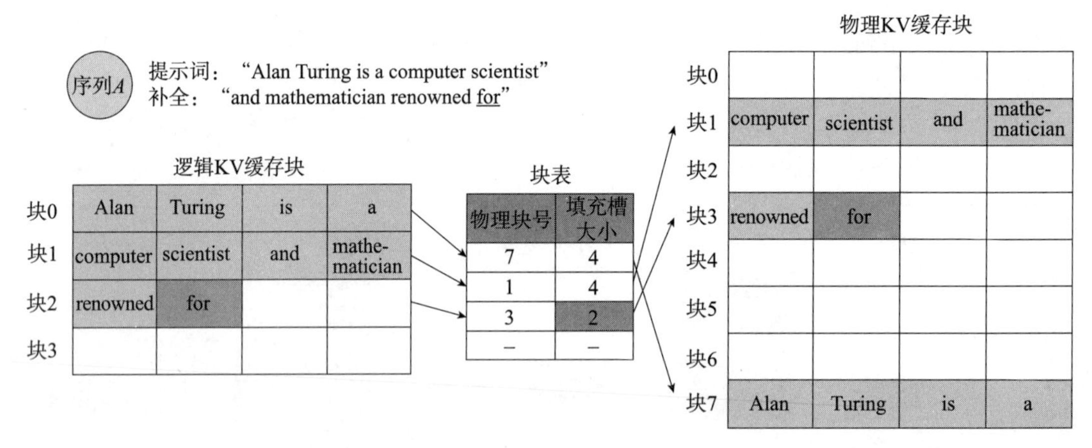

图 9.4　页注意力的内存块共享

页注意力技术还允许这些序列共享同一个内存块，这对于长序列或大量并行序列的生成尤其有用。例如，当系统需要生成有关“人工智能未来”的文本时，多个序列可能会共享关于“人工智能”的背景信息。在这种情况下，如果每个序列独立存储这些信息，将导致巨大的内存浪费。但是，共享内存需要确保各个序列的独立性和安全性。为此，页注意力引入写时复制（copy-on-write）机制。当某个序列需要对共享的物理KV缓存块进行写入时，系统不会直接写入，而是先复制一份该物理块，供该序列独立使用，随后更新块表来维护新的逻辑到物理的映射关系。这一策略既保证了数据的隔离和一致性，又避免了因内存共享可能产生的冲突。

在图9.5中，序列A和序列B有共同的逻辑KV缓存块，例如“The future of artificial intelligence is”。通过页注意力，这两个逻辑块都映射到相同的物理KV缓存块中，从而实现了对这一共同内容的内存共享。当序列A和序列B在生成过程中需要访问“The future of artificial intelligence is”这一内容时，可以直接访问这个共享的物理块，而无须在每个序列中重复存储相同的内容，这不仅节约了内存空间，还提高了处理速度。

在Transformer的架构中，KV缓存的策略是为了存储计算得到的键和值向量，以减少重复计算并提升模型的推理效率。这种方法在生成序列的每一步都会参考缓存的键值对，从而加快解码阶段的计算速度。然而，这种方法在处理长序列时会遇到内存空间的挑战，因为它需要为序列中的每一个位置存储一个键值对。相较于KV缓存技术，页注意力技术通过逻辑块和物理块的映射实现了内存共享，这意味着多个序列可以共享同一个物理 KV 缓存块，进一步降低了对内存的需求。同时，页注意力支持写时复制，当一个序列需要修改一个共享的物理块时，采用写时复制策略，仅为修改操作复制物理块即可。这不仅保证了数据一致性，还允许多个序列在不同步的情况下并行操作。对于长序列，页注意力通过仅更新当前活跃的“页”，减少了长序列全面注意力计算的需求，特别适用于长距离依赖项的计算，降低了时间复杂度和内存占用。

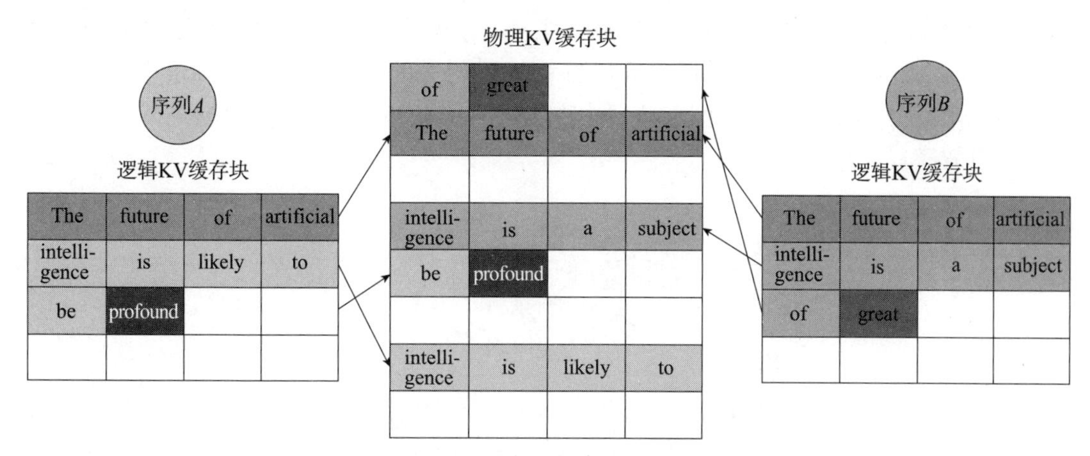

图 9.5 页注意力中多逻辑块的物理 KV 缓存

9.2.3 快速注意力

典型的 GPU 内存层次结构包含几种不同类型的存储器：静态随机存取存储器（Static Random Access Memory，SRAM）、高带宽存储器（High Bandwidth Memory，HBM）以及动态随机存取存储器（Dynamic Random Access Memory，DRAM）。如图 9.6 所示，这些存储器根据其带宽和存储容量的不同在 GPU 架构中发挥不同的作用。

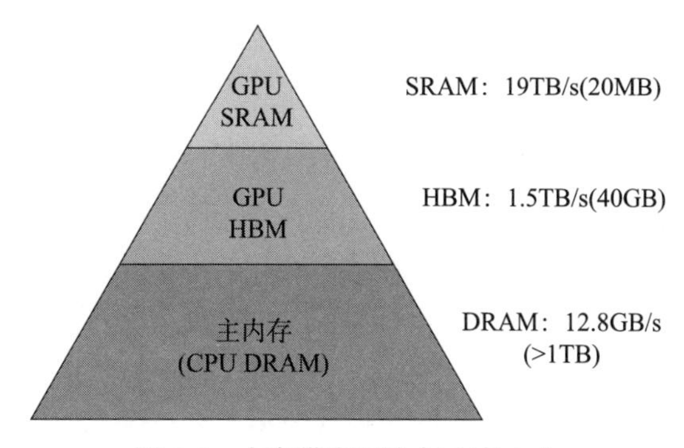

图 9.6 内存带宽层次与内存大小

其中，SRAM 是一种高速内存，通常集成在处理器（如 GPU）的芯片上，其拥有最高的带宽，达到 19TB/s，但容量较小，通常只有几十 MB。相比之下，HBM 的带宽较低，约为 1.5TB/s，但其容量可达几十 GB。而 DRAM 的带宽更低，约为 12.8GB/s，但在容量上可以达到 1TB 以上。

快速注意力（Flash Attention）通过对标准注意力计算过程进行重构来优化对 SRAM 的使用，减少对 HBM 的依赖，从而实现更高效的注意力计算效率。如图 9.7 所示，快速注意力技术采用一种分块计算的方法。在外循环中，将 $\boldsymbol{K}$、$\boldsymbol{V}$ 矩阵的数据块复制到 SRAM 中，然后在内循环中执行与 $\boldsymbol{Q}$ 矩阵相关的计算，并将结果输出到 HBM。这种方法利用了 SRAM 的高速优势，同时避免了在 HBM 中存储大数据矩阵，从而提高了计算效率。

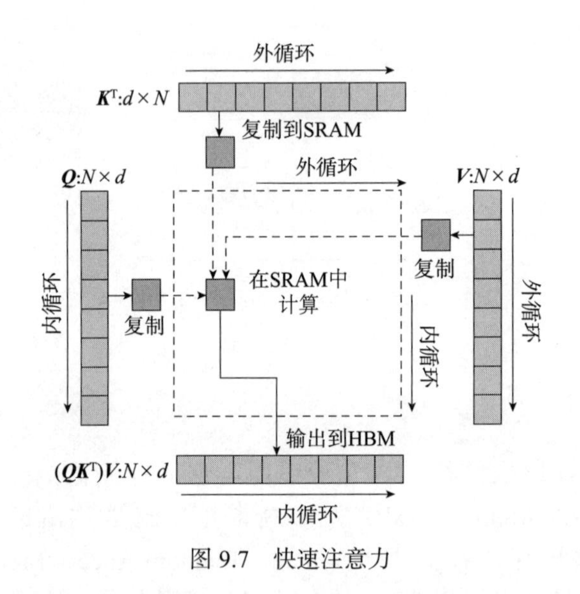

图 9.7　快速注意力

具体来说，对于给定的查询矩阵 $\boldsymbol{Q}$、键矩阵 $\boldsymbol{K}$ 以及值矩阵 $\boldsymbol{V}$，其中它们都是实数空间中的矩阵，N 表示序列的长度，d 表示特征维度，标准 Attention($\boldsymbol{Q}, \boldsymbol{K}, \boldsymbol{V}$) 计算过程及对 SRAM 和 HBM 存储资源的需求如下：

首先，通过矩阵 $\boldsymbol{Q}$ 和矩阵 $\boldsymbol{K}$ 的转置 $\boldsymbol{K}^\mathrm{T}$ 的乘积来计算得分矩阵 $\boldsymbol{S}$，即 $\boldsymbol{S}=\boldsymbol{Q}\boldsymbol{K}^\mathrm{T}$。这个得分矩阵反映了序列中各元素之间的相互影响。然后，应用 Softmax 函数对 $\boldsymbol{S}$ 的每一行进行归一化处理，得到概率矩阵 $\boldsymbol{P}$，即 $\boldsymbol{P}=\mathrm{Softmax}(\boldsymbol{S})$。这一步骤将得分转换为注意力权重，确保了权重的非负性和总和为 1。最后，将得到的注意力权重矩阵 $\boldsymbol{P}$ 与值矩阵 $\boldsymbol{V}$ 相乘，得到最终的输出 $\boldsymbol{O}$，即 $\boldsymbol{O}=\boldsymbol{P}\boldsymbol{V}$。这一步骤完成了输入信息的加权组合。标准注意力实现算法使用存储在 HBM 中的矩阵 $\boldsymbol{Q}$、$\boldsymbol{K}$、$\boldsymbol{V}$，这三个矩阵的大小都是 $N\times d$。

图 9.8 所示的算法展示了 HBM 与 SRAM 之间的数据传输过程。

算法标准注意力机制的实现
需求：将矩阵$\boldsymbol{Q}$、$\boldsymbol{K}$、$\boldsymbol{V}\in\mathbb{R}^{N*d}$存储在HBM中
1. 从HBM中按块加载$\boldsymbol{Q}$、$\boldsymbol{K}$，计算$\boldsymbol{S}=\boldsymbol{Q}\boldsymbol{K}^{\mathrm{T}}$，将$\boldsymbol{S}$写入HBM
2. 从HBM中读取$\boldsymbol{S}$，计算$\boldsymbol{P}=\mathrm{Softmax}(\boldsymbol{S})$，将$\boldsymbol{P}$写入HBM
3. 从HBM中按块加载$\boldsymbol{P}$和$\boldsymbol{V}$，计算$\boldsymbol{O}=\boldsymbol{P}\boldsymbol{V}$，将$\boldsymbol{O}$写入HBM
4. 返回$\boldsymbol{O}$

图 9.8 HBM 与 SRAM 之间的数据传输算法

算法首先从 HBM 中按块加载矩阵 $\boldsymbol{Q}$ 和 $\boldsymbol{K}$，然后计算得分矩阵 $\boldsymbol{S}$，即 $\boldsymbol{Q}$ 和 $\boldsymbol{K}$ 的转置矩阵的乘积，最后将矩阵 $\boldsymbol{S}$ 写回 HBM 中。这一步骤涉及大量的数据从 HBM 传输到计算单元，然后将结果数据写回 HBM。随后，算法再次从 HBM 中读取矩阵 $\boldsymbol{S}$，计算概率矩阵 $\boldsymbol{P}$，即 $\boldsymbol{S}$ 经过 Softmax 函数处理的结果，进而将矩阵 $\boldsymbol{P}$ 写回 HBM。这一步骤要求矩阵 $\boldsymbol{S}$ 完整地存储在 HBM 中，并进行多次读写操作。最后，算法按块加载矩阵 $\boldsymbol{P}$ 和 $\boldsymbol{V}$，计算输出 $\boldsymbol{O}$，即 $\boldsymbol{P}$ 和 $\boldsymbol{V}$ 的乘积，然后将矩阵 $\boldsymbol{O}$ 写回 HBM。这个步骤同样涉及数据从 HBM 到计算单元的传输，然后将计算结果数据写回 HBM。

在整个过程中，HBM 的高带宽被用于频繁的数据传输操作，包括读取和写入操作。这些操作显著增加了对 HBM 的依赖，并且由于 HBM 的读写速度比 SRAM 慢，可能导致整个计算过程的瓶颈。特别是在处理长序列时，矩阵 $\boldsymbol{S}$ 和 $\boldsymbol{P}$ 的大小随序列长度 N 平方级增长，这将导致非常高的存储和带宽需求。在没有足够优化措施的情况下，这可能限制模型处理长序列的能力，增加计算延时，并且需要更高的能源消耗。

从上面的分析可以看出，长序列输入注意力计算需要 HBM 及其重复读写是主要瓶颈。要解决这个问题，快速注意力的优化思路是在前向传播时不访问整个输入的情况下计算 Softmax，并且不为后向传播存储大的中间注意力矩阵。快速注意力提出了以下两种算法：

1）平铺（Tiling）。在前向传播过程中，快速注意力不是一次性处理整个输入，而是将输入分割成较小的块。每个块的数据从较慢的 HBM 传输到较快的 SRAM 中。然后，在 SRAM 中计算这些块的得分和 Softmax 函数的输出，从而获得每一块的局部注意力结果。这种方法避免了对整个大得分矩阵的一次性计算，减少了在 HBM 中的读写操作。分块的步骤如图 9.9 所示，首先，将矩阵 $\boldsymbol{Q}$ 与每个 $\boldsymbol{K}$ 块的转置相乘，得到 $\boldsymbol{S}$ 的局部块。对每个 $\boldsymbol{S}$ 的块应用 exp 函数后，再累加之前计算的局部块（通过归一化处理），以构建归一化因子 l。计算输出 $\boldsymbol{O}$ 的块，将归一化的 $\boldsymbol{A}$ 块与对应的 $\boldsymbol{V}$ 块相乘。之后将每个 $\boldsymbol{O}$ 块的输出按正确的比例相加。

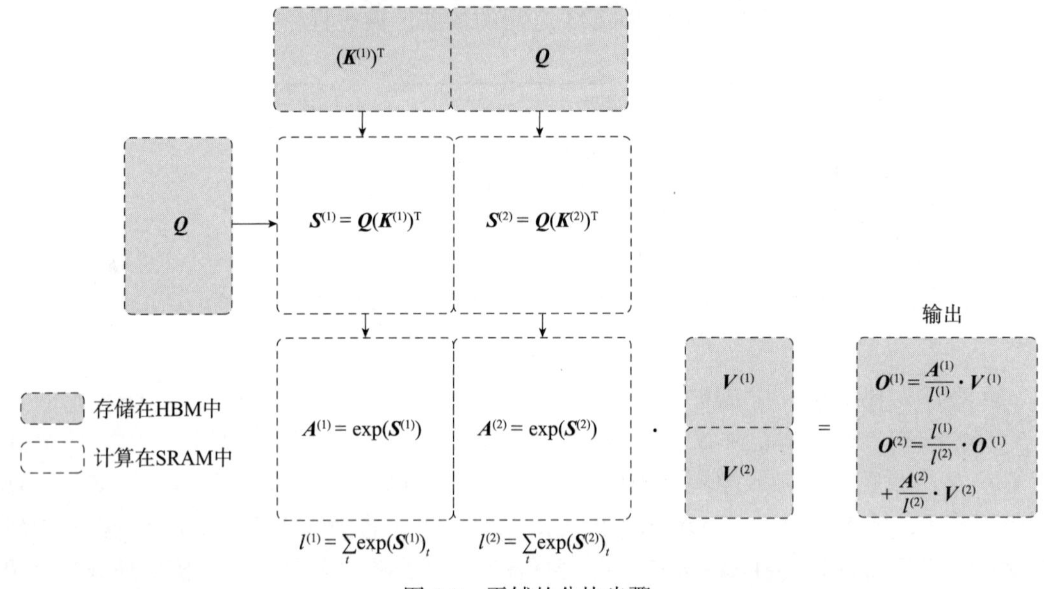

图 9.9　平铺的分块步骤

2）重计算（Recomputation）。在后向传播过程中，通常需要存储整个注意力矩阵 S 和概率矩阵 P 来计算 Q、K、V 的梯度。由于这些矩阵的空间复杂度较高，它们会占用大量的 HBM 空间。快速注意力提出了一种解决方案，即不存储这些大的中间矩阵，而是在需要时重新计算它们。这种方法的核心是通过牺牲额外的计算（增加浮点操作，即 FLOPs）来减少存储需求。这样做的好处是可以大幅减少对慢速 HBM 的访问，尽管增加了计算量，但总体上会降低时间复杂度。在实际应用中，这种方法能显著提高模型在处理注意力计算时的速度，如在 GPT-2 模型上的速度提升可达 7.6 倍。

快速注意力算法的核心目的不在于节省算力（计算资源），而在于优化内存使用，特别是减少对 HBM 的依赖，从而提升整个注意力机制的计算效率。通过减少对 HBM 的频繁访问，快速注意力算法能够减轻因大规模数据读写而导致的带宽瓶颈，使得注意力计算在长序列处理上更为高效。

通过这样的设计，快速注意力在大模型的训练和推理过程中对用户完全透明。这意味着用户可以像使用标准注意力机制一样使用快速注意力，而无须调整模型架构或优化代码。相比之下，其他注意力计算的加速方法，如低秩近似、稀疏化技术或量化方法等，可能需要对模型结构或训练 / 推理流程进行显著修改，这对于用户来说可能不够透明，并可能影响模型的准确性或其他性能指标。因此，快速注意力通过避免这些问题，在保持模型质量的同时，为实际应用提供了显著的速度优势。

9.3 吞吐量优化

LLM 在执行推理任务时，其性能瓶颈常常受限于内存输入 / 输出（I/O）。这是因为将数据加载到具有高带宽的 GPU 内存所需的时间，通常超过了 GPU 核心处理相同数据量的 LLM 计算所需的时间。因此，批处理算法通过调整 GPU 内存中的批处理大小来优化内存的高带宽利用，从而提高整体吞吐量。

9.3.1 内存 I/O 瓶颈

LLM 推理本质上是迭代的。模型以一系列提示开始，逐步生成嵌入，直至出现序列结束的嵌入或达到最大序列长度。在 LLM 推理中，数据的初始加载（预填充）阶段与生成每个后续令牌所需时间大致相当，因为预填充阶段已经计算了输入部分的注意力矩阵，这部分在生成过程中保持不变。该阶段高效地利用了 GPU 的并行计算能力，因为各个输入可以独立计算。

LLM 推理的内存 I/O 是主要瓶颈，而非计算本身。实际上，加载 1MB 数据到 GPU 计算核心的时间要比对 1MB 数据进行 LLM 计算的时间长。因此，LLM 推理的吞吐量很大程度上取决于能够放入高带宽 GPU 内存的批次大小。例如，一个拥有 130 亿参数量的模型，每个序列中的令牌可能会消耗近 1MB 的内存。在拥有 40GB 内存的高端 A100 GPU 上，存储了 26GB 模型参数后，理论上还能容纳约 1.4 万个令牌。但实际上，如果限制序列长度为 512，我们最多只能同时处理约 28 个序列；序列长度增至 2048 时，批次大小可能仅限于 7 个序列。需要注意的是，这个估算是理想化的，实际应用中还需为存储中间计算结果留出空间。

因此，理想的操作是一次性加载模型参数，随后利用这些参数连续处理多个输入序列。这种方法能更高效地利用芯片的内存带宽，提高计算核心的使用效率，进而提高吞吐量，降低 LLM 推理的成本。

9.3.2 静态批处理

静态批处理是在一个批次内的多个请求会同时发送至模型进行处理，整个批次在所有请求完成前保持不变。这种处理方式在多个请求可以同时被处理并完成的深度学习模型场景中效率极高。但在 LLM 场景下，由于推理过程的迭代性，不同请求的完成时间可能不同。例如，一个请求可能仅需生成 1 个令牌，而另一个则需生成 10 个。在静态批处理中，即便某些请求已完成，GPU 也必须等待该批次内耗时最长的请求完成后，才能继续下一批次的处理。这导致了在等待过程中 GPU 的空闲时间，从而降低了 GPU 的利用率。

在静态批处理中，4 个序列调度的完成情况如图 9.10 所示。在第一轮迭代中（图左），每个序列从提示标记生成一个新标记。数轮迭代后（图右），每个序列生成了不同数量的标记，因为每个序列在不同迭代中发出了序列结束标记。尽管第三个序列在两轮迭代后就完成了，但静态批处理的机制意味着直至批次中最后一个序列完成生成前（本例中的第二个序列需 6 轮迭代），GPU 无法得到充分利用。

T_1	T_2	T_3	T_4	T_5	T_6	T_7	T_8
S_1	S_1	S_1	S_1				
S_2	S_2	S_2					
S_3	S_3	S_3	S_3				
S_4	S_4	S_4	S_4	S_4			

T_1	T_2	T_3	T_4	T_5	T_6	T_7	T_8
S_1	S_1	S_1	S_1	S_1	END		
S_2	S_2	S_2	S_2	S_2	S_2	S_2	END
S_3	S_3	S_3	S_3	END			
S_4	S_4	S_4	S_4	S_4	S_4	END	

图 9.10　静态批处理中的序列调度

此外，考虑到 LLM 的推理本质上是迭代的，不同请求在一个批次中完成的时间点有所不同。在静态批处理中，一旦某个请求完成，若要释放其资源并将新请求纳入批次中，操作会相当复杂，因为新请求可能与当前批次中的请求处于不同的完成阶段。因此，当批次内不同序列的生成长度与最长序列不一致时，GPU 的利用率可能受到影响。

9.3.3　连续批处理

连续批处理（也被称为动态批处理或迭代级调度）是一种优化技术，用于提高 LLM 推理的效率。这种方法的核心思想是动态地调整批处理的大小，以适应不同的请求和生成状态。

在连续批处理中，不同的请求可以在不同的时间被添加到批处理中，而不需要等待整个批处理完成。这意味着，一旦一个请求完成，其资源就可以被立即释放，并且新的请求可以被立即添加到批处理中。这样，GPU 就可以始终保持忙碌状态，从而提高其利用率。如图 9.11 所示，使用连续批处理完成 7 个序列。左侧显示单次迭代后的批次，右侧显示多次迭代后的批次。一旦序列发出序列结束标记，我们就在其位置插入一个新序列（即序列 S5、S6 和 S7）。这样可以实现更高的 GPU 利用率，因为 GPU 不会等待所有序列完成才开始新的序列。

T_1	T_2	T_3	T_4	T_5	T_6	T_7	T_8
S_1	S_1	S_1	S_1				
S_2	S_2	S_2					
S_3	S_3	S_3	S_3				
S_4	S_4	S_4	S_4	S_4			

T_1	T_2	T_3	T_4	T_5	T_6	T_7	T_8
S_1	S_1	S_1	S_1	S_1	END	S_6	S_6
S_2	S_2	S_2	S_2	S_2	S_2	S_2	END
S_3	S_3	S_3	S_3	END	S_5	S_5	S_5
S_4	S_4	S_4	S_4	S_4	S_4	END	S_7

图 9.11　连续批处理中的序列调度

此外，连续批处理还可以更有效地处理不同长度的请求。在静态批处理中，如果一个批处理中的请求有不同的生成长度，那么 GPU 就必须等待最长的请求完成，才能开始处理下一批请求。然而，在连续批处理中，一旦一个请求完成，就可以立即添加一个新的请求，而不需要等待其他请求。这样，即使请求的生成长度不同，GPU 也可以始终保持忙碌状态。

通过动态调整批处理的大小和处理不同长度的请求，连续批处理中的任务请求可以根据实际需要加入或离开批次，无须进行填充，从而提高了内存效率和整体吞吐量。迭代级调度提高了系统对不同请求处理时间差异的适应性。然而，当面对长提示的处理时，仍然存在一些问题：

1）处理长提示时的生成暂停，实现了连续批处理的推理框架（如 TGI 或 vLLM）。在处理长提示时，可能需要暂停生成过程以处理这些提示（TGI 中称为填充）。由于长提示通常涉及更多计算，处理它们可能需要较长时间，这会导致正在进行的生成过程被迫中断。当生成过程中断时，本可以用于处理新令牌的计算资源可能会临时闲置。这种资源的未充分利用降低了系统的整体吞吐量，且需要在生成和提示处理之间进行上下文切换，增加了系统实现的复杂度，并可能导致优化难度增加。

2）固定序列限制，像 Orca 这样的系统可能不区分提示处理和生成阶段，但它会限制批次中的序列总数。这意味着当达到序列数量上限时，系统可能需要停止加入新的提示，直到当前批次处理完成。

9.3.4　动态分割融合

动态分割融合（Dynamic Split Fuse）算法是对连续批处理进一步优化的算法，如图 9.12 所示。该算法的核心在于能够调整不同长度的提示，以保持每次模型的前向传播大小一致，从而提升 GPU 利用率和整体系统效率。动态分割融合算法包括两个关键步骤：

1）长提示的分解。长提示会被分割成较小的块，并跨多个前向传播进行调度。这样，每个小块都可以独立地加入批次中，避免了单个长提示占用整个批次时间的问题。这种方法使得处理长提示时不会阻塞整个系统，因为只有在最后一个前向传播中才完成整个提示的生成。

2）短提示的组合。为了充分利用每个前向传播的处理能力，短提示会被合并，以精确匹配目标令牌预算。这意味着不会有计算资源浪费在处理较小工作量的任务上，同时保持了批次大小的一致性。即便是短提示，也可以进行适当的分解，以确保每个前向传播的工作负载均匀，避免由于任务大小不一致而造成计算资源分配不均。

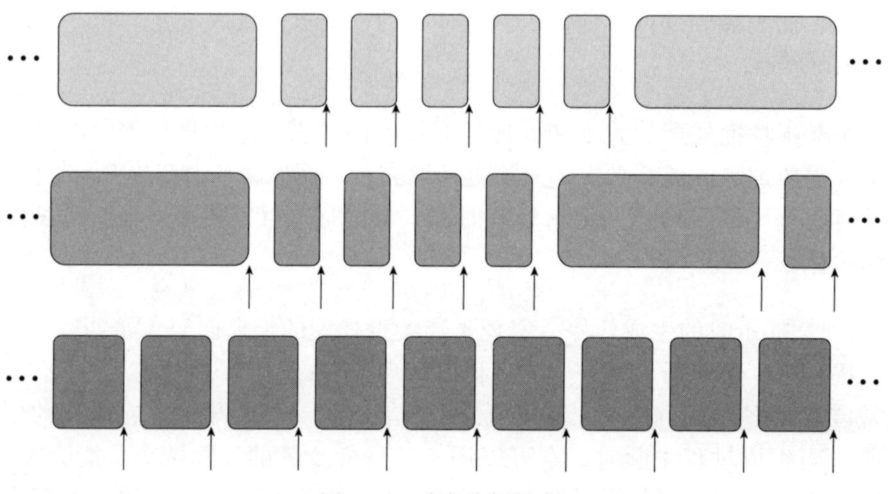

图 9.12　动态分割融合

相对于连续批处理，动态分割融合算法通过维持每次前向传播的令牌数量恒定，来确保负载的均匀分配，这与连续批处理中“动态添加任务”以提高 GPU 利用率的策略不同。这种方法可以预测性地提高 GPU 利用率，并减少因不同任务大小而造成的性能波动。动态分割融合算法不仅能够在某个任务完成时添加新任务，还能根据当前的任务负载情况对任务进行智能拆分或合并，以适应固定大小的批次。这允许系统更好地管理短任务和长任务的组合，避免了因某个特别大的任务而导致的长时间等待。通过将长任务拆分为更小的部分并与短任务合并，动态分割融合算法降低了因等待最大任务完成而产生的尾部延迟。尾部延迟是指在批次中最后完成的任务延迟了整个批次的处理时间，动态分割融合算法通过均匀分配工作负载来减轻这一问题。

由于可以更高效地管理各种大小的任务，动态分割融合算法可以在单位时间内处理更多任务，提高系统的总体吞吐量。在基础的动态或连续批处理中，任务的开始和结束可能会不一致，这会导致 GPU 利用率的波动。而动态分割融合算法则保证了每个批次的一致性，从而提供更可预测的性能表现。

9.4 量化

量化旨在提升推理速度并减少资源消耗，但需要注意，它们可能会影响模型的输出质量。模型量化涉及浮点数和整数表示的基本概念及量化过程中的影响因素，包括动态范围、数值密度分布，以及如何通过量化将浮点数映射到整数。

9.4.1 量化的动机

量化的动机主要是解决大模型快速增长的参数规模对 GPU 显存和计算能力的高需求。通过减小模型存储大小和提高计算效率，可以使得大模型在资源有限的环境下也能有效运行。量化技术通过降低参数的精度来减少模型的存储需求，同时能在一定程度上提高运算效率。

量化的原理涉及不同精度的数值格式，如图 9.13 所示，包括标准的 FP32（32 位浮点数）、FP16（16 位浮点数）、BF16（Bfloat16 浮点数）以及 NVIDIA 提出的 TF32（Tensor Float32）。这些格式在表示正负符号、指数部分和小数部分时采用不同的位数，以此来平衡数值的范围和精度。

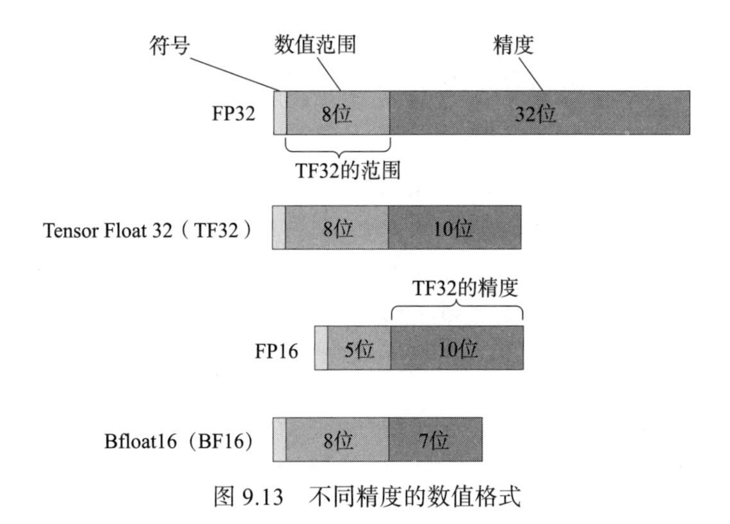

图 9.13　不同精度的数值格式

FP32是一种标准的32位浮点数格式，提供广泛的数值范围和较高的精度，适用于大多数硬件。FP16则将存储空间减半，牺牲了一部分数值范围和精度，可能会遇到溢出或下溢的问题，但可以通过如损失缩放（Loss Scaling）等技术来部分解决。BF16提供了与FP32相同的数值范围，但精度降低，这对于某些应用来说是一个合理的折中。TF32结合了BF16的数值范围和FP16的精度概念，在实际运算中只使用了10位精度，在提高性能的同时保持适度的数值范围。

在模型的训练阶段，通常保持FP32格式以维护高精度，以便进行有效的后向传播和权重更新。而在推理阶段，采用较低精度（如BF16或FP16）的模型权重可以节省显存并提高计算效率，因为这一阶段不再需要进行权重更新，对精度的需求相对较低。量化不仅可以在推理阶段应用，以减少模型的存储需求和提高运行效率，也可以在训练阶段应用，尽管训练阶段的量化通常更为复杂且需要谨慎处理，但可避免对模型训练质量的负面影响。

9.4.2 量化的原理

浮点数能够表示的数值范围非常广泛，对于32位浮点数（FP32），这个范围大约为 $[-3.4\times10^{38}, 3.4\times10^{38}]$，可表示的数目约为40亿个。浮点数在其动态范围内的分布是不均匀的，特别是在[−1, 1]区间内的浮点数密度要远高于其他区间。这一特性使得浮点数特别适用于深度学习模型，因为模型的参数和大部分数据值往往分布在0附近。

INT8是一种整型数据类型，占用存储空间为1字节，包含8位二进制数，能够表示不同的数值，取值范围为[−128, 127]。这种数据类型可以实现值的均匀分布，也能模拟浮点数在特定区间内的非均匀分布。虽然非均匀分布能够在数值接近0的区域提供更高的精度，但是出于对高吞吐量并行或向量化整数运算优化的考虑，目前所有主流的深度学习硬件和软件都采用均匀分布的策略。

INT8的取值范围虽然定义为[−128, 127]，但在神经网络量化过程中，经常会选择[−127, 127]作为量化的目标范围。这是因为0通常是一个特殊值，表示没有激活的神经元。在量化过程中，通常希望0能够被精确地表示，而不受到量化误差的影响。因此，选择[−127, 127]能够保留零值的表示。同时，选择[−127, 127]而不是[−128, 127]或[−128, 128]可以保持量化后数值范围关于0的对称性，这对于某些算法和硬件优化是有利的。

模型量化就是将浮点数转换为整数。量化过程需要使用一个比例因子（Scale）来匹配浮点数的动态范围到整数能表示的范围。这种操作称为对称量化，它允许浮点数在转换过程中通过四舍五入和超出范围值的剪切来适配整数的取值范围。

如图 9.14 所示，这是浮点数到 8 位有符号整数（Signed INT8）量化的过程。在图的上半部分，一个浮点数张量的分布被展示为连续的概率密度函数，它可能代表神经网络中某层的权重或激活值的分布。这个分布关于 y 轴对称，表明数值均匀分布在正、负数值范围内。图中的 amax 代表浮点数张量中的最大绝对值 max(abs())，即张量中所有值的绝对值的最大者。在量化过程中，这些浮点数必须被映射到一个有限的整数范围内，此处是 [−127, 127]，这个范围是 INT8 类型所能表示的。

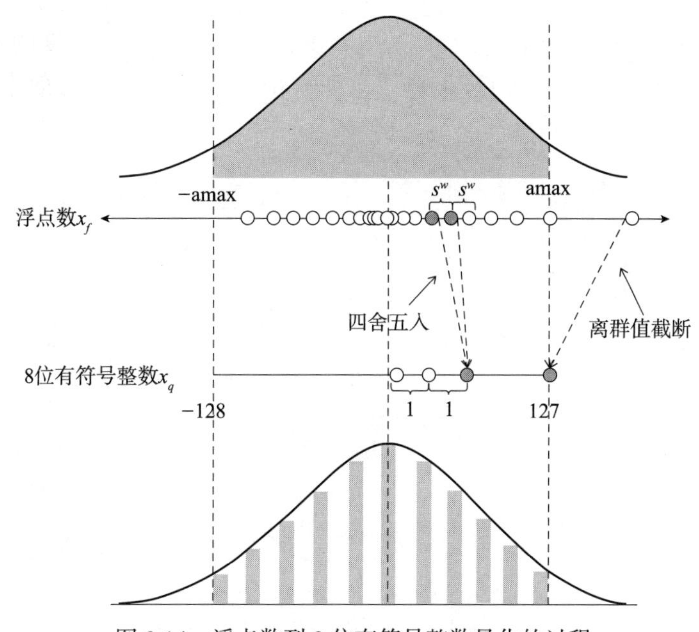

图 9.14　浮点数到 8 位有符号整数量化的过程

量化操作将连续的浮点数值映射到最接近的整数值。连续值通过某个规则（通常是四舍五入）被映射到了整数值。这个过程通过量化因子 s_w 控制，它定义了浮点数和整数表示之间的映射关系。$s_w=\frac{127}{\text{amax}}$以确保 amax 能被映射到整数范围的最大值（这里是 127），同时保证其他所有的数值按比例缩放，以避免溢出。在量化过程中，每个浮点数 x_f 都通过乘以缩放因子 s_w 和随后的四舍五入（Round）来转换为整数 x_q。这样可以确保数据的动态范围被适当地调整，以适应有限的整数表示，并尽量减少量化过程中的信息损失。

这样，张量中的每一个浮点数值都会通过量化因子转换为一个对应的整数值。如果张量中存在绝对值大于 amax 的数值，那么在量化过程中这些数值会被截断到 [−127,

127] 范围的最大值或最小值，即发生“离群值截断”。转换公式如下：

$$x_q = \text{Clip}\left(\text{Round}\left(x_f * s_w\right)\right)$$

图 9.15 展示了浮点数向量（以 16 位浮点数表示，即 FP16）通过量化转换成整数向量（以 8 位整数表示，即 INT8），以及随后的反量化过程。在这个具体的例子中，首先确定浮点数向量中绝对值最大的元素 max(abs())。在给定例子中，该最大值为 amax=5.4。考虑到 INT8 数据类型的表示范围是 [−127, 127]，量化因子由 127 除以 amax 得出，即 s_w=127/5.4≈23.5。据此，原始向量中的每个元素乘以 s_w 并进行四舍五入，转换为 INT8 向量。例如，向量中的 1.2 乘以 23.5 后四舍五入为 28。同理，−0.5 乘以 23.5 后四舍五入为 −12，以此类推，得到量化向量为 [28, −12, −101, 28, −73, 19, 56, 127]。反量化只需将量化后的向量除以 23.5 即可。

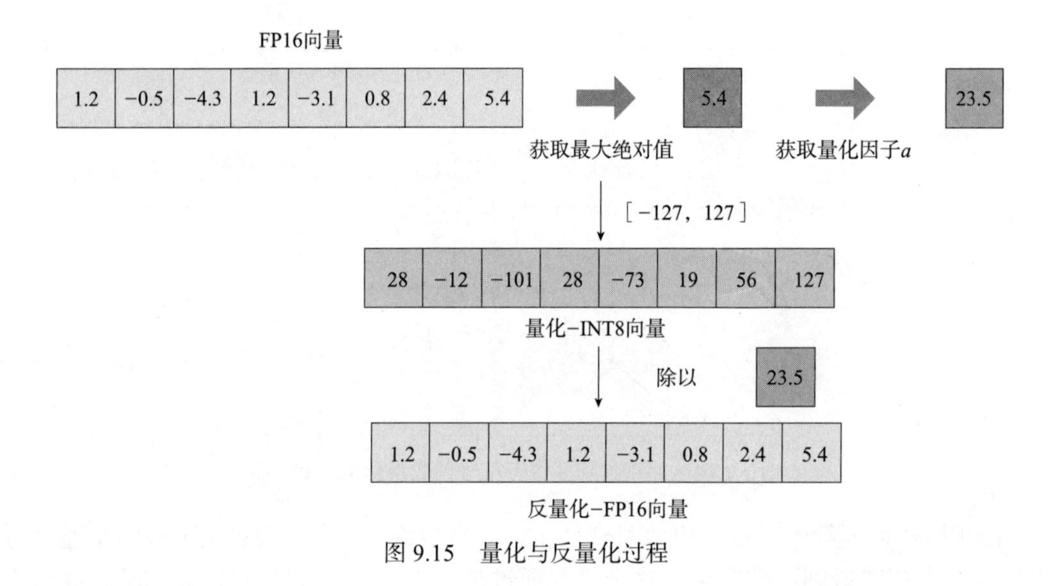

图 9.15 量化与反量化过程

9.4.3 LLM.int8()

对于大模型（如 OPT-175B、ChatGPT），由于其庞大的参数规模，权重矩阵和特征张量的维度都非常高。在这些模型中，存在一些数值远离平均值的权重，被称为离群值或异常值（Outlier）。例如向量 ***A***=[−0.10, −0.23, 0.08, −0.38, −0.28, −0.29, −2.11, 0.34, −0.53, −67.0]，注意到向量 ***A*** 中有离群值 −67.0，如果去掉该值对向量 ***A*** 进行量化和反量化，处理后的结果是 [−0.10, −0.23, 0.08, −0.38, −0.28, −0.28, −2.11, 0.33, −0.53]，出现的误差只有 −0.29～−0.28。但是如果在保留离群值的情况下对该向量进行量化和反量化，处理后的结果是 [−0.00, −0.00, 0.00, −0.53, −0.53, −0.53, −2.11, 0.53, −0.53, −67.00]。

在大模型的参数中，这些离群值的比例通常超过 1%，并且呈现明显的长尾分布。在量化过程中，如果使用统一的量化精度，这些离群值可能会被量化为最大或最小的数值，从而导致量化后的权重分布与原始权重分布有较大的偏差。这种偏差会对模型的预测精度产生显著影响，可能导致大幅度的精度损失。为了解决这个问题，可以设计合理的混合精度量化方法，在减少推理算力需求的同时，降低精度损失的风险。

LLM.int8() 通过将向量感知量化与混合精度分解方案结合起来，有效设定不同区域的量化精度，并消除离群值对模型量化带来的负面影响。这种方法在保持模型性能的同时，降低了模型的计算成本和存储需求。

如图 9.16 所示，向量感知量化将特征和权重按行、列分别划分为不同的向量区域。以列为单位，从矩阵隐藏层中抽取出值大于确定阈值的离群值。对于正常的向量区域（灰色区域），在将特征和权重转换为 INT8 整数之后，量化计算过程执行内积运算，输出 INT32 的累乘结果（INT8->INT32）。这是因为当输入和权重都被量化为 INT8 整数后，它们之间的内积运算会产生 INT32 的累乘结果。INT8 乘以 INT8 的结果可能超出了 INT8 的表示范围，但可以被 INT32 容纳。反量化计算过程执行外积运算，将 INT32 的结果还原为 FP16 精度（INT32->FP16）。

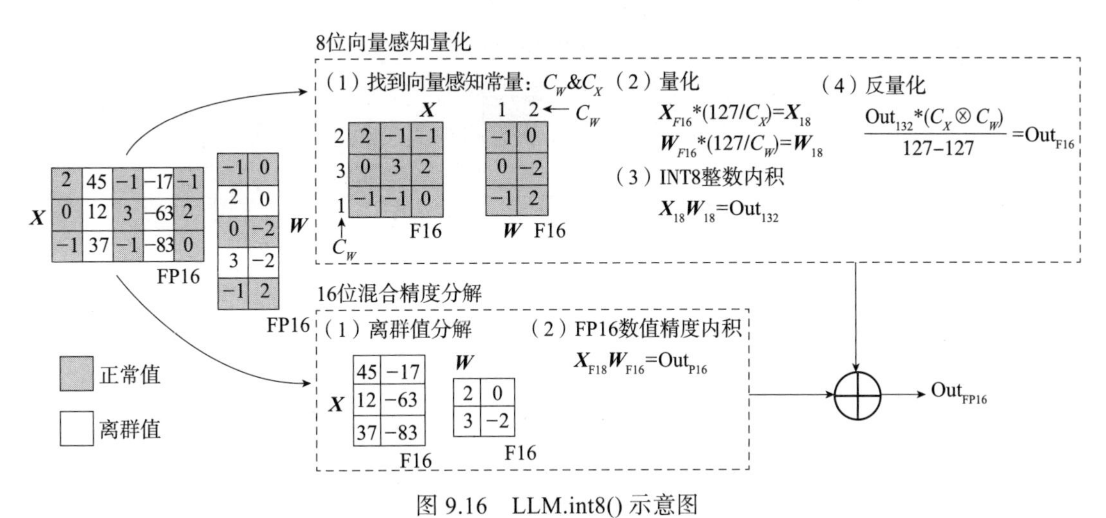

图 9.16　LLM.int8() 示意图

（图片来源：论文“LLM.int8: 8-bit Matrix Multiplication for Transformers at Scale”）

对于离群值组成的区域（白色区域），LLM.int8() 采用混合精度策略，在这些区域中继续使用 FP16 精度进行计算，然后将这部分结果合并到最终输出中。这样可以保留离群值在计算中的影响，同时避免由于量化引起的精度损失。因此，在参数量高达1750亿的大模型中，LLM.int8() 能够进行推理而不会出现性能下降。

9.4.4 GPTQ

GPTQ 是一个专门为大模型（如 GPT-3 和 GPT-4）设计的高效模型量化方案。GPTQ 旨在减小每层输出在量化前后的变化，以保留模型的原始精度。GPTQ 基于一种称为最优脑量化（Optimal Brain Quantization，OBQ）的技术，OBQ 则派生自最优脑外科手术（Optimal Brain Surgeon，OBS）剪枝方法。

OBS 是一种神经网络剪枝技术。如图 9.17 所示，剪枝通过移除对模型性能影响最小的权重来降低网络的复杂性，从而达到缩减模型规模、提高运算速度，同时减少过拟合的目的。与其他启发式剪枝方法不同，OBS 基于对模型性能的直接量化衡量来操作。它计算移除每个权重对模型误差的影响程度，并优先剪除那些影响最小的权重。在权重被移除之后，通过调整剩余权重来补偿该影响。这一调整是基于黑塞矩阵（Hessian Matrix）的计算来进行的。墨塞矩阵作为目标函数（如损失函数）的二阶导数矩阵，反映了目标函数的局部曲率，由此可以估算权重变动对损失函数的影响程度。

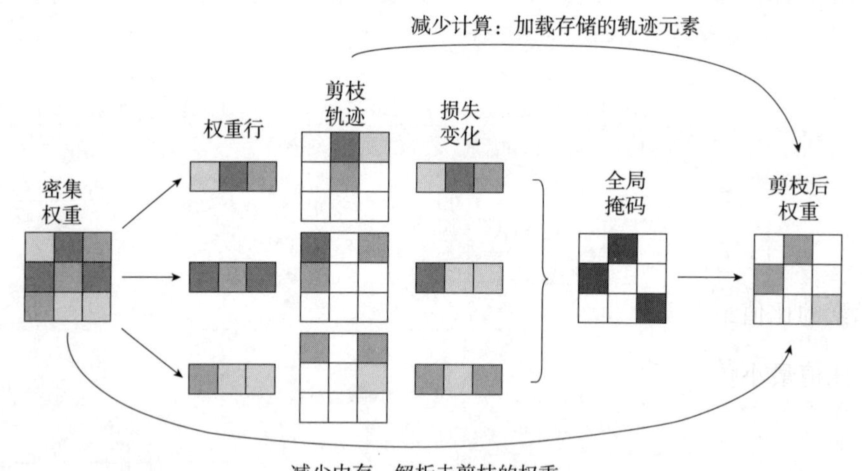

图 9.17　OBS 剪枝技术

例如，一个简单的神经网络包含一个权重 w 和一个偏置 b，损失函数为 $L=\left(y-f\left(x\right)\right)^2=\left(y-wx-b\right)^2$。对 w 求一阶和二阶导数后，可以得到梯度（一阶导数）和黑塞矩阵（二阶导数）。在实际网络中，黑塞矩阵会包含所有权重的二阶导数信息，其计算和求逆都极为复杂。OBS 利用黑塞矩阵来确定最优剪枝权重，并更新剩余权重，从而减少剪枝对模型性能的负面影响。然而，黑塞矩阵的计算量通常很大，特别是在大型网络中，这使得 OBS 在实际中的应用受到限制。尽管如此，OBS 为我们提供了一种在理论上更优化的神经网络剪枝方法，对于研究网络的稀疏性和复杂性具有重要价值。

在神经网络压缩技术中，剪枝和量化是两个常用的策略。剪枝通过识别并去除那些对模型性能影响不大的权重，或者将它们设置为 0，来减小模型的规模。量化则通过将权重表示为更粗糙的数值（如降低数值的位数）来达成模型压缩的目的。从某种角度看，剪枝可以被视为一种极端形式的量化，即将权重量化到 0。

OBQ 是一种将 OBS 技术应用于量化的方法。在 OBS 中，剪枝通过剔除对模型损失函数影响最小的权重来优化模型，而 OBQ 则将这个概念扩展到权重的量化上。OBQ 不仅仅是寻找权重的最优剪枝策略，而是在量化的格点中寻找最优的权重近似值。这个过程通过以下公式来实现：

$$W_p = \arg\min_p \left(\frac{\left(\text{quant}\left(W_p\right) - W_p\right)^2}{\left[H^{-1}\right]_{pp}} \right) \tag{9.1}$$

$$\delta_p = -\left(\frac{\left[H^{-1}\right]_p \left(\text{quant}\left(W_p\right) - W_p\right)}{\left[H^{-1}\right]_{pp}} \right) \tag{9.2}$$

式（9.1）表示寻找量化后权重$\text{quant}\left(W_p\right)$和原始权重$W_p$之间差的平方与墨塞矩阵逆的对角元素的比值最小的量化权重。这里的$\arg\min_p$表示我们在所有可能的权重 p 中寻找使这个比值最小化的权重。其中，$\text{quant}\left(W_p\right)$是权重$W_p$的量化函数，将$W_p$映射到最近的量化格点上，这通常意味着四舍五入到某个预定义的数值精度。$\left[H^{-1}\right]_{pp}$表示黑塞矩阵逆的第 p 个对角元素，它衡量了该权重对模型损失的敏感度。这个公式的作用是在量化格点中为每个权重找到一个近似值，这个近似值应该是在保持模型性能的同时对原始权重的最佳估计。

式（9.2）用于计算权重更新量，其中，δ_p表示权重 W_p 的更新量。$\left[H^{-1}\right]_p$表示黑塞

矩阵逆的第 p 列。$\text{quant}\left(W_p\right)-W_p$表示量化权重与原始权重的差值。这个公式计算在权重$W_p$被量化后，其他权重需要做出多少调整来补偿该权重的变化。这里利用了黑塞矩阵逆的相关列来找出权重之间的依赖关系，并据此来计算每个权重的调整值。

通过这种方法，OBQ 允许 OBS 框架应用于权重的量化，这是一种更通用的神经网络压缩方法。它不仅保持了 OBS 在精确估计权重对损失贡献方面的优势，还增加了量化的灵活性，使我们能够在减小模型规模和保持模型性能之间实现更好的平衡。但原始的 OBQ 方法由于其高计算复杂度，并不适用于量化大模型。

GPTQ 作为 OBQ 的改进，采取了一系列措施来优化计算过程。与 OBQ 不同，GPTQ 放弃了逐一寻找影响最小权重的贪心算法，因为在实际操作中，按照固定顺序量化所有权重在大模型上同样表现出色，甚至效果更佳。此外，GPTQ 引入了批量处理的概念，允许同时处理多个权重，从而显著提高了计算效率。为了解决计算过程中可能出现的数值不稳定性问题，GPTQ 提出了两种解决方案：一是在相关计算中加入一个小的常数项，二是利用数值稳定的楚列斯基（Cholesky）分解来提前计算所有的必要信息，避免在权重更新过程中进行复杂计算。

如图 9.18 所示，在 GPTQ 量化过程中，重点在于使用存储为楚列斯基分解形式的逆黑塞矩阵信息，以及在每次量化后对未量化的权重（图中斜线部分）进行更新。整个过程是递归的，逐列对权重块进行量化，并利用逆黑塞矩阵信息来指导量化，确保

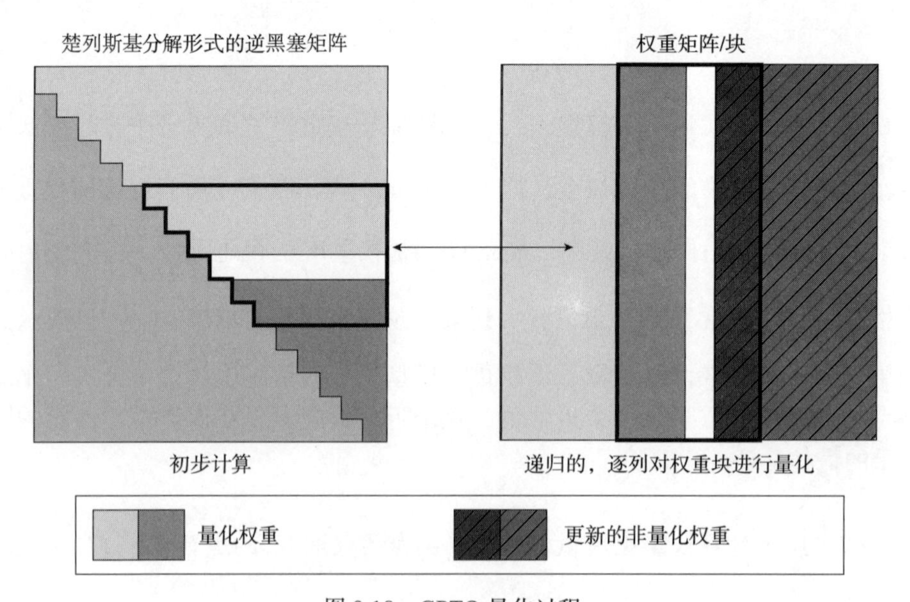

图 9.18　GPTQ 量化过程

每次更新都尽可能减少对模型精度的影响。这种方法不仅简化了量化过程，还借助二阶导数信息来提升了量化的准确性。

因此，GPTQ 通过这些改进，能够在较短时间内完成大模型的量化任务，并且更有效地保留模型的原始精度。这对于那些需要在有限硬件资源上部署复杂模型的应用场景来说，是一项重要的技术进步。

CHAPTER 10

第10章 大模型的编译优化

大模型作为一种深度学习模型，其编译优化主要是通过各种编译技术来提高模型的运行效率、降低资源消耗，以及加速模型的推理与训练。大模型在不同阶段的编译优化目标各不相同，其部署方式也因运行环境的不同而有所区别。端侧（如移动端或PC端）和服务器端（云端）部署会采用不同的编译策略来优化模型的效率和性能。

10.1 深度学习编译与大模型编译

深度学习编译（Deep Learning Compilation，DLC）是通过变换和优化算法等处理将深度学习算法从开发形式转变成部署状态。大模型编译与一般的深度学习模型编译在基本概念上并无太大差异，但由于其模型规模与部署环境的多样性，具有不同的编译目标与方法。

10.1.1 深度学习编译

在计算机科学领域，“编译”通常指的是将高级编程语言转换为机器可执行代码的过程。如图10.1所示，DLC在概念上与传统编译过程有相似之处，即都涉及将开发形式的程序转换为部署形式，但二者在实践中却有许多不同之处。

在传统编程中，程序员需要明确指定程序如何执行每一个步骤，即编写明确的指令来告诉计算机如何处理数据和执行任务。这种方式侧重于算法的实现和逻辑流程的控制。在深度学习编程中，程序员主要定义模型的架构（如层数、神经元类型等）和学习过程（如损失函数和优化器）。程序本质上是通过数据来“训练”模型，而不是通过编写具体的步骤来实现任务。这种方式更多地依赖于数据和模型的统计性质。

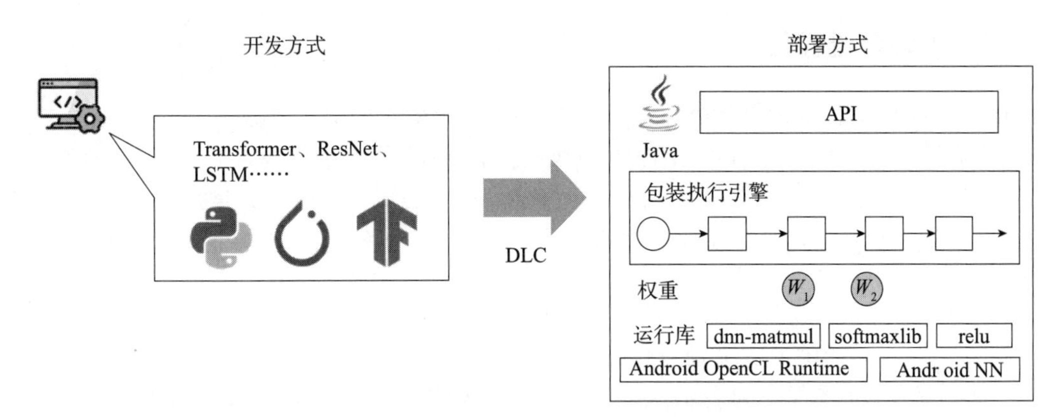

图 10.1　深度学习编译

因此，从编译的角度来看，在传统编程中，编译器将源代码直接转换为机器代码或字节码，这些代码由计算机硬件或虚拟机执行。DLC 过程可能不生成新的代码，而是转换现有代码以适应特定的学习库或环境。这种转换可能仅涉及将开发代码调整为对预定义库函数的调用。此外，DLC 面临的挑战与传统编译过程中遇到的挑战也大相径庭，涉及硬件加速、依赖项最小化和执行效率优化等多个方面，可以概括为以下几点：

1）集成与最小化依赖项。为了有效部署应用程序，需要将必要的代码组件集成在一起，同时排除不必要的依赖项。例如，在开发一个用于图像分类的应用时，仅需包含与图像分类模型相关的代码，而无须包含其他如自然语言处理模型的代码，这有助于减小应用大小，提高部署效率。

2）利用硬件加速。不同的部署环境可能拥有不同的硬件加速技术，如专用的机器学习芯片或 GPU 上的 TensorCore 等。DLC 旨在通过优化代码以充分利用这些硬件特性，从而加速模型的执行。

3）执行效率优化。由于存在多种方法可以执行相同的模型，DLC 面临的挑战还包括对模型执行过程的优化，以减少内存使用或提高执行效率。这种优化可能涉及代码层面的改进，或是调整模型结构以适应特定的硬件。

值得注意的是，这些目标之间并没有严格的界限，它们在不同的应用场景中可能相互交织。随着硬件技术的发展和模型的日益复杂，DLC 实践常常需要不同领域的专家合作，以实现最佳的部署效果。硬件开发者、深度学习工程师、算法工程师等不同背景的专家需要共同努力，以支持最新的硬件加速技术，实现额外的代码优化，并不断引入新的模型和技术。

10.1.2　多级渐进优化

在传统编程中，编译器优化主要关注代码的执行效率，如循环展开、常数传播、死代码消除等。这些优化旨在减少程序的执行时间和内存使用，提高代码运行的效率。而深度学习编译优化则更多地关注计算图的优化、操作融合、自动并行化、内存访问模式优化等，还包括为特定硬件（如 GPU 或 TPU）定制代码，以充分利用其并行处理能力和特有指令集。

在深度学习编译中，多级渐进优化是一种常见的策略。它将编译过程分解为一系列阶段，每个阶段都将程序的表示从一个抽象级别转换到更低的抽象级别。如图 10.2 所示，开源深度学习编译器 TVM 的编译过程通常从高级语言（如 Python）开始，然后通过一系列的中间表示（Intermediate Representation，IR）阶段，最终生成针对特定硬件的低级代码。

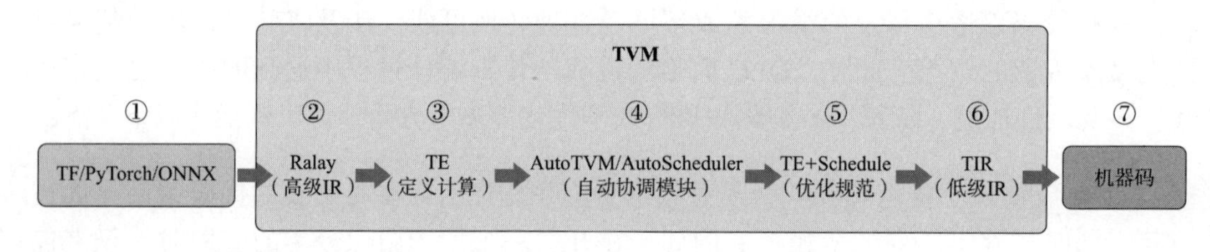

图 10.2　编译器 TVM 的多级渐进优化

在每一层抽象中采用一个（有时多个）中间表示。我们会在每一个层级进行一些内部优化，然后将问题交给下一个层级继续优化。按照是否与硬件相关，至少可以分为两个层级的抽象。

1）高级 IR。在这个层次，模型被表示为一个有向无环图，节点表示操作（如算子或层），边表示数据依赖关系。这是深度学习模型的最高层表示。在此表示层面的优化，例如算子融合、图改写或并行化等，对于提升模型性能十分关键。Relay IR（来自 TVM）和 XLA HLO（来自 TensorFlow）都是此类 IR 的例子。

2）低级 IR。在最低的层次，IR 对应于具体的硬件指令或调用优化库的代码。例如，LLVM IR 和 PTX（用于 NVIDIA GPU）都是低级 IR，它们可以被直接编译成机器代码。此外，一些深度学习编译器也可能会在这个层次使用专门的 IR，如 TVM 的 VTA

Tensor IR，用于描述定制的深度学习硬件指令。

多个抽象层次为深度学习编译器提供了一种结构化的方式，分别针对模型结构、算法细节、硬件特性和指令集进行优化。通过这种分层方式，可以提供更好的灵活性，以满足不同的性能和效率需求。需要注意的是，不同编译器可能会有不同的 IR 设计和使用方式，以上只是一些常见的例子。实际上，编译器可能会根据需要采用更多级别的 IR，以便在不同优化阶段提供更好的抽象和灵活性。

10.1.3 硬件优化偏好

现代框架中的算子越来越细粒度，这意味着它们描述的操作越来越具体和基础。例如，一个复杂的卷积操作可能被分解为多个更小的基础操作。与此相反，硬件（特别是专门的 AI 芯片）通常更喜欢粗粒度的操作。这是因为粗粒度的操作可以更直接地映射到硬件的特定功能单元，从而实现更高的效率。例如，一个专门的 AI 加速器可能有一个专门的卷积单元，可以一次性完成整个卷积操作，而不需要分解为更小的操作。这种不匹配导致了一个问题：如何将细粒度的算子有效地映射到偏好粗粒度操作的硬件上？一种可能的解决方案是在编译器的图优化阶段进行算子融合，将多个细粒度的算子融合为一个粗粒度的算子。但这也带来了其他的挑战，比如如何确保融合后的算子仍然保持原始模型的语义。

这种硬件偏好优化对编译优化的前后端优化划分的界限越来越不明显。例如，理想情况下，图优化应该属于前端优化，与硬件无关，这样可以确保编译器的通用性和可扩展性。但实际上，为了充分利用 AI 芯片的特性和优势，图优化往往需要考虑硬件的特定特性。

如前所述，由于硬件更喜欢粗粒度的操作，算子融合成为一个关键的优化策略。这不仅可以减少操作的数量，从而提高执行效率，还可以更好地匹配硬件的特定功能单元。不同的 AI 芯片可能有不同的数据布局偏好，例如，某些芯片可能更喜欢 NCHWc 布局，而其他芯片可能更喜欢 NHWC 布局。在图优化阶段，可能需要进行数据布局转换以匹配目标硬件的偏好。由于 AI 芯片的限制和特性，某些算子可能不被直接支持，或者有更高效的等价表示。在这种情况下，需要在图优化阶段进行算子的等价替换。除了上述通用的图优化策略外，还可能需要进行一些针对特定 AI 芯片的优化，如考虑芯片的存储层次结构、带宽限制等。虽然图优化应该与硬件无关，但为了实现最佳的性能和效率，通常需要进行一系列与硬件相关的优化。

硬件设计者通常更喜欢处理整个模型，因为这样可以更好地进行资源分配、调度和优化。当硬件知道整个模型的上下文时，它可以更有效地利用其计算和存储资源。例如，英伟达的 Tensor Cores 在其最新的 GPU 架构中提供了混合精度计算的能力，使得它们可以同时处理 FP16（半精度浮点数）和 INT8（8 位整数）数据。此外，英伟达和其他 GPU 制造商也在其指令集中引入了专门的量化和反量化指令，以支持 AI 和深度学习应用中的量化操作。

这种硬件偏好优化可以实现最佳的性能和效率。如图 10.3 所示，软件开发者，特别是那些习惯于使用英伟达 CUDA 和相关生态系统的开发者，更倾向于细粒度的操作。这为他们提供了更大的灵活性，使他们能够进行更细致的优化和调试。英伟达 CUDA 已经成为 GPU 编程的事实标准，其设计和 API 已经被广大开发者所接受。因此，模仿 CUDA Driver 的设计和 API 可以为开发者提供熟悉的环境，从而降低学习曲线和迁移成本。软件开发者可以根据硬件的特性和限制进行优化，而硬件可以提供更多的信息和功能给软件，从而实现最佳的性能。

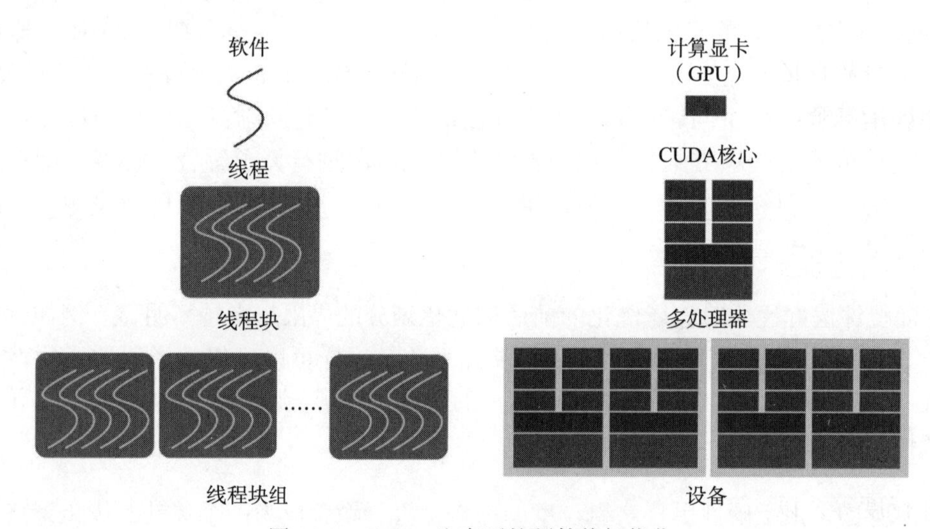

图 10.3　CUDA 生态下的硬件偏好优化

但这使整个深度学习模型越来越绑定于英伟达等硬件生产商生态中，对于其他的深度学习硬件提供商形成了难以逾越的障碍。英伟达通过其 CUDA 平台为开发者提供了一个完整的工具链，包括编译器、库、调试器和其他工具。这使得开发者可以轻松地为英伟达的 GPU 编写和优化代码。随着时间的推移，大量的应用、框架和库都被优化以在英伟达的 GPU 上运行，从而形成了一个强大的生态系统。

由于英伟达的 CUDA 已经存在很长时间，很多开发者已经习惯使用它。他们熟悉 CUDA 的 API、最佳实践和优化技巧。当他们面对新的硬件平台时，需要重新学习新工具、API 和优化技巧，这增加了迁移的难度和成本。英伟达的 GPU 具有一些独特的特性和指令，如 Tensor Cores，这些特性为深度学习应用提供了高效执行。为了充分利用这些特性，深度学习模型和框架往往会进行特定优化。这意味着这些模型和框架可能会与英伟达的硬件紧密绑定，难以在其他硬件上高效运行。由于英伟达在 GPU 市场的主导地位，许多软件开发者和公司优先支持英伟达的硬件，这使得其他硬件提供商在获得同等支持和优化时面临更大挑战。

10.1.4　大模型的编译特点

虽然大模型编译和一般深度学习模型编译在根本上遵循相同的原则，即将模型从高级、用户友好的形式转换为适合特定硬件执行的优化形式，但两者在实施过程中存在显著差异。这些差异主要表现在模型规模与复杂性、计算负载类型以及模型的部署环境三个方面。

与传统的深度学习模型相比，如 GPT-4 等大模型具有极高的复杂度，参数数量可达数十亿至数百亿。这种规模的模型对编译器的性能和效率提出了更高的要求。因此，特定的优化策略，如模型分片和并行处理，在编译大模型时尤为关键。

大模型广泛采用 Transformer 的架构，涉及大量的矩阵运算，尤其是矩阵乘法和注意力机制的计算。而对于其他类型的机器学习模型，例如决策树或支持向量机（SVM），可能涉及不同的优化重点。

大模型的云端（服务器端）部署和端侧（如移动端或 PC 端）部署会采用不同的策略来优化模型的效率和性能。在云端部署时，通常会使用专门的推理服务器库来优化模型的推理效率。使用推理优化库（如 TensorRT、ONNX Runtime 等）可以针对特定硬件平台（如高性能 GPU、TPU 等）进行低层次的优化，比如内存访问模式、计算核心的并行度等，以实现更快的推理速度和更高的吞吐量。云端部署的优点在于可以利用强大的计算资源来处理模型推理，从而支持更多的并发用户数和更复杂的模型，还可以利用自动缩放和负载均衡技术，根据请求负载动态调整资源，以保持服务的高可用性和响应速度。

因此，虽然大模型编译与传统机器学习模型编译在基础概念上相通，但对于移动端或 PC 端的部署，考虑到这些设备的计算能力和内存资源通常有限，编译优化成为提高模型运行效率的关键。在这些场景下，大模型通常需要通过模型压缩（如剪枝、量化）来减少模型的大小和计算需求，使模型能够在资源有限的设备上运行。这需要借助特定的编译工具，如使用 TVM、TensorFlow Lite 等，将模型编译为针对特定硬件优化的执行代码，从而提高执行效率和减少延迟。

但面对不同模型的规模、复杂性、计算负载类型及部署环境的差异，实施时需要采取不同的策略和技术手段。

10.2　深度学习框架与编译优化

深度学习框架如TensorFlow、PyTorch、ONNX等，通常内置了许多针对不同硬件和训练、部署环境的优化工具和技术。大模型通常基于这些深度学习框架开发，但其训练阶段和部署阶段的编译优化有显著区别，每个阶段的目标和技术需求不同。深度学习框架在这两个阶段提供的优化支持也有所不同。同时，对于端侧与服务器端部署的不同需求，这些框架提供了不同的工具和方法来实现编译优化。

10.2.1　深度学习框架

深度学习框架是一种软件库或工具，提供了设计、训练和验证深度学习模型的高级编程接口。深度学习框架的主要目标是简化深度学习模型的开发和部署，使研究人员和开发者能够更加专注于模型的设计和实验，而不需要关心底层的计算和优化。

深度学习框架可以自动计算梯度，并提供一系列的优化算法，如SGD、Adam和RMSProp等，这些算法用于更新模型的参数。深度学习框架还提供了一系列预定义的神经网络层，如全连接层、卷积层、循环层等，开发者可以通过组合这些层来创建自己的模型。深度学习框架通常能够利用GPU和其他硬件加速器来加速计算，这对于处理大规模的数据和模型是必要的。深度学习框架还提供了保存和加载模型的功能，使得开发者可以在不同的会话中继续训练模型，或将训练好的模型部署到其他设备上。一些深度学习框架还提供了可视化工具，如TensorBoard，这些工具可以帮助用户理解和调试他们的模型。常见的深度学习框架包括PyTorch、TensorFlow、Keras、MXNet等。每个框架都有自己的特性和优点，用户可以根据自己的需求和偏好来选择合适的框架。

PyTorch是由Facebook的AI Research lab开发的开源深度学习框架。PyTorch采用了动态计算图，这使得用户可以在运行时改变计算图的结构。这种设计使得PyTorch在构建复杂模型和进行交互式调试时非常灵活和方便。PyTorch还提供了一系列的工具和库，如TorchVision用于计算机视觉，TorchText用于自然语言处理，TorchAudio用于音频处理。

TensorFlow是由Google Brain团队开发的开源深度学习框架。TensorFlow 1.x版本

主要基于静态计算图，这意味着用户需要先定义完整的计算图，然后再运行模型。这种设计使得 TensorFlow 在大规模和分布式系统中表现出色，但也使得调试比较困难。为了解决这个问题，TensorFlow 2.x 版本引入了 Eager Execution 模式，这是一种命令式编程环境，可以立即执行操作，使得开发和调试更加直观。

Keras 是由一位在 Google 工作的工程师 François Chollet 单独开发并维护的。Keras 可以运行在多种后端引擎上。其设计目标是使深度学习变得易于使用，它提供了一系列的预定义模型和训练循环，使用户可以快速地构建和训练模型。Keras 已经被集成到 TensorFlow 2.x 中，使得 Keras 成为构建和训练深度学习模型的首选方法，作为 TensorFlow 的一部分被广泛使用和开发。

MXNet 最初是由华盛顿大学的学者和研究人员开发的，后来得到了多家公司的支持和贡献，包括亚马逊、微软和英特尔等。MXNet 支持多种编程语言，如 Python、R、Scala 和 C++，以及多种硬件平台，包括 CPU 和 GPU。MXNet 提供了一个动态和静态混合的计算图模型，使其在灵活性和效率之间达到了很好的平衡。MXNet 还提供了一系列的工具和库，如 Gluon 用于构建和训练模型，GluonCV 用于计算机视觉。

在深度学习的发展历程中，除了 PyTorch、TensorFlow、Keras 和 MXNet 之外，还有一些曾经活跃或对领域有重要贡献的深度学习框架，例如 Theano、Caffe、CNTK 等。这些框架各有其特点和优势，它们的出现和发展对深度学习技术的普及和进步都做出了重要贡献。然而，随着新技术的不断发展，TensorFlow 和 PyTorch 已经成为深度学习领域中最主流的两个框架。

10.2.2　不同阶段的编译优化

深度学习模型在部署前的训练阶段与部署阶段的编译优化目标和策略不同。TensorFlow、PyTorch 等深度学习框架提供许多针对不同硬件和训练、部署环境的优化工具和技术。

在训练阶段，编译优化主要关注提升模型训练的效率和稳定性。深度学习框架会在训练前优化计算图，包括算子融合、删除无用的操作、内存重用等，以减少不必要的计算和内存消耗。框架会根据可用硬件资源自动调整并行度和内存分配，例如在多 GPU 环境下自动分配计算任务。某些框架如 PyTorch 主要使用动态图（即时编译），它允许更灵活的编程模式，适合研究和开发。TensorFlow 等则提供静态图优化，这在大规模训练和生产环境中可能更有效。深度学习框架还会提供其他工具，例如 TensorFlow 的 XLA（如图 10.4 所示），能够将网络的一部分聚集成可以优化和编译的“子图”，从而进一步优化训练过程中的计算，提高 GPU 利用率和减少执行时间。

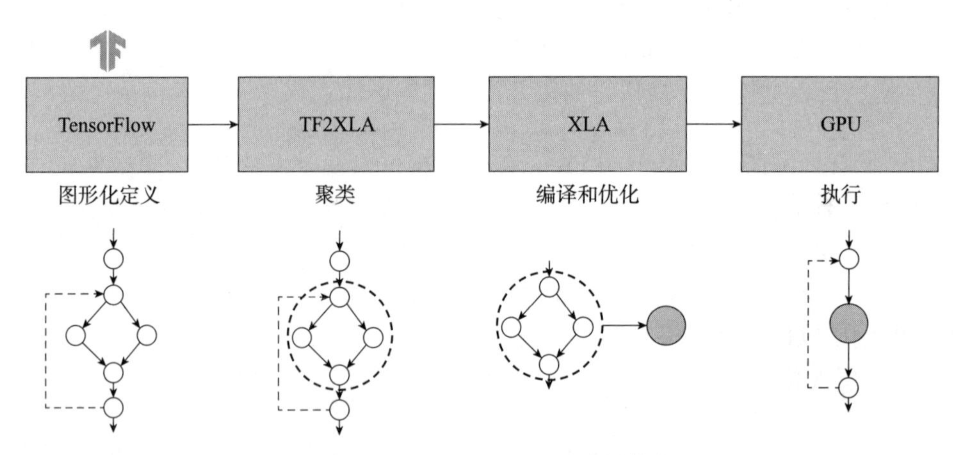

图 10.4　TensorFlow XLA 的编译优化

在部署阶段，编译优化旨在最大限度提升模型的执行速度和减少资源消耗。这可能包括针对特定硬件的优化，如使用特定于硬件的指令集，或者进一步的算子融合和图优化来适配低功耗或低资源的设备。部署阶段还需要根据部署环境的不同特点进行调整，特别是云端部署与端侧部署（如手机或其他资源受限设备）之间的差异巨大。

在模型定义到训练阶段，开发者通常依赖于完整的深度学习框架，如 TensorFlow、PyTorch 等。这些框架提供了丰富的 API、数据预处理、模型建立、训练循环和自动求导等功能。而部署阶段对于深度学习框架的依赖则相对较小或更加专门化。在这一阶段，模型经常需要被转换为一个更加轻量级的版本，或是采用特定的推理服务器。

对于端侧部署（如手机端），需要考虑硬件资源有限（如处理器性能、内存大小和电池寿命的限制），因此编译优化需要特别关注减少模型的资源消耗。例如，算子融合、量化（将浮点数转换为低精度表示，如 INT8 或 FP16）、剪枝（去除不必要的网络部分）和模型压缩都是常用技术。针对端侧特定硬件的优化也非常关键，比如利用特定于 ARM 处理器的 NEON 指令集，或者适配 GPU 和 DSP（数字信号处理器）的特定功能。

对于云端或私有服务器，资源通常不是主要限制因素，因此编译优化更多地聚焦于提升模型的执行速度和吞吐量。利用高度优化的库（如 Intel 的 MKL、NVIDIA 的 cuDNN）来加速计算，以及并行处理和批处理优化，都是常见策略。云端或私有服务器通常基于推理引擎专门针对模型推理进行优化，比如通过量化、算子融合和硬件特定优化来减少模型的延迟和提升吞吐量。

10.3 训练阶段的编译优化

在训练阶段，编译优化主要关注提高训练效率和降低训练成本。具体优化措施如下：

1）操作融合（Operation Fusion），通过合并多个操作来减少内存访问次数和提高计算效率。例如，将多个矩阵操作合并为一个操作，以减少中间结果的存储和读取。

2）图优化（Graph Optimization），对计算图进行优化，包括节点剪枝（移除不必要的操作）、层次化（优化计算顺序），以及静态形状推断等，以减少计算负担。

3）自动并行化（Automatic Parallelization），自动将计算任务分配到多个处理器上并行执行，以加速训练过程。

4）优化数据的存储和访问模式，减少不必要的数据移动和存储开销，尤其在 GPU 等高带宽需求的环境中尤为重要。

5）针对特定硬件（如 GPU、TPU）进行优化，包括利用硬件特性（如张量核心）进行特定计算优化，可以大幅提高训练速度。

10.3.1 训练前优化

从深度学习模型定义到训练的整个过程来看，在使用深度学习框架定义模型阶段，主要是描述模型的结构（层、激活函数、连接方式等）。这个阶段是模型构建，还未涉及具体的数据流动和计算执行。当代的深度学习编程框架（如 TensorFlow 与 PyTorch）都支持动态图，在开发和调试过程中为用户提供了更为丰富的直观体验和便利。

而在模型定义以后，在某些框架中，比如 TensorFlow，可以显式编译模型（如使用 tf.function），此时会进行初步的静态分析和图优化，并将动态图转换为静态图。如果启用了 XLA（在 TensorFlow 中，XLA 是一个优化编译器，专门设计用来提高 TensorFlow 计算的性能和效率），它将进一步编译这个计算图。在编译过程中，XLA 分析图结构，识别可以融合的操作，并通过合并这些操作到更少、更高效的核心操作中，以减少内存访问并提升计算性能。

对于 PyTorch，传统上在执行时是动态的（即 eager 模式），但可以使用 TorchScript

将模型转换为静态图，进行前期编译和优化。开发者可以通过标记一个函数为 @torch.jit.script 或使用 torch.jit.trace 来将 PyTorch 模型转换为 TorchScript。这一转换可以在模型开发完成后的任意时点进行，通常在模型训练前完成。转换后，TorchScript 提供了一种中间表示，在这个阶段，模型从动态图转变为静态图。JIT 编译器接管并进行进一步优化，包括必要的操作融合。这是在模型执行前，即推理或进一步训练之前完成的。

10.3.2　训练优化库

在训练执行过程中，数据并行和模型并行的策略通常在训练执行时设定和初始化，例如通过 PyTorch 的 DistributedDataParallel 以及 TensorFlow 的 tf.distribute.Strategy API。由于训练优化的硬件偏好，通常由深度学习框架或专门的训练库在运行时处理，以确保计算效率。例如，DeepSpeed 提供了一系列工具和策略，可以极大地优化大规模训练，特别是对于非常大的模型和数据集。使用 DeepSpeed 进行训练基本上对于模型定义阶段是透明的，这意味着在模型定义时，不需要在代码中明确调用 DeepSpeed 的 API。只需使用 PyTorch 的标准方法和类来定义模型即可。DeepSpeed 主要在训练配置和执行阶段发挥作用，需要在准备训练数据、优化器和训练循环时集成 DeepSpeed 的特定组件并调用其 API。

DeepSpeed 和类似的优化库还可以在训练阶段对特定硬件进行优化，以提高训练效率和性能。这些库专门设计用于优化和扩展大规模训练，包括对不同硬件配置的优化。DeepSpeed 提供了对 NVIDIA GPU 的深度集成支持，通过多种方式优化 GPU 的利用率和效率，包括利用 NVIDIA GPU 的张量核心，加速混合精度训练。此外，DeepSpeed 开发了一系列自定义的 CUDA 核心操作，这些操作是为了最大化 GPU 性能而优化的。

DeepSpeed 引入了 ZeRO 技术，这是一种创新的内存优化技术，允许在有限的 GPU 内存中训练大模型。ZeRO 减少了冗余的数据存储，如梯度、优化器状态和模型参数，从而在多个 GPU 上实现高效的数据并行处理。DeepSpeed 的这些优化是自动集成到 DeepSpeed 的工作流中的，无须用户手动配置复杂的硬件优化细节。因此，通过使用 DeepSpeed 等库，开发者可以专注于模型设计和实验，而将训练过程中的性能优化交给库来处理。这大大简化了在复杂硬件环境中训练大型深度学习模型的过程。

10.4　端侧部署的编译优化

在大模型的端侧部署中，由于硬件资源的限制（如处理器性能、内存大小和电池寿命），部署过程中特别关注模型的轻量化，以减少资源消耗。轻量化技术包括量化（将浮点数转换为低精度表示，如 INT4）、剪枝和模型压缩等，这些技术帮助减轻模型对硬件的要求。硬件优化的主要目标是生成高效的可执行代码，使其能够最大程度地利用设备的硬件特性，提高运行效率和响应速度。然而，不同的端侧设备如个人电脑、移动设备、AR/VR 和可穿戴设备等，具有各自独特的硬件处理能力和运行环境。此外，由于不同端侧设备可能需要支持多种深度学习框架，如 TensorFlow、PyTorch 或 MX-Net，因此模型不仅要进行轻量化处理，还要通过特定的编译工具进行优化，以确保模型能够高效地在各类设备上运行。这一过程往往面临编译优化的挑战，因此开发者需要对不同硬件和框架的特性有深入了解，以实现最优的部署效果。

10.4.1　深度学习框架的端侧部署工具

深度学习框架在其生态中提供了端侧部署的解决方案。在 TensorFlow 生态中，TensorFlow Lite 是一个轻量级的库，专为移动和嵌入式设备设计，用于在这些设备上高效地执行深度学习模型。PyTorch 也提供了一系列专门为端侧部署设计的工具，包括 PyTorch Mobile 与 PyTorch ExecuTorch，用于将 PyTorch 模型高效地部署到端侧设备。PyTorch Mobile 使用 TorchScript 允许 PyTorch 模型在资源有限的设备上运行。与 PyTorch Mobile 相比，ExecuTorch 则针对端侧边缘设备做了更多的内存优化，并具有更好的可移植性。本节将以 ExecuTorch 为例，介绍深度学习框架的端侧部署工具。如图 10.5 所示，ExecuTorch 提供一个 PyTorch 框架，端到端的解决方案，包括三个主要步骤：导出模型、编译模型，以及在目标设备上运行。

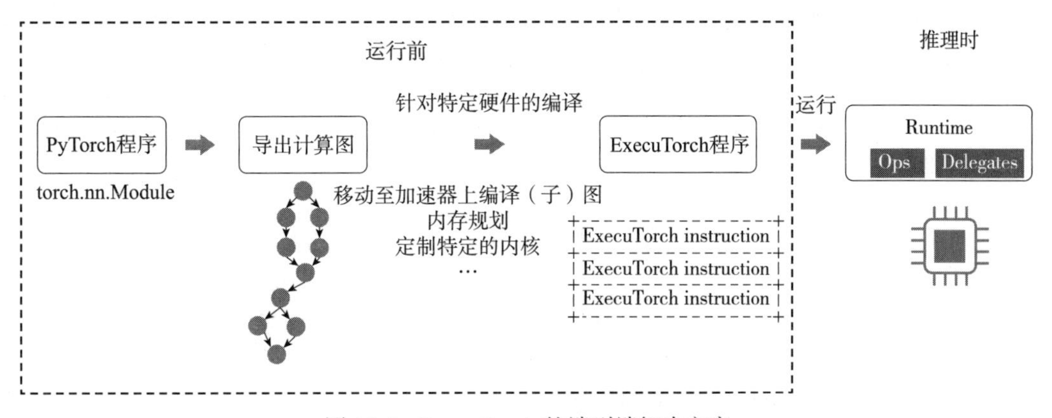

图 10.5　ExecuTorch 的端到端解决方案

1）导出模型是使用 torch.export() 将 PyTorch 模型的结构和计算图导出到一个 IR。导出的 IR 描述了输入数据（张量）如何通过模型中定义的各种层和函数进行传递和变换，这包括算子（如卷积、池化、激活函数等）之间的连接和数据流动。

该 IR 是一个平台无关的格式，不包含具体算子的实现代码，使用一套标准化的操作符，模型可以更容易地在不同的硬件和运行时环境中移植和运行。因为这些环境只需支持有限的、标准化的操作集，使得模型可以在不同的硬件加速器或推理引擎上进行编译和执行。算子的实现依赖于最终模型运行的目标平台。

2）编译模型是将第一步中导出的模型转换为可执行格式，即 ExecuTorch 程序，供运行时用于推理。这一步引入了各种优化的入口点，例如通过压缩模型（如量化）减小大小，进一步将子图编译到设备上的专用硬件加速器以改善延迟。同时，它也为内存规划提供了入口，即有效规划中间张量的位置，以减少运行时内存占用。

3）编译后的模型是为特定硬件优化后的格式。ExecuTorch Runtime 负责将预先编译好的模型（已经转换为特定于目标硬件的指令集的代码）加载到内存中。在模型开始执行前，ExecuTorch Runtime 需要进行一些初始化工作，比如配置硬件特定的参数、准备必要的资源（如内存分配）等。在模型的执行过程中，可能需要多个不同的硬件组件协同工作。ExecuTorch Runtime 会根据模型的需求，调度各种计算任务到适当的处理器（如 CPU、GPU、NPU 等）。ExecuTorch Runtime 还负责确保模型的各个部分按照正确的顺序和时间执行，包括处理可能的并行执行和数据依赖关系。

尽管最终的计算任务由硬件单元执行，但具体的硬件操作和调用通常涉及复杂的接口和调用协议。ExecuTorch Runtime 提供了一个抽象层，使上层的模型不需要直接处理这些复杂的硬件接口。在模型的运行过程中，ExecuTorch Runtime 还负责监控性能并进行必要的调优，以确保计算效率。此外，它还需要处理可能发生的运行时错误，并确保系统的稳定运行。

10.4.2　第三方编译工具

不同于深度学习框架自身生态的端侧部署解决方案，第三方编译工具需要将各种框架的模型（如 TensorFlow、PyTorch）转换为可以在各种硬件（如 CPU、GPU、FPGA、ASIC 等）上高效运行的代码。这将导致编译工具需要解决更为复杂的兼容性和优化问题。为了高效地在不同硬件上运行，这些第三方编译工具如 TVM、OpenVINO、TensorRT 等，必须能够理解和转换各种深度学习框架的模型表示。本节以 Apache TVM 为例，介绍深度学习第三方编译器的工作原理。

TVM 是一个开源的端到端深度学习模型编译框架，用于优化各种深度学习模型在多种计算平台（如 CPU、GPU、ARM）上的推理性能。如图 10.6 所示，该框架支持从主流的深度学习框架（如 TensorFlow、PyTorch、MXNet 等）导入模型，并通过一系列的图优化和算子级自动优化处理，生成针对特定硬件的优化后模型。TVM 优化的目的是最大化硬件资源的利用，以尽量减少模型的推理延迟。但面对多框架与多后端的问题，需要解决以下几个关键技术挑战：

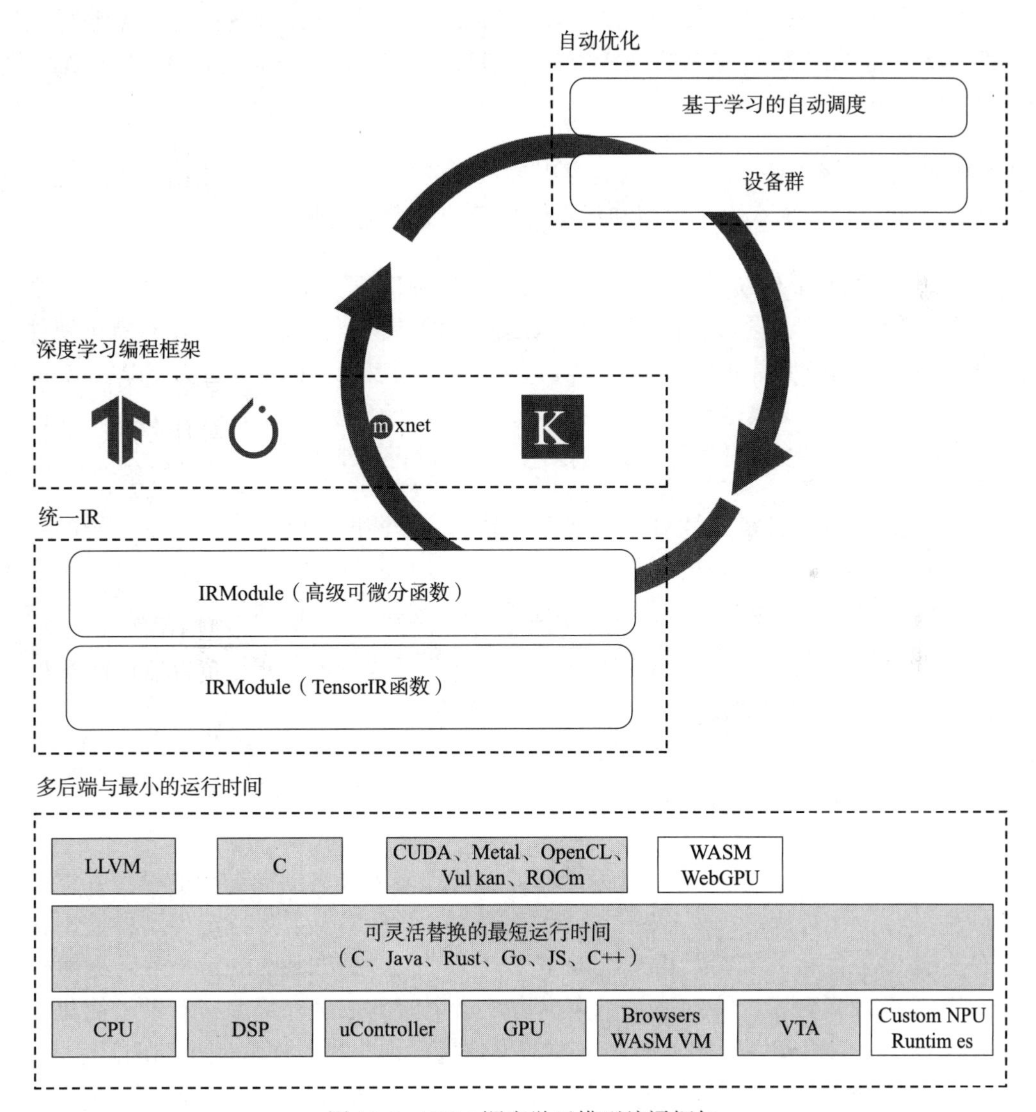

图 10.6　TVM 深度学习模型编译框架

1）模型解析和转换。编译工具首先需要将不同框架的模型格式解析为统一的中间表示。这要求工具能够处理来自不同框架的独特属性和操作，将其转换成通用格式，然后进行进一步的优化处理。

2）硬件抽象与优化。为了在多种硬件上高效运行，编译工具需要对硬件进行抽象，并针对每种硬件的特性进行特定优化。例如，对于 GPU 和 FPGA，可能会涉及并行计算和管道优化；而对于 CPU，则更多关注数据局部性和多线程优化。

3）自动调优（Auto-Tuning）。由于硬件和模型的多样性，静态的优化策略可能不足以实现最佳性能。一些先进的编译工具采用自动调优技术，通过试验不同的编译配置来找到最优解。

4）跨平台部署支持。编译工具需要支持从服务器到边缘设备的不同部署环境。这包括处理不同操作系统、驱动程序和运行时环境的兼容性问题。

TVM 框架借鉴了传统编译技术的思想，将从训练框架导出的模型视为“高级语言”，通过内部的图级表达式树和算子级调度阶段的转换，将其编译为针对特定硬件的执行代码。输入的模型首先被转换为 TVM 的统一中间表示（IRModule）。IRModule 分为两层：高级可微分函数是更高层级的抽象，方便进行图级优化和变换；TensorIR 函数是更底层的表示，侧重于对具体计算的描述，适合进行详细的算子级优化。

TVM 允许开发者自定义针对特定硬件的最优计算调度策略，而不改变算子的计算逻辑。通过模拟退火算法和机器学习模型（如 XGBoost），在巨大的配置空间中寻找最优的调度参数。优化策略可以跨不同设备实施，支持异构计算环境。通过这些机制，TVM 不仅提高了模型在各种硬件上的运行效率，而且简化了模型部署过程，使得推理性能优化更加可达成和高效。

10.4.3 大模型的手动编译优化

不同于 TVM 这类通用深度学习编译器能够处理多种来自不同框架的模型并支持广泛的硬件平台，针对特定大型模型的手动编译优化主要集中于为特定类型的模型在不同硬件上提供最优化的支持。llama.cpp 是一个专门为运行 Transformer 解码器架构设计的 C/C++ 推理实现库，特别适用于大模型。这个库不依赖外部库，有助于简化部署并减少与其他库的兼容性问题。通过高效的硬件特定优化和对模型的手动调整，llama.cpp 在多种硬件上（包括 CPU 和支持 CUDA 及 Metal 的 GPU）提供高性能的执行环境。它支持从 1.5 位到 8 位的多种整数量化，以减少模型的内存使用并加速推理过程。此外，llama.cpp 支持 Vulkan、SYCL 和 OpenCL 等多种计算后端，同时兼容 MacOS、Linux 和 Windows 等操作系统。

llama.cpp 在源代码层面直接实现了 Transformer 解码器架构的功能和优化。对于非 Transformer 解码器架构的模型，需要通过修改源代码来实现支持。虽然 llama.cpp 预设了对某些采用此架构的大模型的支持，如 LLaMA 系列，但为了支持其他大型 Transformer 模型，需要将模型转换成 GGUF 格式并在 llama.cpp 中定义模型架构。这些模型通常包含多个层次和复杂的连接方式，如自注意力层和前馈网络层，这些都是 Transformer 架构的核心组件。添加新模型时，必须明确定义模型的参数、张量布局和推理图，这些都符合 Transformer 解码器的计算方式，即按顺序处理输入并生成输出。如果需要在新的硬件架构上支持 llama.cpp，必须在该硬件上重新编译，并使用针对该硬件优化的编译器和编译选项来提升性能。

相较于 TensorFlow 或 PyTorch 这类深度学习框架以及 TVM 这类通用编译器，llama.cpp 主要针对 Transformer 类型的模型进行优化。对于非 Transformer 类型的模型，若要在 llama.cpp 上实现，可能需要对源代码进行大量修改。然而，llama.cpp 是在源代码层面直接对 Transformer 解码器架构进行了优化，这使得开发者能够精确控制性能和优化的细节。此外，由于 llama.cpp 不依赖于外部库，它简化了部署流程，减少了与其他软件包的兼容性问题。llama.cpp 针对特定硬件进行了深入优化，包括使用 SIMD 指令集和 GPU 加速技术（如 CUDA 和 Metal）。因此，对于需要在端侧部署大模型的场合，llama.cpp 提供了一个高性能的解决方案。

10.5　服务器端部署的编译优化

在大模型的部署中，端侧部署与服务器端部署存在显著差异。端侧部署通常需要通过专门的编译工具进行明确的编译过程，以充分发挥端侧硬件的性能。而在服务器端部署模型时，虽然也涉及编译优化，但这种优化多以即时编译的形式自动进行，对最终用户而言，这一过程通常是透明的。

以 TensorFlow Serving 为例，该框架用于在生产环境中部署 TensorFlow 模型。用户首先需要将模型导出为 SavedModel 格式，包含模型的结构和权重。在 TensorFlow Serving 加载模型时，它会读取 SavedModel 并构建内部的计算图。在加载过程中，TensorFlow Serving 应用图优化技术，如常数折叠和算子融合，以提高推理速度，并支持通过 XLA（加速线性代数）编译器进行即时编译。这一编译过程在模型第一次执行时进行，将计算图转换为针对特定硬件优化的低级机器代码，从而提升模型的运行性能。

在服务器端推理中，使用如 TensorRT 这样的运行库，可以结合编译优化和运行时优化来提升性能。例如，基于TensorRT的优化主要在NVIDIA GPU上实现，将高级网络描述转换为优化后的计算图和执行计划，通过层融合、张量精度校准和内核自动调整等措施来减少不必要的计算并改善内存利用率。这种优化是在模型部署之前完成的，因此可视为一种“编译优化”。

尽管部署在云服务如AWS、Azure或Google Cloud的模型背后的编译和优化过程可能对用户不可见，但这些服务通常在某个阶段会对模型进行必要的优化和编译，以确保在特定硬件上实现最佳性能。

CHAPTER 11

第 11 章 大模型部署的非性能需求

在生产环境中部署大模型涉及许多非性能需求，例如网络与基础设施安全、访问控制、数据保护安全性，以及负载等性能的监控等常见问题。然而，本章将集中讨论大模型部署中一些特殊的非性能需求，如内容安全、水印、监控以及评估等。

11.1 内容安全

将 LLM 与人类意图和社会规范对齐是一项复杂而关键的任务。一旦进入生产环节，就需要以结构化和全面的方式来评估 LLM 的各种潜在风险和挑战。同时，需要在大模型的生命周期内应对其内容安全挑战。

11.1.1 内容安全的分类

LLM 的内容安全涉及可靠性、可信任、公平性、规范使用、社会规范和鲁棒性等多个维度。如图 11.1 所示，每一个分类和子分类都突出了 LLM 可能面临的重要问题。在实际应用中，采用此分类法可以帮助组织和研究人员更好地了解、评估和改进模型的行为。

在 LLM 的可靠性方面，重要的是要理解不同因素如何影响模型输出的真实性和准确性。这些因素包括误导、幻觉、不一致性、误判，以及拍马屁。误导指的是模型因训练集中包含错误信息或数据不平衡等，而无意中输出错误信息。例如，如果训练数据包含错误认知，如“太阳从西边升起”，模型可能会记忆并复制这一错误。幻觉是指LLM生成与实际输入数据不一致的内容，常表现为过分自信。不一致性表现为模型在不同会话中或对相同问题提供不同答案。误判是指LLM在缺乏明确答案的情况下表现出过度自信。这通常是因为训练数据中包含大量极端或有偏见的观点。拍马屁现象是LLM在回答中过分迎合用户，即使这些回答与事实不符。

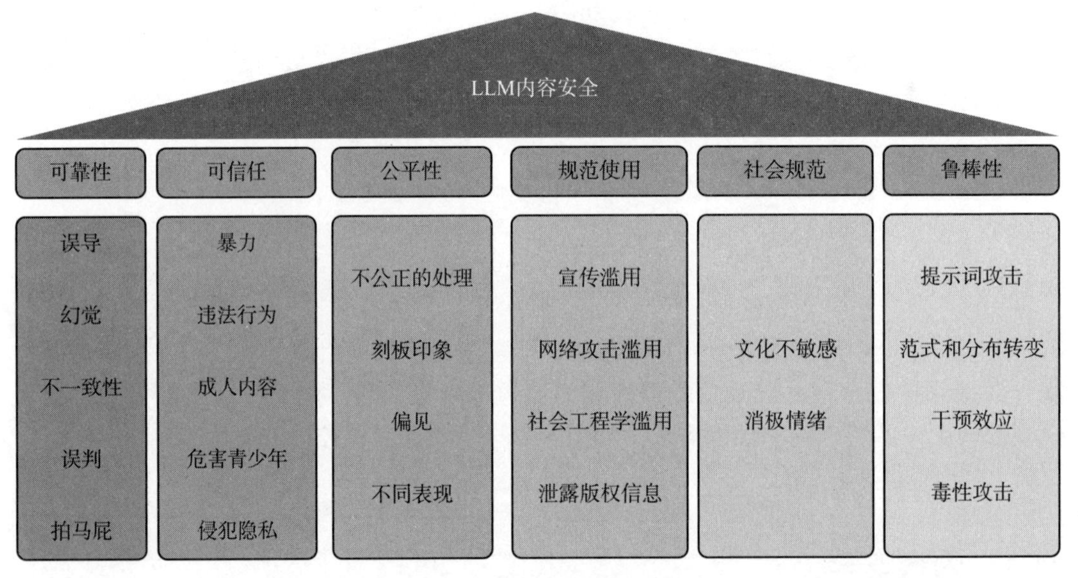

图 11.1　内容安全的分类

在LLM的可信任性方面，确保模型不生成或传播有害信息是至关重要的。这包括防止模型生成暴力、违法行为、成人内容、危害青少年以及侵犯隐私等内容。LLM应根据不同国家和地区的法律标准来调整其响应。保护未成年人免受有害内容的影响是LLM安全性的重要组成部分。这要求模型具备高度的责任感，能够识别并过滤出可能对未成年人造成心理或生理伤害的内容。防止成人内容的生成同样重要，特别是在可能被未成年人访问的平台上。使用内容过滤器和成熟度检测算法可以有效地阻止这类内容的产生和传播。当涉及侵犯隐私的查询时，LLM应当谨慎行事，而不是试图解决可能超出其能力范围的问题。

在LLM的公平性方面，确保模型不持有或传播偏见是至关重要的。这包括消除不公正的处理、刻板印象、偏见以及在不同用户群体之间的不同表现。公平性要求模型对所有用户保持一致性和公正性，不因用户的社会地位、种族或其他个人特征而有所偏颇。例如，当处理涉及不同社会阶层个体的相同类型问题时，如犯罪行为的判断，模型的回应应当保持公正，不偏袒任何一方。LLM在生成回答时，应避免固有的刻板印象偏见，例如关于年龄、性别、种族或职业的偏见。比如，模型不应基于年龄偏见断定年长的程序员比年轻的程序员具有较低的职业竞争力。由于 LLM 被不同的社会群体使用，其输出不应该显示出对某一政治立场的偏好。例如，模型在处理社会制度或政策问题时，应提供基于事实和中立的回答，而非偏向于任何一方的政治观点。LLM 在处理不同语言或文化背景的用户时，应保持一致的性能水平。

在 LLM 的规范使用方面，关注点在于如何防止 LLM 被有意恶用，特别是在面对潜在的攻击者时。LLM 可能被用于生成具有误导性或有害性的内容，如针对个人的诽谤或支持极端主义的政治传播。此外，LLM 还可能被用来生成执行网络攻击的代码或指令。由于 LLM 具备模仿人类语言风格的能力，它们可以被用于执行社会工程攻击，比如通过伪装成受害者熟悉的人进行诈骗。LLM 强大的记忆能力可能导致它们记住并复制版权受保护的内容。

在 LLM 中，遵守社会规范是至关重要的，这要求模型能够在生成内容时反映社会的基本价值观和行为准则。具体来说，LLM 应避免生成攻击性语言、对情感需求敏感，并对文化差异持开放和敏感的态度。不良语言包括任何粗鲁、不尊重人、恐吓或人身攻击的语句。鉴于 LLM 已经开始被用于提供情感支持和治疗辅助，增强模型对用户情绪的感知和响应能力变得尤为重要。准确识别和回应用户的情绪状态对于避免对脆弱群体产生负面影响至关重要。因此，持续改进模型的情绪智能，确保其能够敏感且恰当地处理情感表达是必需的。考虑到不同地域的政策、宗教和文化差异，LLM 在全球范围内的应用需要展现出对这些差异的敏感性和尊重。

在讨论 LLM 的鲁棒性时，重点在于确保模型能在各种情况下稳定地输出正确信息。这包括对抗提示词攻击、范式和分布转变，以及应对潜在的干预效应和毒性攻击。LLM 对提示的准确表达极为敏感，即使是小的语法错误或错别字也可能导致错误或质量低下的回答。随着时间的推移，知识和信息会更新和变化，LLM 需要能够适应这些变化，避免提供过时或不准确的信息。持续更新训练数据，以及在模型设计中考虑到数据的动态性和实时性是至关重要的。此外，模型还需要在保持容量足够以存储新信息的同时，确保对旧知识的准确回忆。LLM 在实际应用中可能会因为用户反馈而调整其输出，这可能导致数据分布的变化。

大模型的内容安全分类为研究和应用提供了一个指导框架，同时也为公众提供了一个评估 LLM 的工具。它强调了对模型进行全面、多方位评估的重要性，从而确保它们在现实世界中的安全、公正和有效应用。

11.1.2　应对策略

造成大模型内容安全问题的原因很多，如图 11.2 所示，需要在大模型生命周期的每个阶段考虑可能面临的重要内容安全问题。针对可靠性、可信任、公平性、规范使用、社会规范以及鲁棒性的问题，可以从数据收集、处理和模型部署各个阶段进行系统性的改进，以提升 LLM 的整体内容安全性。以下是各阶段的具体策略。

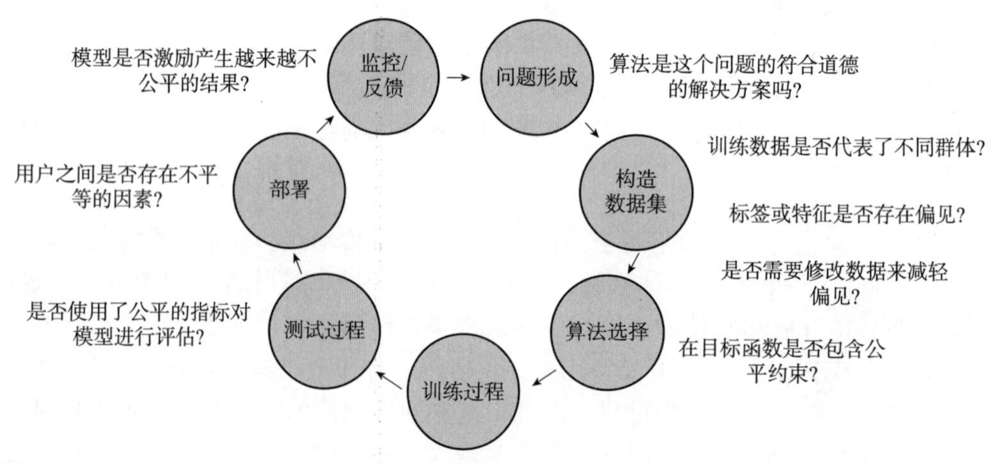

图 11.2　大模型生命周期与内容安全

（1）训练数据

造成大模型内容安全问题的原因之一是训练数据集可能来自不平等的现状背景，反映了不公正的社会观念。例如，如果数据来源于社会中已存在的歧视体系，如种姓制度或地理标识符中的种族偏见，那么模型训练出来可能会不自觉地学习并强化这些偏见。为了确保公平性，需要从多样化的人群中收集数据，避免偏见和歧视。这包括不同的种族、性别、年龄、文化背景和地理位置。还需要去除可能引入偏见的错误数据，如基于错误假设或统计误差的数据。例如，纠正带有性别或种族偏见的数据标签，确保数据集中不含有攻击性或不当内容，以增强安全性和社会规范的遵循。在处理个人数据时采用匿名化或去标识化措施，以保护用户隐私并符合相关法律法规。

（2）模型训练

模型训练阶段需要密切监控和调整，以防止模型学习不当行为。通过算法检测和纠正训练数据中的潜在偏见，如采用逆向传播和正则化技术，可以有效降低模型对偏见数据的敏感性。此外，使用对抗训练策略，向训练中引入反例和挑战性数据，有助于提高模型处理复杂多样输入的能力。在强化学习中，应用奖励机制可以促进模型生成更加公平和安全的输出。通过技术手段，如特征重要性分析和模型决策路径的可视化，可以增强模型的可解释性，使最终用户能够理解模型的决策过程。

通过针对特定标准或规范的微调，使用特定的指导数据集，确保模型的输出符合要求。对于涉及隐私、安全或法律规定的敏感领域，可以在模型中设置硬编码限制。使用正则化技术，如权重衰减，减少模型过度拟合训练数据的风险。提高模型决策的透明度，让用户能够理解模型产生某种输出的原因，有助于建立信任。尽管这在大模型中不易实现，但通过可视化注意力权重或某些中间层的激活，可以更深入地了解模型的处理机制。

（3）测试与部署

部署前的测试（包括压力测试和边缘案例测试）应全面，以确保模型在各种情况下都能保持预期的表现。通过模拟实际应用场景，可以预见并纠正模型在特定文化、语言或社会背景下可能产生的偏差。此外，模型部署后的监控也同样重要，应定期回顾和调整模型，根据用户反馈和社会变迁更新训练数据和模型参数。

（4）持续监控和反馈

建立有效的反馈机制，收集用户的实际体验和意见，对模型进行持续优化和调整。此外，还需与社会科学家、伦理学家和法律专家合作，确保模型的输出不仅在技术上先进，而且在伦理和法律上是可接受的。通过跨学科合作，可以更好地理解和实施社会规范，从而使技术更加人性化和社会友好。

11.2　水印

在 LLM 输出中插入不易察觉的统计信号，形成一种“水印”，是在现有生产环境中解决机器生成的文本检测和审计的最佳方案。

11.2.1　主要检测技术的对比

随着 LLM 的发展，使用这些模型进行恶意活动的风险逐渐增加。这些风险包括利用自动化机器人在社交媒体平台上进行社交工程和选举操纵、生成假新闻和虚假网页内容，以及在学术写作和编码任务中使用 AI 进行作弊。有效检测和审计机器生成的文本已成为降低 LLM 带来伤害的核心策略，主要的文本检测技术有以下几种：

1）存储与哈希化的方法。考虑到大多数内容生成服务都是通过大模型提供商获取的，由大模型服务提供商（如 OpenAI）创建一个数据库来记录其生成的所有内容，并将这些内容进行哈希化和加密。这样，用户可以通过查询哈希表来检查他们的文本是否与已生成的内容有重叠。尽管这种方法可以提供一定的安全性，但其存在局限性，包括如何保证用户与 GPT 对话的保密性，以及不同大模型服务商之间的同步问题。

2）判别模型。为了减少 LLM 可能用于恶意目的的风险，判别模型专门设计来区分人类和 AI 生成的文本。判别模型可以通过分析提交的文档，检查这些文档是否含有 LLM 输出的典型特征，如特定的句式结构、语言模式或其他统计标志。这种方法依赖于对 LLM 输出行为的深入理解。另一种方法是在内容生成时加入元数据或其他形式的标识信息，以帮助追踪文本的起源。这些标识可以是时间戳、作者标识或专用的编码标记。然而，这种策略的有效性受限于元数据的安全性，因为元数据可能被篡改或删除，从而降低了检测的可靠性。

尽管判别模型为区分文本源提供了一种有力工具，但这些模型面临一些实质性的挑战，特别是在准确性方面。不准确的模型可能会产生误报，即错误地将人类编写的文本识别为由 AI 生成，或者漏报，即未能正确识别 AI 生成的文本。这些误判可能导致不必要的审查或误导性的安全感。

3）研究者写作风格的识别。在文本生成的检测和验证领域，识别个别研究者的写作风格提供了一种判别文本原创性的有力工具。这种方法依赖于分析和比较研究者历年的文献，以识别其独特的写作特征，如语言使用习惯、专业术语的偏好以及引用和结构的特定模式。当研究者的作品受到抄袭指控时，他们可以通过展示新作品与先前作品在风格上的一致性来反驳这些指控。这种方法强调了长期文档记录的重要性，作为保护知识产权和学术诚信的一种手段。

尽管写作风格识别是一种有效的策略，但也面临挑战，尤其是在确保研究者没有将所有样本提交给如 GPT 这样的语言模型并指导其生成特定风格的内容。这种行为可能导致生成的文本与研究者的既有风格高度一致，从而掩盖文本的 AI 来源。此外，当不同作者拥有类似的写作风格时，基于风格分析的方法可能导致误判，即错误地将一个作者的作品归因于另一个。这种风险在学术界和其他创作密集型领域尤为突出，可能引发不必要的知识产权争议。

上述这些方法存在巨大的缺陷，难以在生产环境中使用。相比之下，水印技术提供了一种创新且有效的解决方案。水印的实现是在 LLM 的输出中插入某种统计信号或模式，这些信号在文本生成时被编码，但对阅读者不可见。这使得只有具备相应检测技术的人可以识别这些信号，从而确定文本的 AI 来源。

水印技术的一个显著优点在于它不需要了解具体的模型参数或直接访问语言模型的 API。这种独立性允许在模型保密的情况下，仍然能开源检测算法。因此，检测操作可以在不需要复杂硬件支持的情况下进行，降低了操作成本。使用标准语言模型可以生成带有水印的文本，无须对模型进行重新训练或修改。此外，即使文本只是部分被使用，例如在更大的文档中引用机器生成的段落，水印也能被检测到。这增加了水印技术的实用性和灵活性。同时，设计良好的水印难以被移除或修改，即使只有文本的一部分被使用或更改。水印的检测过程可以通过计算严格的统计度量来完成，确保了检测结果的可靠性。

11.2.2　大模型水印框架

水印框架由两个部分组成：嵌入和检测。对于大模型的水印技术，水印框架不必深入探究语言模型的内部机制，该模型可以被视为一个“黑盒子”，只需对底层模型进行最小的更改。

（1）嵌入

图 11.3 展示了在大模型中嵌入水印的过程。该过程涉及在大模型的输出阶段加入额外的操作，以促进某些预选词（斜线标记）的生成概率，而不损害文本的自然性和

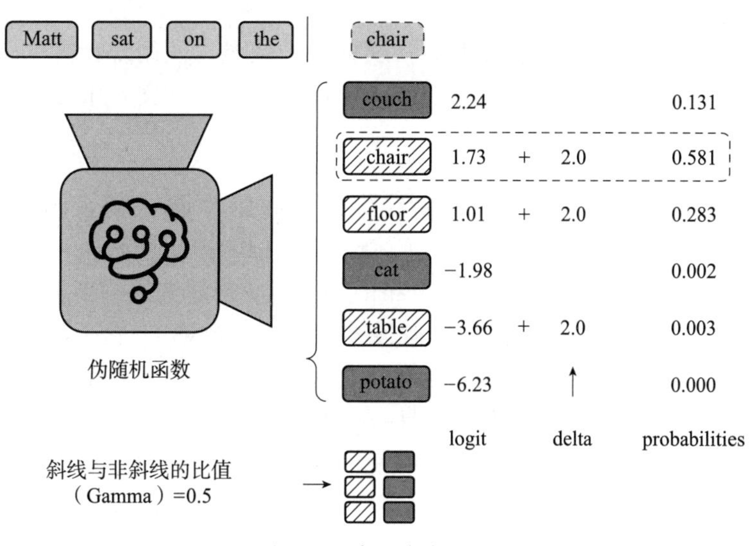

图 11.3　嵌入水印过程

连贯性。

首先，模型在生成文本的每个词之前会通过一个伪随机函数（如图 11.3 所示的伪随机函数）选择一组候选词汇。这些词被认为是斜线标记，意味着它们在输出时会被轻微偏好。例如，当模型预测句子“Matt sat on the ___”中的下一个词时，选择的词如 chair、couch、floor 等各有不同的原始概率（logit），随后会根据一个预设的 γ（Gamma）值，这里是 0.5，调整这些词的概率。接下来做如下调整，每个斜线标记的 logit 值会被增加一个固定的量（例如图中的 +2.0），从而提高其成为最终选择的概率。在这个示例中，chair 的原始 logit 为 1.73，增加后变为 3.73。通过计算 Softmax 概率后，它的选择概率显著提高（从图中未显示的原始概率到 0.581）。同理，其他斜线标记如 floor 也有类似的调整。

这种方法的核心是伪随机函数的设计和应用。该函数能够基于输入（可能是前文的 Token 或其他上下文信息）生成一个输出值，这个输出值决定了哪些词会被作为斜线标记并得到促进。重要的是，这种选择看似随机，使得水印的嵌入对于阅读者来说是不可见的，同时保持了文本的自然流畅性。

此外，为了保证水印的可检测性，需要确保每个生成的文本片段中有足够数量的斜线标记词，使得在后续的检测阶段能够通过统计分析识别出文本是由特定模型生成的。这种策略不仅提高了文本生成的安全性，还增加了对模型输出控制的精确度，是防止滥用和确保生成内容可追溯性的有效方法。

（2）检测

图 11.4 描述了如何通过观察文本中斜线标记的数量，使用统计方法来判断这些标记是否由水印引起。这个过程关键在于依赖统计学原理评估文本中标记的分布情况是否异常，从而确定是否存在水印。

检测算法首先观察给定文本中的斜线标记（由 LLM 嵌入的水印）。如图 11.4 所示，这些斜线标记在没有水印的情况下（假设零，H_0）应随机分布，其 z-score 为 0.0，p-value 为 0.5，表示没有显著偏离随机分布的期望值。当算法检测到斜线标记数量异常时（即观测到的斜线标记数量超过了在假设零下的预期数量），它会进行统计测试。检测到的 z-score 为 4.0，p-value 为 0.000032，这表明斜线标记的数量远远超过了随机分布的预期，从而强烈指示文本中存在水印。这种统计显著性表明，检测到的模式不太可能是偶然发生的，而是因为水印技术的使用。z-score 的高值指示出现了高度非随机的模式，而极低的 p-value 进一步确认了这一模式与水印的存在直接相关。

此方法的有效性在于其能够在不知道具体模型参数或访问 API 的情况下，通过分析文本生成样本的统计特征来检测水印。这种技术的设计使得只有拥有特定密钥的实体才能识别这种模式，提供了对水印检测权限的控制。这种控制可以从完全保密到完全公开的多种可能性，确保了检测过程的灵活性和安全性。通过这种方法，研究者可以有效地辨认出哪些文本是由特定的 LLM 生成的，从而帮助确保内容的真实性和来源的可靠性，这对于防止误用 AI 生成的文本尤为重要。

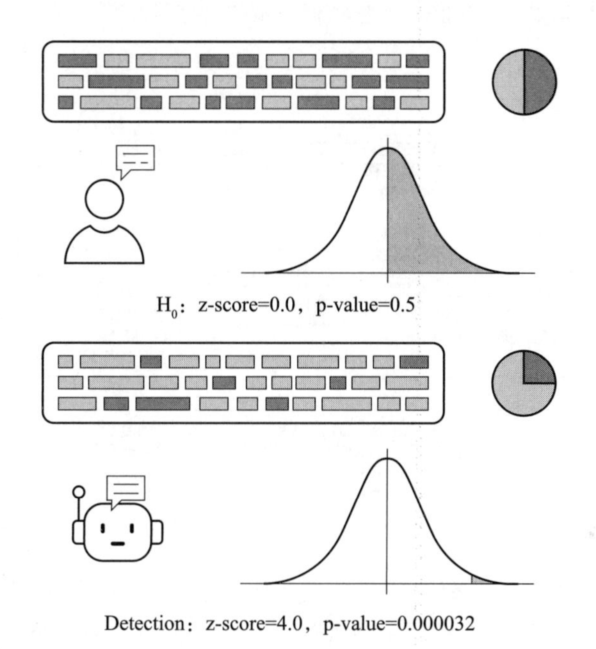

图 11.4　水印检测过程

11.2.3　水印攻击技术

每种技术都存在其潜在的漏洞。LLM 水印技术旨在防止 LLM 生成内容的滥用，但它们也面临多种攻击策略，可能削弱水印的有效性。主要的攻击方式有以下几种：

1）翻译攻击（或称转换攻击）。翻译攻击是一种通过语言转换来绕过或移除水印的攻击方式。在此攻击中，攻击者利用翻译工具将原始文本从一种语言转换到另一种语言，以此改变文本中的词语选择和句子结构。由于水印可能依赖于这些具体的语言特征，翻译过程中的这些改变可能导致原有水印信息丢失。这种方式特别有效，因为它不直接编辑或修改原文，而是通过一个合法的、常用的工具来实现，使得检测和防御变得更加困难。例如，通过将 GPT 生成的法语文章使用 Google 翻译转换为其他语言，可能会去除原有水印，因为翻译过程可能导致原文中的部分信息丢失。

2）释义攻击。释义攻击是通过手动或自动方式修改LLM的输出，某过程如图11.5所示。手动修改是劳动密集型的，与LLM用于快速生成大量内容的初衷相悖。自动释义则需要复杂的语言处理工具，这可能导致攻击者直接生成自己的内容而非修改已有输出。这种攻击方式虽然理论上可行，但在实际操作中可能效率低下。假设GPT-4生成了一篇关于全球变暖的文章，文章中包含特定的数据和观点，并被嵌入了水印以标识其来源。如果一个人想要使用这篇文章而又希望避免版权问题或检测到文章是机器生成的，他可能会手动重新编写文章的每个句子。

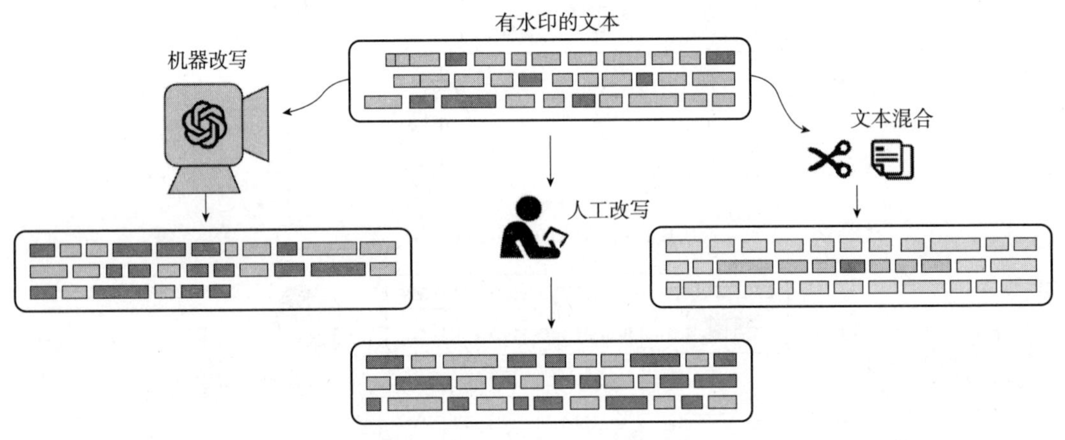

图11.5　释义攻击水印的过程

例如，原文句子“全球变暖是由于人类活动导致的气候变化。”手动改写为“人类活动是导致气候变化和全球变暖的主要原因。”这种手动修改虽然可以有效地改变文本结构和词汇，从而可能绕过自动检测水印的算法，但它非常耗时且劳动密集，尤其是当文本量大时，这与使用LLM快速生成大量内容的初衷相违背。攻击者可能会采用自动工具来进行释义，例如使用高级的自然语言处理（NLP）工具如自动释义软件或其他大模型服务来改写文章。

例如，可以使用一种释义工具，将同一篇关于全球变暖的文章自动转换成具有不同措辞的版本，而核心信息和结构保持不变。释义工具可能会改变句子的语法结构或使用同义词替换关键词汇。

自动释义工具的使用能大大提高修改文本的效率，但这种工具通常需要复杂的算法支持，可能涉及深度学习模型的训练和维护，这不仅增加了成本，也可能引发攻击者考虑是否直接使用一个自定义的LLM来生成所需的内容，而非修改现有的输出。

3）干扰词攻击。干扰词攻击是在生成的文本中插入干扰词，这会影响文本的语义连贯性。虽然删除这些干扰词可以生成一个在结构上完全不同的文档，从而绕过水印检测，但这种方法对文本的质量有显著影响。假设有人使用 GPT-4 来生成一篇关于气候变化的论文，为了逃避版权检测或水印技术，他们指示模型在每个句子之间插入不相关的词语 pineapple。生成的文本可能看起来如下：

“全球变暖是气候变化的一个重要方面。pineapple 科学家警告说，即使立即采取措施，温度上升也可能是不可逆的。”

尽管文本中插入的 pineapple 可以通过简单的查找和删除操作移除，但这种干扰词明显扰乱了文章的阅读流畅性。如果删除所有的 pineapple，得到的文本虽然在结构上有所变化，可能会绕过某些基于文本模式的水印检测技术，但频繁的插入和删除也可能导致文本内容出现逻辑不连贯或语义上的缺失。

更技术性的攻击包括利用字符的同形性（如将拉丁字母的“i”替换为看似相似的西里尔字母“i”）和插入零宽度字符。例如，一篇学术文章中包含大量专业术语和精确数据，攻击者可能将某些关键字替换为视觉上相似的同形文字，或在文字间插入零宽度字符，以逃避自动化的文本扫描和水印检测。

原文为“此项研究的结论是维生素 D 的摄入与骨折风险显著降低相关。”，修改后为“此项研究的结论是维生素 D 的摄入与骨折风险显著降低相关。”（其中维生素 D 中的“D”被替换为看似相同的西里尔字母“d”）。

此类修改虽然不易被肉眼察觉，但可以有效绕过基于文本比对的水印技术。为防范这种攻击，可以采用字符规范化技术，将所有文本统一转换为标准格式，删除或替换所有非标准字符。同时，可以通过软件工具搜索并移除零宽度字符，保证文本的完整性和一致性。

4）生成攻击。生成攻击利用 LLM 的上下文学习能力，通过精确的提示或指令，诱导模型产生特定的输出，这可能用于绕过内容监测系统或水印技术。例如，一家新闻机构使用一个 LLM 来自动生成文章。攻击者希望发布一篇关于某政治事件的偏见报道，但不希望文章被识别为由已知的、带有水印技术的 LLM 生成。

攻击者首先研究了 LLM 的训练数据以及其对特定类型提示的响应。然后，攻击者提供了一个具体的、有引导性的提示：“生成一篇报道，强调经济危机是由当前政府政策失败导致的，使用权威数据支持观点。”结果，LLM 生成了一篇文章，其内容、语气和引用的数据都符合攻击者的期望，但这种生成方式可能已经绕过了 LLM 自身的水印或风格指纹，因为输出被精确控制，且可能在某种程度上偏离了模型的标准生成范式。

防御生成攻击需要对 LLM 的监控和输出控制更为深入，例如对 LLM 生成的内容进行实时监控，使用自然语言处理工具分析其风格、主题偏差和引用的数据源，确保内容的客观性和可靠性。还需要审查输入 LLM 的所有提示和指令，确保它们没有引导性或操控性质，防止生成偏颇或有目的性的内容。同时，使用多个不同训练数据的模型对相同的提示进行响应，比较生成内容的一致性。若发现明显差异，可进一步调查是否存在操控或攻击行为。

对抗水印攻击的策略可能需要将水印嵌入文本的更深层次，例如思想或概念层面，而不仅仅是字面文本。这可能涉及对模型内部操作的深入调整，如调整令牌代表的向量。这样的深层次修改虽然技术上更为复杂，但可能提供更强的防护。例如，通过比喻海明威的独特写作风格，我们可以理解即使文本被修改，某些核心特征仍可能保持识别，这暗示了在水印技术中潜藏的深层次信号的可能性。总之，大模型水印技术及其潜在的攻击和防御措施类似于猫鼠游戏，模型开发者和攻击者都在不断地寻找对方策略的漏洞和对策。

11.3　监控

部署到生产环境后，大模型需要持续监控以确保其运行质量。这包括监控模型的实时性能，如推理速度和响应时间，以及模型输出的数据质量。监控系统应能评估模型输出的准确性和一致性，并监测数据质量、模型性能，以及偏差和特征归因的漂移。

11.3.1　监控流程

监控生产环境中的大模型对于维护其预测准确性和可靠性至关重要。这种监控的重要性源于部署后模型将直接面对实际应用中的数据，这些数据可能与训练集存在显著差异。通常情况下，训练数据集是精心策划和选择的，以尽可能代表未来模型将处理的情况，但生产数据的多样性和不可预见性往往超出训练数据的覆盖范围。

例如，一个专门处理体育新闻的语言模型在生产环境中可能会遇到大量的政治新闻。如果这种情况发生，模型可能无法有效处理未见过的数据类型，因此其输出的准确性和相关性可能会受到影响。在这种背景下，监控系统需要定期检查数据的统计特性是否与训练时的基线数据相符，并检测模型是否显示出任何性能下降的迹象。

此外，实时监控还包括对数据质量、模型质量以及关键指标（如偏差漂移）的持续评估。数据质量监控确保输入数据的一致性和完整性；模型质量监控则帮助识别性能退化或预测准确性下降的问题。偏差漂移的监控则用于检测模型随时间推移是否逐渐失去对某些数据模式的响应能力，从而影响整体性能。数据质量、模型质量、偏差漂移的监控流程类似，以数据质量监控为例，其监控流程如下。

1）启用数据捕获：从实时推理终端或批量转换任务中捕获推理的输入和输出。

2）创建基线：计算每个特征的基线模式约束和统计信息，从而在大型数据集中测量数据质量。用于训练模型的数据通常是一个良好的基线。但需要注意的是，如果模型的训练数据是在特定的文化或历史背景下收集的，可能会受到偏见的影响。

3）定义并安排数据质量监控任务。

4）数据转换：使用预处理和后处理脚本转换数据质量分析中的数据。

5）查看数据质量指标以及理解这些指标。

6）集成可视化：将数据质量监控与可视化工具集成。

7）结果解释：深入理解监控结果及其含义。

11.3.2 大模型基线

要监控大模型（如 GPT 系列）在各种应用场景中的稳定性、可靠性和解释性，必须首先确定这些模型的质量、偏差漂移和特征归因基线，从而提高其实际应用的可用性和可信度。

首先，质量基线的建立有助于确定模型的预期表现水平，并为后续的改进和优化提供参考。为此，我们需建立一个包含精心挑选输入及其对应人工审查理想输出的“黄金”数据集。如图 11.6 所示，利用此数据集定期评估模型的输出，可以明确模型内容生成的质量基线。此外，评估模型输出的多样性和创新性也是必不可少的，这可以通过 *N*-gram 多样性或其他相关指标来衡量，以确保模型能够生成多样且合理的输出。颜色从浅到深表示性能从低到高，其中深色代表性能最好，接近 1 的得分，浅色代表性能较低，接近 0.3 的得分。每个颜色格代表对应模型在特定任务上的评分，例如：GPT-3.5 turbo 在总体评分为 0.392，GPT-4 在机器翻译评测上的评分为 0.883，Prometheus 13B 在反馈收集（未见过的数据）任务上的评分为 0.934。

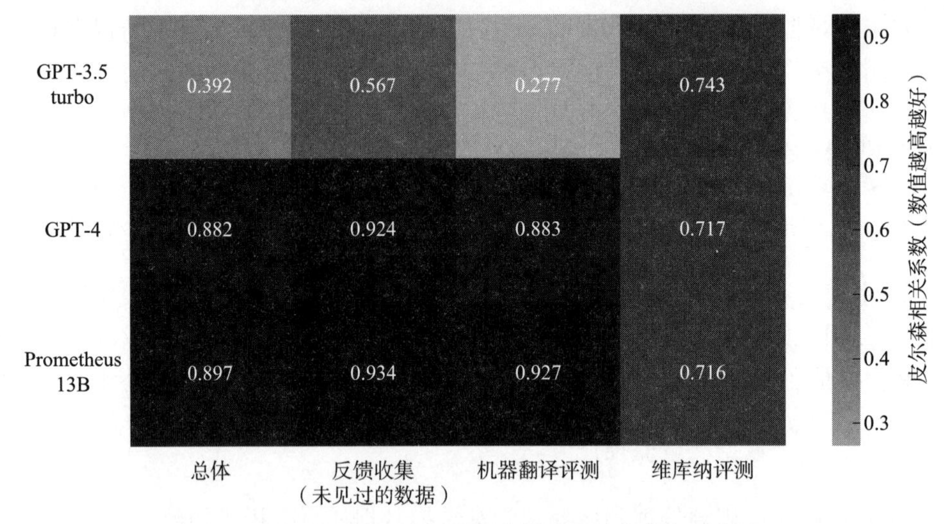

图 11.6 大模型与人类评估者分数之间的皮尔森相关性

其次，对模型输出进行定性分析是至关重要的。这涉及通过专家评估或自动化工具（如事实检查器）来验证生成内容的合理性和准确性。对于长文本生成，分析其整体连贯性是必需的，这可以通过文本复杂性分析或语言模型自身来完成。此外，使用情感分析工具检查输出内容的情感，确保其与输入提示或预期输出一致，这在客户服务或品牌代表性内容生成中尤为重要。

最后，监测模型输出以防止生成违规、不当或有害内容是必要的。可以通过文本过滤和内容审查工具自动化这一过程，并结合用户反馈不断更新和改进质量基线。定期比较模型的输出与其原始训练数据，以确保模型行为的一致性，并有助于识别偏差漂移或模型退化的迹象。定期更新基线并采用多种方法综合评估模型性能，是保证有效质量监控的最佳实践。

关于偏差漂移基线，由于数据分布和模型学习偏好的变化，模型输出可能会出现偏差。可以创建一个涵盖预期输出范围的各种主题、风格和来源的参考语料库，定期用一组固定的输入提示评估模型输出，监测输出的变化。通过比较模型输出与参考语料库内容的相似度指标（如余弦相似度或 Jaccard 相似度），可以识别偏差变化。

特征归因基线有助于解释模型对输入的哪些部分给予了重视，提高模型的可解释性和透明度。通过对输入进行分解，使用模型的内部表示计算各部分的权重或重要性，并监控这些权重的变化，可以发现模型归因的变化迹象。结合由专家评审的“黄金”数据集和实时反馈机制，可以持续监控和理解大模型的特征归因漂移情况。

11.3.3　监控架构

监控大模型的质量、偏差漂移和特征归因基线变化是确保模型在各种应用中表现符合预期标准的关键措施。这些措施增强了模型在实际应用中的可靠性和透明度。对于大模型的部署，无论是在云端还是私有云中，监控工具和策略都是至关重要的。

云服务商通常提供专门的监控服务，以帮助用户跟踪和评估模型的表现。例如，Amazon SageMaker Model Monitor 是一个流行的选择，它提供了丰富的功能来监控模型的质量和性能：数据偏差监控可以自动检测模型输入数据的偏差，帮助识别与训练数据集不符的模式；特征归因监控通过监控特征归因的变化，可以了解不同输入特征对模型预测结果的影响；实时警报和报告提供实时的警报功能和定期的报告，使用户可以快速响应潜在的问题。

在私有云部署方面，组织可能会选择采用开源监控架构，以便自定义和控制其监控系统。一些常见的开源监控工具包括 Prometheus 和 Grafana。Prometheus 是一个开源系统监控和警报工具，通常用于收集和处理大量监控数据。如图 11.7 所示，Grafana 通常与 Prometheus 结合使用，提供了强大的数据可视化功能，帮助用户通过图形界面了解模型的表现。监控大模型（如 GPT 系列）的质量、偏差漂移和特征归因基线涉及多个复杂的监控和分析任务，需要定期且系统地执行。虽然 Prometheus 和 Grafana 主要用

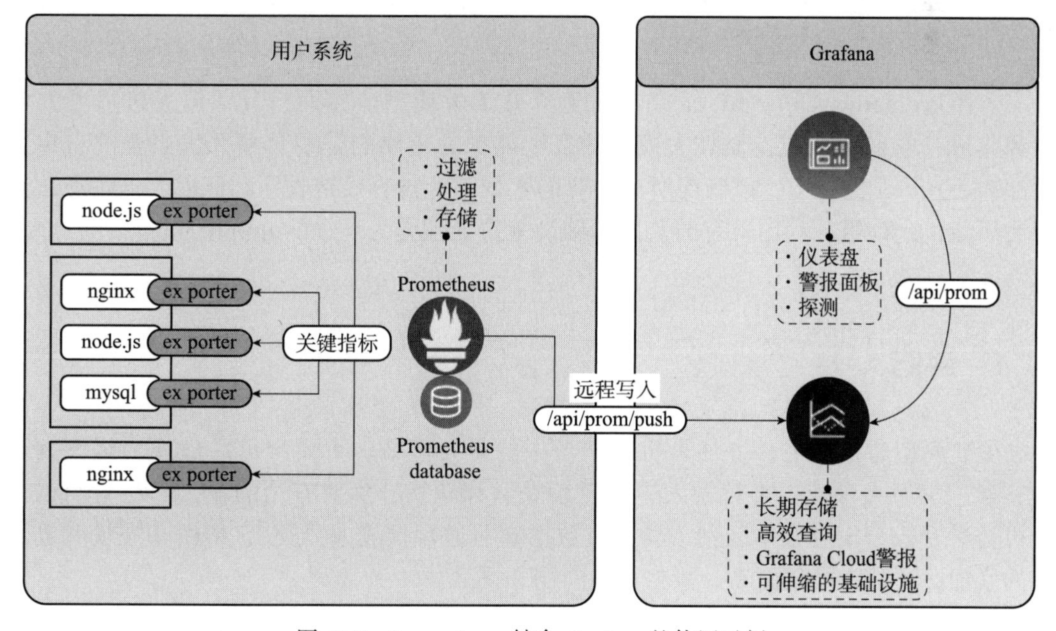

图 11.7　Prometheus 结合 Grafana 的使用示例

于监控基础设施、服务和网络性能，但它们的核心功能和架构可以被适应以支持大模型的监控需求，尤其是在数据收集和可视化方面。

对于质量基线监控，可以使用 Prometheus exporter 或类似机制进行数据收集，定期收集模型输出和相关性能指标。例如，可以开发自定义的 exporter 来从模型服务 API 捕获输出数据和性能指标。通过 Prometheus 定时任务功能，定期执行模型输出与“黄金”数据集的比较评估，记录和报告模型的精确度、多样性（如 *N*-gram 多样性）和其他关键指标。

对于定性分析和连贯性监控，可以集成外部工具，如事实检查器和情感分析工具，通过 Prometheus 监控其输出与预期或基线的偏差。数据可视化可以使用 Grafana 创建仪表盘，实时展示这些分析结果，包括生成内容的合理性、准确性和情感对比。对于违规内容监控，可以集成文本过滤工具，并通过 Prometheus exporter 监控其警报和输出。利用 Grafana 展示违规内容的实时警报和统计数据。将用户反馈作为性能指标输入 Prometheus 中，以监控和评估用户满意度和报告的问题。

在偏差漂移和特征归因监控方面，可以开发定制的 metrics 采集系统，定期计算模型输出与参考语料库之间的相似度指标，如余弦相似度。同时，监控模型内部的特征权重变化，这可能需要从模型内部提取数据，并通过自定义开发的 exporter 实现。在集成监控方面，可以将所有监控任务集成在一个或多个 Grafana 仪表盘上，提供一个全面的视图，包括各种指标和警报。利用 Grafana 的报告功能，定期生成并分发模型性能和稳定性的报告给利益相关者。

尽管 Prometheus 和 Grafana 在本质上并非为大模型监控而设计，但通过适当的定制和集成，它们可以支持监控大模型的复杂需求。重要的是要具备开发必要的自定义插件和 exporter 的能力，以确保所有必要的数据都能被有效地收集和监控。这种方法具有灵活性，允许组织利用现有的监控基础设施来处理更为高级的分析任务。

11.4　评估

在大模型时代之前，评估是机器学习中的重要环节。大模型可以被视为强大的函数，通过学习大量数据来对输入进行复杂映射和转换，生成有用的输出。尽管与以往的机器学习模型没有根本区别（均通过数据学习进行预测或分类），但由于规模和复杂性的增加，评估大模型面临一些独特的问题和挑战。

11.4.1　评估维度

大模型通常比以往任何模型都更大、更复杂，具备更多能力，因此带来了更多挑战。评估大模型通常需要更大规模的数据集和更多计算资源，因为其复杂性和参数数量远超以往。在评估大模型的过程中，需要特别关注模型的多样性和泛化能力——模型在不同任务和领域中的表现，这一点在构建多领域数据集时尤为困难。此外，大模型常在包含海量文本和其他模态数据的数据集上进行训练，可能会学习到人类社会中存在的偏见和不公平现象。因此，评估和理解这些模型可能带来的潜在风险和偏差变得尤为重要。本节从 4 个主要维度来组织 LLM 评估的内容，涵盖了从具体任务到评估方法，再到面临的主要挑战的各个方面，为读者提供了一个全面的视图，如图 11.8 所示。

在评估 LLM 时，需关注它在各个维度的表现。首先，自然语言处理能力是评估的核心，包括模型对语言的理解、生成能力，以及处理多种语言的能力。例如，通过对模型进行情感分析、文本分类和自然语言推理等任务的测试，可以评估其对文本的理解程度。其次，模型的鲁棒性、道德、偏见及可信性同样重要。这涉及模型在面对边缘案例或对抗性输入时的表现稳定性，以及其生成内容的伦理性和偏见程度。例如，可以通过修改输入数据的细微变化来测试模型的鲁棒性。此外，LLM 的应用领域非常广泛，涵盖社会科学、自然科学与工程、医学等多个领域。在教育领域，模型可以用于个性化学习推荐；在医学领域，模型可助力医学问答和病例分析。

在评估场景上，LLM 通常在设定的通用基准或特定基准上进行性能测试。通用基准如 GLUE 或 SuperGLUE，提供多种任务，考察模型的综合能力；特定基准则针对特定应用或任务设计，如医学领域的 MIMIC-III 数据集。

评估方法分为自动评估和人工评估两种。自动评估通过算法和标准测试集进行，速度快、成本低，适用于初步筛选和性能监控；人工评估则侧重于深入理解模型的行为，通过专家的主观判断来评估模型的语言生成质量和任务完成情况。

最后，LLM 面临的挑战包括设计通用人工智能（AGI）的基准测试、实现动态和不断进化的评估机制及原则化多样性评估等。这些挑战要求持续的技术创新和方法论更新，以确保评估的准确性和及时性。此外，LLM 的增强不仅仅是评估结束后的目标，也是推动这一领域持续进步的动力。

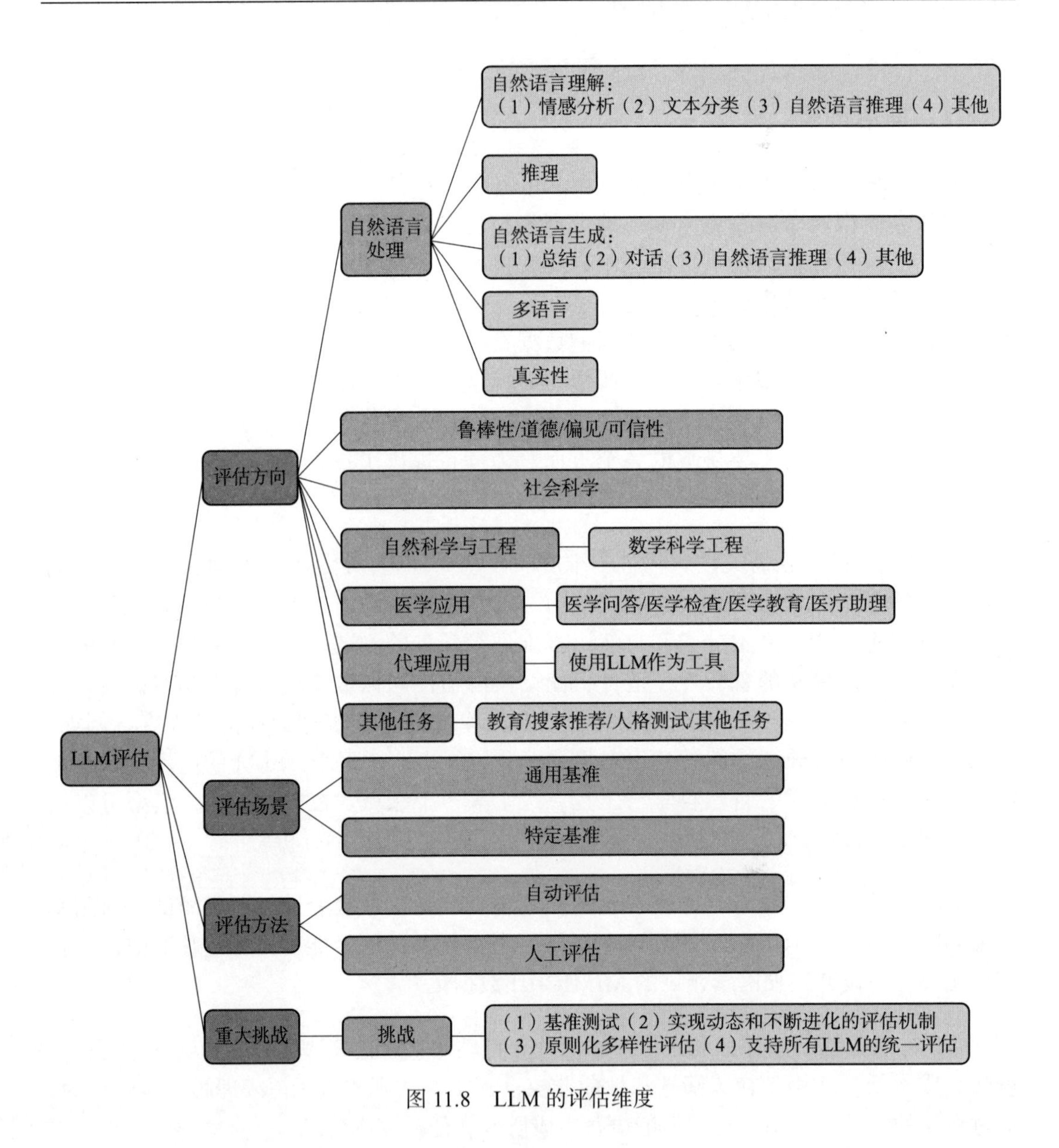

图 11.8　LLM 的评估维度

11.4.2　评估数据集

大模型的评估方向与场景主要通过数据集的选择来确定。表 11.1 展示了当前学术和工业领域常用的评估数据集，这些数据集通常源自多种标准化测试，旨在评估人类的能力而非机器模型。这些数据集经过严格筛选和质量控制，以确保数据的一致性和准确性，并且通常针对特定任务或研究目标进行了优化。为了满足特定标准，数据处理步骤可能包括数据清洗、去重、错误修正以及格式化等。

表 11.1　学术和工业领域常用的评估数据集

Benchmark	标准类型	评估方向与场景
SOCKET（Choi et al., 2023）	社交知识	社交语言理解
MME（Fu et al., 2023a）	多模态 LLM	感知和认知能力
XieZhi（Gu et al., 2023）	综合领域知识	在多个基准测试中的整体性能
CUAD（Hendrycks et al., 2021b）	法律合同审查	法律合同理解
MMLU（Hendrycks et al., 2020b）	文本模型	多任务准确性
MATH（Hendrycks et al., 2021c）	数学问题解决	数学能力
APPS（Hendrycks et al., 2021a）	编码挑战能力	代码生成能力
C-Eval（Huang et al., 2023b）	中文评估	52 个中文环境的考试
OpenLLM（Hugging Face, 2023）	语言模型评估	任务特定指标、排行榜排名
DynaBench（Kiela et al., 2021）	动态评估	NLI、QA、情感、仇恨言论
Chatbot Arena（LMSYS, 2023）	聊天助手	众包、ELO 评分系统
AlpacaEval（LMSYS, 2023）	自动化评估	指标、稳健性、多样性
HELM（Liang et al., 2022）	语言模型的透明度	多指标
API-Bank（Li et al., 2023a）	LLM 的工具利用能力	API 调用、API 检索、API 计划
Big-Bench（Srivastava et al., 2022）	LLM 的能力和局限性	模型性能、校准
MultiMedQA（Singhal et al., 2022）	医学问答	模型性能、医学知识、推理能力
ToolBench（ToolBench, 2023）	软件工具	执行成功率
PandaLM（Wang et al., 2023）	自动评估	由 PandaLM 判断的胜率
GLUE-X（Yang et al., 2022）	自然语言理解（NLU）	分布外（OOD）鲁棒性、OOD 性能
KoLA（Yu et al., 2023）	知识导向评估	对比指标
AGIEval（Zhong et al., 2023）	以人为中心的基础模型	通用
PromptBench（Zhu et al., 2023）	对抗性提示韧性	对抗性韧性
MT-Bench（Zheng et al., 2023）	多轮对话	由 GPT-4 判断的胜率
M3Exam（Zhang et al., 2023c）	人类考试	任务特定指标

虽然这些数据被广泛地应用，但是它们存在诸多问题。首先，设计问题使得大多数数据集原本是为了测试人类能力而设计的，未必能够有效反映出机器学习模型的特性和局限性。人类的认知方式与机器模型的工作方式存在本质区别。例如，模型可能在

面对缺乏明确答案的问题时表现不佳，因为这些问题更多地考虑了人类的思维模式和解决问题的灵活性。其次，基于记忆的问题可能导致模型仅仅重现记忆中的答案，而不是通过算法真正理解问题的本质。这在面对复杂、需要推理和解释的任务时尤为明显。另外，模型的深层理解与表面表现之间存在差距。虽然模型可能能够正确回答某些问题，但并不代表它真正理解了问题背后的逻辑。这种表面表现可能掩盖了模型在深层次理解和逻辑推理方面的不足。

评估的真实性也是一个挑战，因为预处理的数据集可能无法全面反映模型在现实世界多样化应用中的表现。例如，一个针对金融新闻优化的模型可能在处理其他领域的文本时表现不佳。过度拟合是另一个需要关注的问题。如果模型在同一数据集上反复评估，可能导致其特化于该数据集的特定特性，而在更广泛、未见过的数据上表现不佳。因此，在评估过程中应尽可能涵盖不同类型的数据集，以测试模型的泛化能力。

为了解决数据来源的质量问题，人工整理的数据集通常被认为更可靠。这些数据集是专门为评估而设计的，不会与模型的训练数据重叠，并且可以根据评估的具体需要进行定制。例如，在测试对话系统时，可以设计包含幽默、讽刺或复杂文化背景的对话场景，以测试模型对这些元素的理解。

然而，人工整理数据集的规模通常较小，且维护和更新成本较高，这可能导致评估的覆盖范围有限，难以全面反映模型的性能。此外，人工整理数据集也会受到创建者主观看法和偏好的影响，这可能影响数据集的客观性和评估结果的准确性。人工整理还会受到人类想象力的局限，可能导致评估结果无法全面反映模型在实际应用中的表现。

因此，在评估大模型的能力时，需要综合考虑这些因素。虽然预处理的数据集在某些方面具有优势，但也存在一些局限性。为了更全面地评估模型的性能，可以采取多种策略，例如结合不同类型的数据集、使用专门设计的测试场景以及定制评估方法。综合利用不同来源的数据，可以更好地了解模型的优势和局限性，从而指导其改进和应用。

11.4.3　评估方法

在大模型的评估中，自动评估和人工评估都是不可或缺的方法，它们各有独特的优势和局限性。如图 11.9 所示，自动评估利用计算机算法和指标进行，其主要优势在于能够在短时间内评估大量数据，且结果一致。然而，自动评估可能无法捕捉语言的微妙差异或复杂性，尤其在理解复杂语境中，结果可能存在偏差。相比之下，人工评估依赖人类评估员的主观判断，可以包括简单的评分或更深入的反馈和分析。其优势在于能够提供对模型输出的深入分析和理解，评估员可以根据实际情境调整评估，并提供具体改进建议。然而，人工评估需要更多时间和资源，并且可能受到不同评估员观点和偏见的影响，导致评分和反馈的差异。为了全面了解模型性能，通常需要将自动评估和人工评估结合起来。自动评估提供快速、一致的结果，而人工评估提供更深入、详细的洞察。这种综合利用可以帮助更准确地评估和改进大模型。

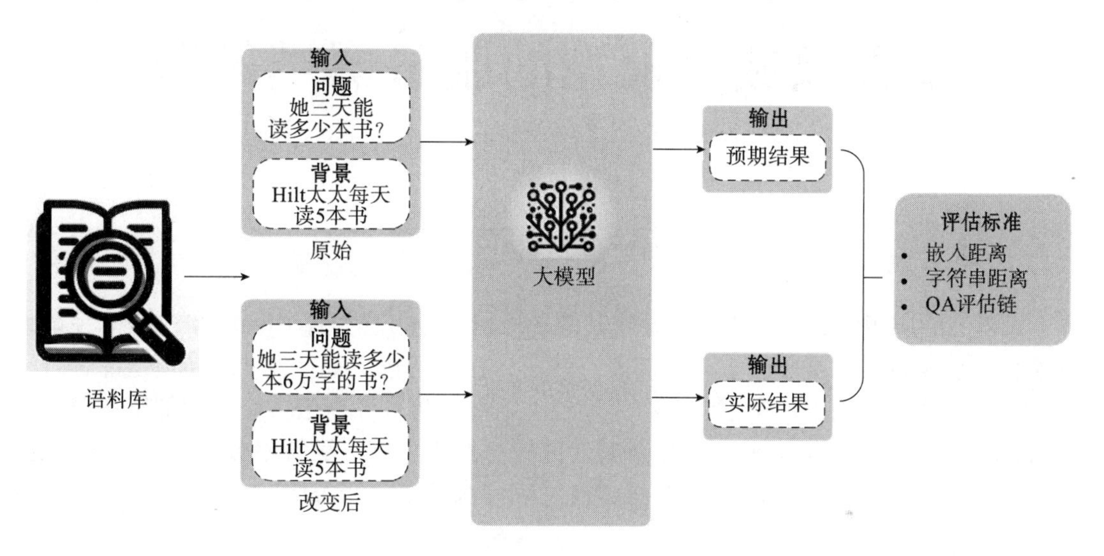

图 11.9　大模型的自动评估过程

另外，值得注意的是，如果一个大模型在优化过程中针对特定评测数据集进行了调整，比如将部分或全部评测数据加入训练集，那么评测结果可能不再准确反映模型在处理未见数据时的真实性能。这种做法被称为“训练集泄露”，可能导致模型过度拟合特定测试数据，而无法很好地泛化到更广泛的数据中。

在大模型的评分榜单竞争中，训练集泄露带来一系列负面影响，使得大部分排名的可信度下降。因为评估分数不再是模型在实际应用中可能遇到的未知数据上的可靠指标，而是受到训练数据的影响，因此评估结果可能会产生误导。如果评估结果不能真实反映模型的实际表现，那么从研究成果到商业应用之间的距离可能会增加。这可能导致开发的商业产品无法满足用户的实际需求，从而影响产品的市场竞争力和用户体验。为解决这种情况，应当公开模型的训练过程和使用的数据集，允许独立的第三方进行验证和评估，以增强模型评估的透明度和可信度。研究社区和相关机构应制定指导方针和监管机制，以防止模型评估中出现训练集泄露的情况，从而保障评估的客观性和准确性。

CHAPTER 12

第12章

垂直领域大模型的服务器端部署

大模型的应用领域非常广泛，导致其部署环境十分多样。像ChatGPT这样的系统，通常由大型企业在云端平台上进行部署。然而，在讨论特定垂直领域的大模型部署时，由于成本和安全等因素的考虑，这些模型往往需要部署在私有云或企业内部服务器上。这种部署方式要求维护一个更为复杂的软件栈。相比之下，尽管服务器端通常提供更丰富的计算和存储资源，但是它们在部署过程中需要处理更多的环境多样性问题。

12.1 服务器端部署架构

服务器端部署大模型通常要面对不同的硬件（如ARM或x86）、操作系统、容器执行环境、运行时计算库以及所用加速器类型等多样性问题。相较于移动端和本地设备，这些服务器端部署需求的优化层级通常更高，需考虑更多细节以确保系统性能和稳定性。

12.1.1 服务器端部署的挑战

如图12.1所示，大模型在服务器端部署的挑战可以从性能、复杂性、成本三个维度进行分析。性能方面的挑战主要集中在模型编译、模型压缩、延迟、吞吐量和可用性等方面。模型编译是将模型从开发环境转换为能在特定硬件上高效执行的格式的过程。服务器端的部署通常不涉及明确的编译步骤，采用即时编译的形式自动进行，从而显著提高模型在特定硬件上的执行效率，并减少资源消耗。

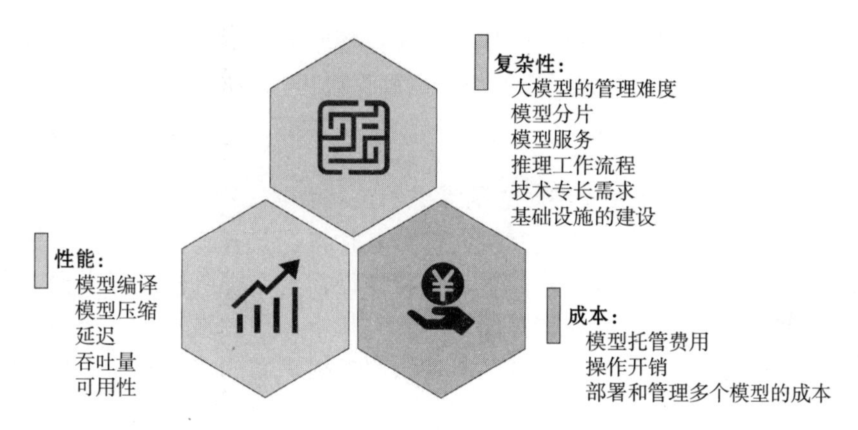

图 12.1　大模型在服务器端部署的挑战

考虑到大型模型的体积通常非常庞大，直接部署可能会导致过度的存储和内存资源消耗。因此，应用模型压缩技术，如剪枝、量化和知识蒸馏等，不仅可以有效减少模型的存储占用和内存需求，而且可以尽可能保持其性能。在实时应用场景中，延迟是衡量模型响应速度的关键指标。高延迟会严重影响用户体验。为降低延迟，可以优化模型架构、使用更快的硬件、实施并行处理技术和有效的负载均衡策略。吞吐量，即模型在单位时间内能处理的数据量，对于用户并发量大的场景尤为关键。提高吞吐量可以通过增加硬件资源、优化模型执行路径或采用更高效的模型结构来实现。保证高可用性意味着即使在硬件故障、网络问题或其他不可预测的情况下，也能维持服务的持续和稳定。这通常需要通过设置冗余系统、故障转移机制和持续的性能监控来实现。

大模型在服务器端部署的复杂性挑战涵盖了多个关键方面，包括大模型的管理难度、模型分片、模型服务、推理工作流程、技术专长需求以及基础设施的建设。管理大模型需要对模型的结构、功能和性能有深入的理解，这包括对模型参数的详细掌握和对数据处理的高度敏感性。有效的管理还需能够监控和优化模型在实际部署环境中的表现。由于大模型的体积通常非常庞大，单一服务器或设备可能难以有效地存储或处理整个模型，因此，模型分片成为一种解决方案。通过将模型分割成多个较小的部分，并在多个处理单元上并行处理，不仅提升了处理效率，还增强了系统的容错能力。

模型服务化是指将模型以服务的形式提供给端应用，例如通过 API 服务。这要求模型服务具有高度的稳定性和可扩展性，并向用户提供统一且简便的接口。推理工作流程是指模型从接收输入到返回预测结果的全过程。在服务器端部署中，必须优化数据预处理、模型推理和后处理等步骤，以确保过程的高效性和结果的准确性。部署和管理大模型需要团队成员具备跨领域的技术知识，包括机器学习、软件工程、系统架构和网络安全等。团队成员必须具备或能快速学习这些技能，以应对技术上的复杂挑战。最后，构建一个有效的基础设施是支撑大模型服务的关键。这包括对服务器、存储和网络资源的精心规划与配置，以及必要的硬件投入，例如部署 GPU 或 TPU 等专用加速硬件。

成本是在服务器端部署大模型时必须考虑的关键因素，因为这些成本直接影响项目的可持续性和经济效益。成本的主要组成部分包括模型托管费用、操作开销以及部署和管理多个模型的成本。模型托管费用是指将模型部署在服务器或云平台上所需的资金。由于大模型需要庞大的计算和存储资源，其托管费用通常较高。选择合适的托管方式，如云服务或私有数据中心，以及所选云服务提供商的定价策略，均直接影响整体托管成本。

操作开销涵盖了日常维护、监控、更新模型，以及确保模型稳定运行的费用。操作团队需定期进行系统检查、安全升级和性能优化等活动，这些都是必需的运营成本。此外，处理突发事件，如服务器故障或网络中断，也需额外的资源和时间。在现实业务场景中，通常需要部署多个不同的模型以处理各种任务或服务不同的用户群体。管理这些模型涉及复杂的配置、协调和更新策略，可能带来显著的人力和技术成本。此外，维持多个模型间的兼容性和同步更新也是一项挑战。

为有效应对这些挑战，需要从技术、资源和经济角度进行综合考量。例如，采用高效的模型压缩技术和优化的推理工作流，可以在不牺牲性能的前提下降低运营成本。同时，技术团队需要精心设计服务架构，以适应复杂的部署环境和硬件多样性，确保模型服务的稳定性和可靠性。

12.1.2　公有云与私有云

在服务器端部署垂直领域大模型，有公有云与私有云（自建服务器）两种部署方式。这两种方式之间的主要区别在于成本、可扩展性、安全性、数据隐私、定制性、管理复杂性以及合规性等方面。这些区别涵盖了从经济效益到技术实施的各个方面。

从成本的角度来看，公有云部署模式通常采用按需付费模式，用户只需为实际使用的资源和服务付费。这种模式非常适合需求波动性大的项目，例如临时增加计算能力以处理突增的数据流。然而，对于长期和大规模使用，例如持续训练和部署大模型，成本可能会显著增加。相比之下，私有云需要前期投资购买和维护硬件及软件，虽然初始成本高，但长期来看可能更经济，尤其是在处理大量稳定的工作负载时。

从可扩展性的角度来看，公有云提供了几乎无限的资源，使得用户可以根据实际需求灵活增减资源。例如，用户可以在需要处理大量自然语言处理任务时迅速扩展计算资源。而私有云的可扩展性受到物理硬件的限制，资源的扩展往往需要时间和额外的资金投入，可能不适合需求急剧变化的场景。

从安全性和数据隐私的角度来看，安全性和数据隐私是选择云服务时的关键考虑因素。公有云虽然由专业提供商管理，且通常采取严格的安全措施，但数据存储于第三方服务器可能引发安全顾虑，特别是对于需要处理敏感信息的机构。相反，私有云使组织可以完全控制基础设施，更容易实施定制的安全策略，满足特定的合规要求，如欧盟的《一般数据保护条例》(GDPR)。

从定制性的角度来看，在公有云环境中，尽管服务提供商提供了多种服务和配置选项，但用户可能面临一些环境定制上的限制。私有云则允许组织根据特定的业务需求和技术要求，定制其基础设施和环境，从而提供更高的灵活性和控制力。

从管理复杂性的角度来看，公有云服务显著降低了用户的管理负担。公有云供应商如 Amazon SageMaker，全权管理从基础设施的日常维护到软件的定期更新。如图 12.2 所示，SageMaker 提供了多样的高度集成管理服务，包括自动化资源配置和优化的运维支持。这些服务涵盖了单一模型部署、多模型部署，以及推理管道的建设。此外，其容器化服务支持单容器和多容器配置，进一步减轻了用户在硬件管理上的复杂性和成本。相比之下，私有云用户需要自行负责基础设施的维护、软件的更新以及数据安全

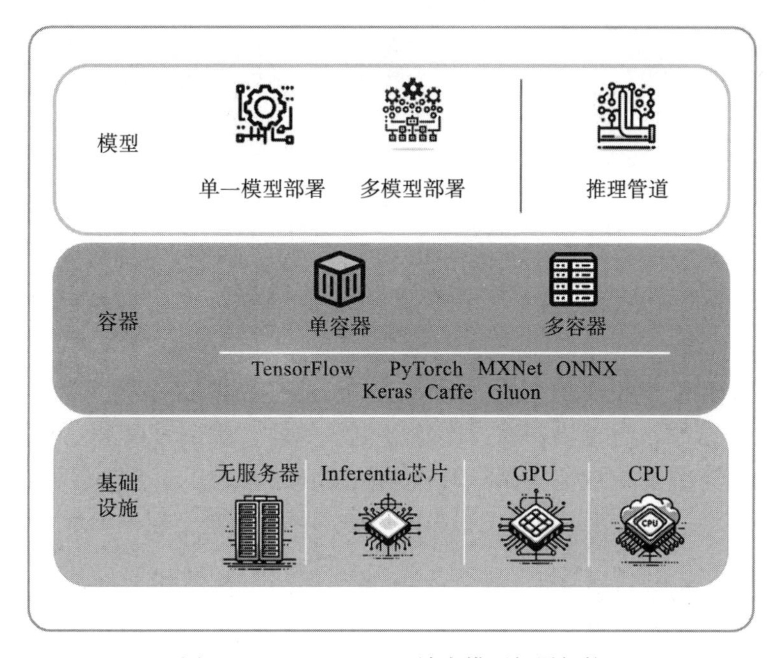

图 12.2　SageMaker 云端大模型部署架构

的管理。这不仅增加了管理的复杂性，还可能引入额外的运营成本。

从合规性的角度来看，某些行业或地区的严格数据处理规定可能使公有云面临合规性挑战。私有云提供了更好的控制，因此更容易满足这些特定的合规性要求。选择在公有云还是私有云上部署垂直领域大模型，需要综合考虑具体需求、预算、安全和合规性等多个因素。每种部署方式都有其优势和劣势。

12.1.3　服务器端部署流程与优化

在服务器端部署大模型时，性能受多种因素影响，如图 12.3 所示。其部署优化技术涉及工作流程中的每个步骤，几乎涵盖从第 5 章起介绍的所有主要技术。例如，在模型推理工作流中，步骤之一是将模型加载至内存，并通过模型服务器处理推理请求。对于 290GB 的 LLaMA 2 70B 模型，其加载过程尤为复杂且耗时，可能需数分钟，这对服务器端点的启动时间产生显著影响。鉴于很多大模型无法完全装入单一加速器的内存，必须采用模型并行化技术，对模型进行组织和分区，以便其能够分布在多个加速器的内存中。这要求模型服务器不仅要处理多加速器之间的通信，还要能够动态分配资源并进行故障恢复。

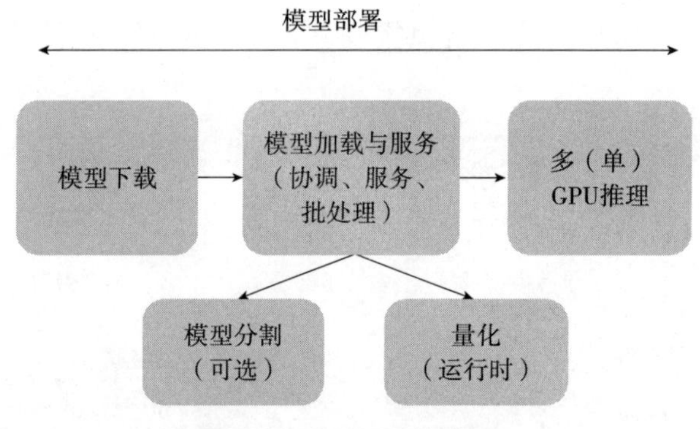

图 12.3　部署流程与优化

随着客户对使用大模型的性能（例如亚秒级延迟）以及推理成本的要求日益增加，模型压缩技术变得越来越重要。通过实施量化、剪枝、蒸馏等技术，可以降低权重的精度或减少模型参数的数量，从而降低模型规模和运行成本。此外，通过编译优化计算图和运算符融合，可以进一步降低模型的内存和计算需求，提高处理效率。

性能调整和优化是一个基于经验的、多次迭代的过程。这些参数的配置并不是彼此独立的，而是受到多种因素的影响，包括负载的大小和类型、推理请求的处理流程、存储和计算实例类型、网络基础设施以及应用程序代码和推理服务软件的运行环境。只有综合性的优化过程才能确保大模型在服务器端的高效运行。

12.2　运行库优化

大模型的推理引擎使用运行库提供的功能来实现其核心操作。运行库通常包含对特定硬件优化的代码，如 GPU 或 CPU 的特殊处理能力。这使得推理引擎能够充分利用底层硬件的计算能力，从而提高推理性能和效率。

12.2.1　运行库优化与编译优化

在服务器端部署大模型时，综合采用编译优化和运行库优化是提高推理引擎性能和效率的常用方法。服务器端部署常使用即时编译技术，允许在模型运行时根据实际执行路径和数据特性进行动态编译优化。这些优化对最终用户而言通常是透明的，与端侧部署不同，用户无须使用特定编译工具。运行库优化则专注于运行时的性能提升，尤其是针对特定硬件的优化。在云端部署中，运行库通常包括对服务器硬件（如 GPU、CPU 或专用加速器，例如 Google 的 TPU）的直接支持。这些运行库（例如 CUDA、cuDNN 针对 NVIDIA GPU 或 oneDNN 针对 CPU）提供了多种为特定硬件优化的算法实现，包括快速傅里叶变换、卷积运算等常用于深度学习的复杂算法。

将大模型编译成本地硬件上可执行的二进制代码能提高硬件利用率，但在服务器端，为了维护和成本考虑，通常不允许用户直接对特定硬件进行编译。服务器端提供商倾向于提供高度抽象化的服务来屏蔽硬件细节，这样可以使应用和服务在不同硬件配置上无缝运行，同时增强数据隔离和安全性，特别是在多租户环境中。因此，服务器端通常利用运行库和即时编译技术来进行优化。这种方法不仅提供了针对具体硬件的优化，还保持了高度的通用性和灵活性，适应各种应用和服务的需求。例如，像 TensorRT（Tensor Runtime）这样的运行库在云端部署中非常关键，因为它们能在不需要用户了解底层硬件的情况下自动进行性能优化。

12.2.2　TensorRT 运行库架构

TensorRT 是由 NVIDIA 开发的深度学习推理优化器和运行库。它广泛应用于服务器端的推理引擎中，主要目的是优化和加速在 NVIDIA GPU 上进行的深度学习模型推理过程。如图 12.4 所示，TensorRT 通过实施层融合、选择最优卷积算法和张量融合等多种优化措施，支持 FP32、FP16 及 INT8 等多种计算精度。这使开发者能够在推理速度与模型精度之间做出权衡，以实现在 NVIDIA GPU 上的高速推理。此外，TensorRT 不仅可以独立使用，还可以与多种流行的深度学习框架集成，如 TensorFlow、Caffe、MXNet 和 PyTorch。这意味着开发者可以在他们首选的框架中训练模型，然后利用 TensorRT 进行优化和部署。

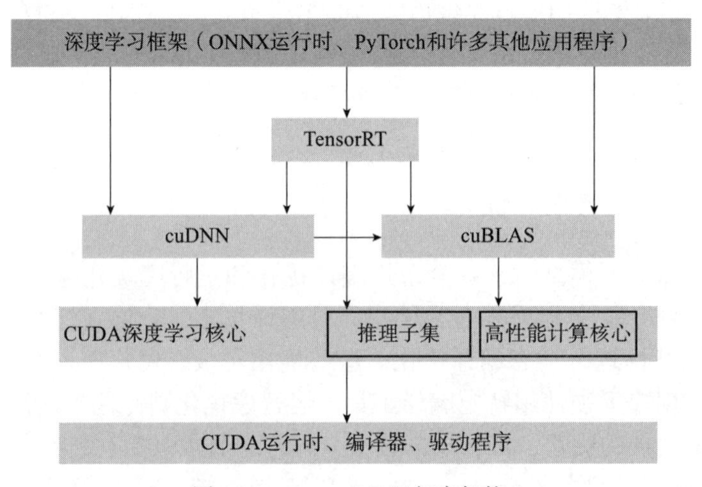

图 12.4　TensorRT 运行库架构

在 NVIDIA 的技术生态中，CUDA（Compute Unified Device Architecture）是最基础且核心的开发库。它提供了一系列编程接口，允许开发者利用 NVIDIA GPU 进行通用计算（也称为 GPGPU）。基于 CUDA，NVIDIA 还提供了多个优化库，如 cuBLAS 和 cuDNN，分别用于高性能线性代数和深度神经网络加速。cuBLAS 专为线性代数的基本操作（如向量加法、标量乘法、矩阵乘法等）设计，而 cuDNN 则是专为 GPU 加速的深度神经网络提供支持的库，为前向和后向卷积、池化、归一化和激活层等标准操作提供了高度优化的实现。

TensorRT 的主要优化技术如下：

1）层融合。通过合并多个连续层形成单一融合层，减少计算过程中的内存访问需求并提高操作效率。例如，将卷积层、批量归一化层和激活层融合，可以减少中间数据的存取需求，从而提升推理速度。

2）量化。尽管模型训练通常采用 32 位浮点数，但在推理过程中，转换为 16 位浮点数（FP16）或 8 位整数（INT8）进行量化，可以显著减小模型体积并提升推理速度，同时对模型准确性的影响甚微。TensorRT 提供了支持这种低精度推理的工具，帮助开发者在保证模型效果的同时提高性能。

3）内核自动调整。根据运行时的硬件配置（如不同的 GPU 型号）和模型特性，自动选择最佳的 CUDA 内核配置。这种自动调整优化了内存访问模式和计算操作的并行性，进一步提升了推理性能。

4）动态张量内存管理。在推理执行过程中，通过动态分配和重用内存缓冲区，有效管理 GPU 内存，最大化资源利用率，同时减少 CPU 与 GPU 间的数据传输，降低延迟。

除了上述技术外，TensorRT 还允许开发者将训练好的模型转换成独立的推理引擎，这对于需要将深度学习模型部署到生产环境的场景尤为重要。开发者可以从使用的训练框架中导出模型，并使用 TensorRT 进行进一步优化和编译，最终生成一个高效的推理引擎。这种方式不仅简化了模型从训练到部署的过程，还显著提高了模型在实际应用中的表现。

12.2.3　TensorRT 运行库优化与推理

如图 12.5 所示，TensorRT 的工作流程包括网络定义、优化构建器参数、引擎对象的创建与序列化以及执行推理等关键步骤。

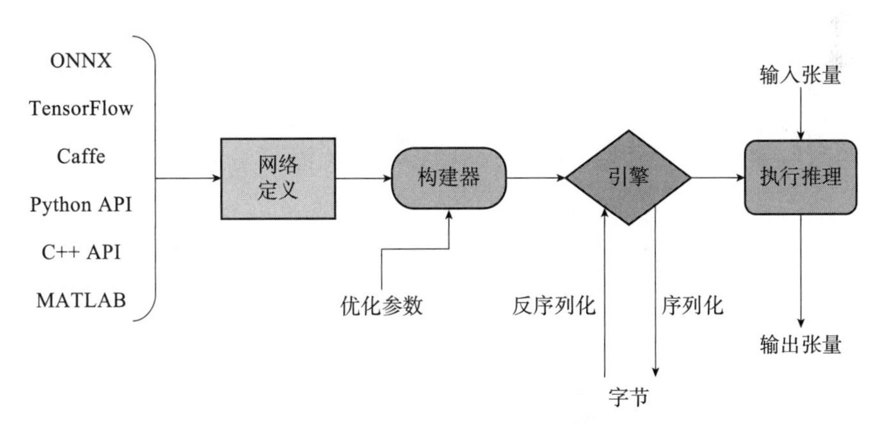

图 12.5　TensorRT 的工作流程

1. 网络定义

TensorRT 的工作流程的第一步是定义神经网络的结构。这包括层的布局、连接方式以及输入 / 输出的格式。TensorRT 提供了两种主要方式来加载和定义这些网络结构。网络可以通过解析器从流行的深度学习框架（例如 TensorFlow、Caffe）导入预训练的模型。此外，TensorRT 支持通过 Torch-TensorRT 处理 PyTorch 框架的模型，以及将模型从其他框架转换为 ONNX 格式后再进行导入。

网络结构也可以通过编程方式手动构建。在网络结构难以通过常规深度学习框架表达，或需要定制不被直接支持的层或操作时，开发者可以选择手动创建网络。通过使用 TensorRT 的 API，开发者能够自定义网络结构、添加层、设置权重和偏置，这提供了更大的灵活性。尽管如此，大多数情况下，开发者仍倾向于在其他框架中训练模型，然后利用 TensorRT 的解析器进行优化和部署。

2. 优化构建器参数

接下来，开发者创建一个 BuilderConfig 对象，其中指定了各种优化参数，优化参数包括精度设置（FP32、FP16、INT8）、工作空间大小，以及是否启用特定的优化技术（如层融合和算法自动调优）等。此外，还可以为特定层或操作设置优化策略或参数。结合 BuilderConfig 对象、网络定义和配置参数，TensorRT 会对模型进行优化。这包括算子融合、张量融合、层剪枝、算法选择、批大小调优、量化以及针对特定硬件的优化。

图 12.6 展示了 Torch-TensorRT 优化 TorchScript 模型的过程。两组卷积层（Conv2d）被识别为 TensorRT 可以优化的部分，并被转换为两个独立的 TensorRT 引擎。这表明这些部分在推理过程中将利用 TensorRT 的高效执行路径。而中间的 log_sigmoid 函数，由于不被 TensorRT 直接支持，保留为 TorchScript 操作，在推理时将由 JIT 处理。

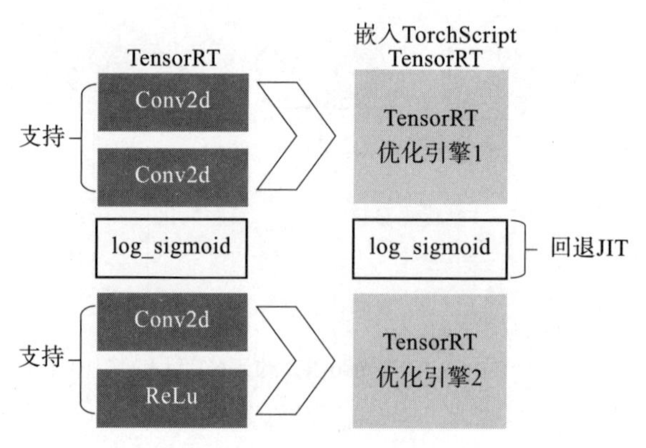

图 12.6　Torch-TensorRT 优化过程

这种混合优化策略允许模型在保持原有功能的同时，有针对性地提升计算性能。在实际应用中，这意味着可以针对特定的硬件平台（如 NVIDIA 的 GPU）大幅提升模型的执行效率，特别是在处理图像和视频等大规模数据时。同时，对于 TensorRT 不支持的特定操作，模型仍然可以通过 PyTorch 的灵活性和 JIT 的即时编译能力来执行，确保了模型的完整性和多功能性。

通过这种方式，开发者能够最大化地利用 TensorRT 的性能优势，同时避免在模型中使用特定操作时遇到的兼容性问题。这种策略非常适合需要在生产环境中部署的深度学习应用，尤其是那些对延迟和吞吐量有严格要求的应用场景。

3. 引擎对象的创建与序列化

在 TensorRT 的工作流程中，ICudaEngine 对象是在经过网络定义和模型优化后生成的。ICudaEngine 对象包含一个经过 TensorRT 优化后的完整网络。这个网络已经根据特定的配置（如精度、最大工作空间等）和目标 GPU 平台进行了优化。优化包括算法的选择、内存布局的调整、算子融合等，以实现在目标硬件上的高效执行。一旦 ICudaEngine 被创建，它可以被用来在支持 CUDA 的设备上执行推理任务。它管理着执行所需的所有 GPU 资源，包括内存分配和算法执行。开发者可以通过这个引擎输入数据（通常是张量形式），并获得模型的输出结果，这些操作都是在 GPU 上高效完成的。

ICudaEngine 可以被序列化（即转换成一种特定的二进制格式），保存为一个文件。这个过程通常称为“计划文件”的生成。序列化后的引擎可以被传输到其他设备或应用中，再通过反序列化还原为可执行状态。这使得模型的部署变得非常灵活和便捷，尤其是在不同设备间部署同一模型时。

4. 执行推理

ICudaEngine 对象负责管理推理过程中所有 GPU 资源，包括为输入张量分配内存。当开发者将输入数据（通常是张量）加载到指定的 GPU 内存后，ICudaEngine 便可执行推理操作，并最终输出结果张量。此过程完全在 GPU 上执行，极大地提高了数据处理的速度和效率，对于需要实时响应的应用尤为重要。ICudaEngine 的设计使其能够独立于外部服务直接执行推理任务，这意味着不需要复杂的部署或依赖第三方推理服务，对于开发简单的应用或在资源受限的环境中部署模型非常有用。

尽管 ICudaEngine 为推理提供了强大的支持，但 TensorRT 本身并不包括生产环境所需的全部服务，如安全性、负载均衡和故障恢复等。为了在生产环境中充分发挥 TensorRT 的性能，建议使用专为此设计的推理服务器，如 NVIDIA 的 Triton 推理服务器。Triton 提供了一个优化的环境，支持多模型、多框架的并行执行，并处理生产环境中的各种需求。

12.2.4　TensorRT-LLM

面对基于 Transformer 架构的大模型增长的计算需求，英伟达在 2023 年末推出了针对这些大模型优化的 TensorRT-LLM 版本。TensorRT-LLM 专为最新的大模型设计，支持各种基于 Transformer 的模型。该版本具备批处理能力，允许同时处理新的输入请求，显著减少了处理时间并提高了 GPU 利用率。此外，引入的分页注意力技术优化了内存使用，从而提高了处理大模型的效率。TensorRT-LLM 支持基于 NVIDIA 的最新 GPU 架构，包括 Hopper、Ada Lovelace、Ampere、Turing 和 Volta，确保了卓越的性能表现。此外，它还支持多 GPU 和多节点部署，这在大规模数据中心或云环境中部署高性能语言模型时至关重要。

利用最新的 NVIDIA H100 GPU，TensorRT-LLM 能够将模型权重转换至 FP8 精度。这种新的数值格式能够在不牺牲准确度的前提下，进一步加快模型的推理速度。TensorRT-LLM 还支持在 Windows 平台上本地运行，使得更多应用开发者和 AI 爱好者可以在个人电脑和工作站上直接使用这一工具。它提供了简洁的开源 Python API，便于开发者定义、优化和执行大模型。此外，TensorRT-LLM 与 NVIDIA NeMo 框架集成，为生成性 AI 应用的构建、定制和部署提供了全面的支持。

12.3　TGI 生产环境解决方案

TGI（Text Generation Inference，文本生成推理）是由 Hugging Face 开源社区提供的大模型部署服务器与工具集。不同于 TensorRT 仅仅作为推理引擎和运行库，TGI 包括 Web 服务、推理引擎以及其他工具集，提供了一个完整的生产环境解决方案。

12.3.1　TGI 的架构

TGI 支持包括 LLaMA 系列、Falcon、StarCoder、BLOOM、GPT-NeoX 等在内的流行开源大模型，并提供高性能的文本生成服务。TGI 提供了 Docker 和本地部署选项，并且可以使用 cURL 命令行、Python 客户端库、开源的 ChatUI 和 Gradio 进行交互，具体的部署与使用手册请参考官网。本节以 TGI 为例，讨论服务器端推理服务器的架构与优化方式。TGI 架构的核心组成包括网络服务器和模型分片两部分，如图 12.7 所示。

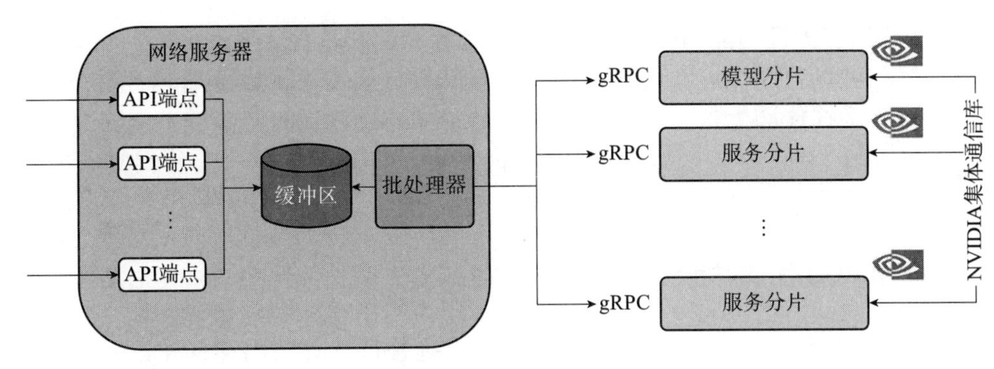

图 12.7　TGI 架构

TGI 中的网络服务器起到路由器的作用，管理和调度批处理任务。TGI 采用“连续批处理”技术，允许动态地将多个查询集成到同一个模型的前向传递步骤中，查询可根据需要随时添加或移除。这种技术显著提升了计算资源的使用效率，尤其适用于内存受限的大模型。此外，通过使用服务器发送事件（Server-Sent Events，SSE），TGI 实现了令牌流，使生成的文本能实时传输给客户端，从而提升用户体验。

模型分片是 TGI 采用的一种分布式计算策略，用于处理单个 GPU 无法完全载入的大模型。在 TGI 系统中，模型被分割为多个分片，每个分片装载在单独的 GPU 上，实现模型各部分的并行计算。分片间通过高速网络（例如 NVIDIA 的 NCCL）通信，同步前向和后向传播过程中的信息和梯度。这种技术不仅提高了模型训练和推理的效率，也使得在有限的硬件资源上能够运行更大的模型。

TGI 具备多项特性，旨在提升部署效率、优化推理性能，并增强模型的功能与定制性。TGI 通过一个简易启动器极大地简化了大模型的部署过程。它采用了先进的注意力机制，如快速注意力（Flash Attention）和页式注意力（Paged Attention），并引入了多种量化方法（例如 bitsandbytes、GPT-Q、EETQ 和 AWQ），配合张量并行性的支持，显著提升了模型推理速度。

在工具集和定制化功能方面，TGI 利用 Open Telemetry 进行分布式跟踪，并使用 Prometheus 进行性能指标监控，确保系统在生产环境中的可靠性和可监控性。此外，TGI 支持模型水印，保护知识产权并追踪模型使用情况。TGI 还提供了丰富的 Logits 处理选项，如温度缩放、Top-*p*、Top-*k* 和重复惩罚等，允许用户精确控制生成文本的质量和风格。同时，TGI 支持定制输出格式，以加快推理速度，并确保生成的输出符合特定规范和需求。TGI 还允许用户提供自定义提示，以指导模型按预期生成文本，并支持使用针对特定任务微调过的模型，以提高模型在特定场景下的准确性和表现。

TGI的架构将关键功能如模型加载、推理计算和请求处理等明确分离到不同的服务层。每一层都可以独立扩展和优化，以应对不同的负载需求和性能瓶颈。其分离架构设计以及对生产环境的支持，体现了其高度的灵活性和扩展性，可适应各种规模和需求的企业级应用，确保了在商业生产环境中的稳定性和可靠性。

12.3.2 TGI推理加速技术

TGI支持多种推理加速和优化技术，包括张量并行计算、内存优化以及流式处理等。在张量并行方面，TGI利用Hugging Face的Transformers库实现了模型的多GPU分布式处理。这种机制允许将大模型的不同部分分布在多个GPU设备上，特别是模型的张量数据，从而支持那些单个GPU内存无法完全承载的大模型。TGI主要依赖于safetensors格式来进行模型的张量并行分片，这样在服务提供期间，如果发现有预存的safetensors权重，则直接使用；否则，TGI会将原始的PyTorch权重转换为safetensors格式。

在内存优化技术方面，TGI通过支持页式注意力和快速注意力机制来优化内存使用。页式注意力通过修改CUDA核心来降低大模型的内存需求，而快速注意力则是通过Transformer架构的扩展来提高处理速度。这些优化主要针对官方支持的模型，对于非官方模型可能无法完全利用这些内存优化技术。

对于吞吐量的优化，TGI采用了连续批处理和流式处理两种技术。流式处理模式允许服务器在模型生成令牌的同时逐个向用户返回这些令牌，显著降低了用户的感知延迟并提升了实时交互体验。例如，对于每秒可生成100个令牌的系统，流式处理允许用户在生成过程中即时看到部分结果，而不用等待全部生成完成。

流式处理技术的基础是SSE。如图12.8所示，这种机制通过HTTP连接允许服务器主动推送新数据到客户端，而无须客户端重新发起请求。这种单向通信方式简化了客户端的处理逻辑，并能有效应对高并发情况下的服务器过载问题。通过配置最大并发请求数，TGI帮助客户端管理服务器的背压，优化系统的整体响应能力。

在量化技术方面，TGI支持GPTQ和bits-and-bytes两种方法。GPTQ技术允许对已经量化的模型进行高效推理，用户也可以使用提供的脚本为特定模型进行量化处理。与GPTQ不同，bits-and-bytes是一个在加载时自动对权重进行8位和4位量化的库，适用于需要在较小硬件上运行的数十亿参数模型，但其推理速度较GPTQ或FP16精度慢。用户还可以选择FP4或NF4数据类型进行更深度的量化，进一步减少模型权重，满足参数效率的需求。

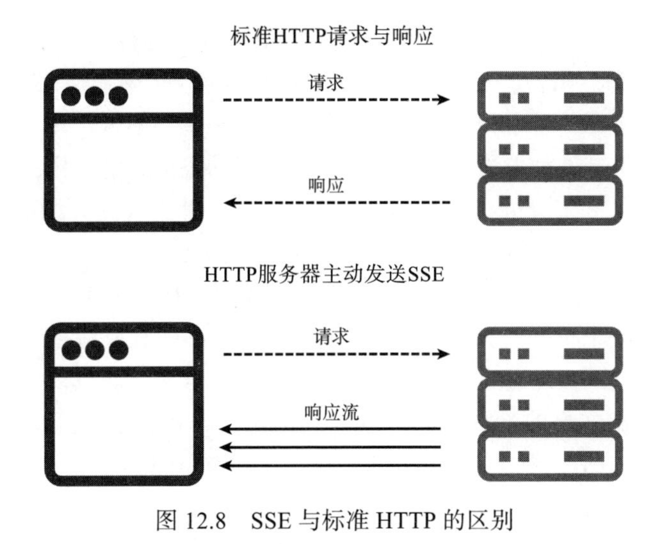

图 12.8　SSE 与标准 HTTP 的区别

通过这些技术，TGI 为大模型的高效推理提供了强有力的支持，无论是在内存管理、计算速度还是用户交互体验上，都有显著提升。

12.3.3　TGI 的其他特性

TGI 不仅在性能优化方面表现出色，还具备多种提升模型功能和输出可控性的特性，包括水印技术、对数几率变换、停止序列技术、RoPE 缩放、生产级环境以及定制化的提示等。

1）在水印技术方面，TGI 实现了一种高效的水印嵌入机制，允许在不重新训练或修改模型的前提下，将水印信息嵌入模型的输出中。此技术特别强调了部分水印信息的有效检测能力，极大地增强了模型输出的安全性和可追溯性。具体原理请参考 11.2 节。

2）TGI 采用多种对数几率变换方法来改变输出分布，以控制输出的多样性和质量，主要包括：

- 温度缩放（Temperature Scaling）通过调整温度参数 T，可以控制模型输出的多样性。当温度值 T 接近 0 时，模型倾向于生成概率最高的单词，此时输出分布极端尖锐，几乎等同于贪心算法的选择；而当温度值 T 增加时，输出的概率分布变得更加平坦，即模型在生成不同单词的可能性上变得更加均匀，从而提高了生成文本的多样性。例如，对于一个预测下一个词的概率分布 [0.1, 0.2, 0.7]，若 T=1 则保持不变，若 T=2 则可能转变为 [0.3, 0.3, 0.4]，使得低概率词被选中的机会增加。

- Top-p 采样（也称为核采样）是一种动态采样方法，用于在自然语言生成中调整生成的多样性和连贯性。在每一步生成新词时，该方法不是简单地选择概率最高的单词，而是选择一个累积概率大于阈值 p 的最小单词集合，并从这个集合中随机采样下一个单词。这种方法根据累积概率阈值 p 动态地调整采样的单词范围，平衡生成文本的质量和多样性。例如，如果设置 p=0.9 并且模型预测的概率分布为 [0.05, 0.2, 0.25, 0.5]，则选择累积概率超过 0.9 的最小集合 {0.25, 0.5} 进行采样。
- Top-k 采样是一种在每一步生成时只考虑概率最高的前 k 个单词，并从这些单词中随机采样下一个单词的方法。通过调整参数 k，可以有效地控制模型在生成过程中考虑的单词范围，进而影响生成文本的多样性。这种方法可以避免生成低概率的奇异单词，提高文本的流畅性和可读性。例如，若 k=3 并且模型的预测概率分布为 [0.1, 0.3, 0.2, 0.4]，则只考虑概率最高的三个单词 [0.3, 0.2, 0.4] 进行采样。
- 重复惩罚（Repetition Penalty）是一种减少生成文本中重复内容的方法。该方法通过对已生成的单词施加惩罚，降低这些单词在后续生成中被再次选择的概率。通过调整惩罚系数，可以有效控制生成文本中重复内容的程度，提高文本的多样性和新颖性。例如，如果一个单词已经被生成，应用惩罚系数将该单词的概率降低，从而减少其再次被选择的机会，避免了文本中的过度重复。

3）停止序列是在 TGI 中用于指示模型停止进一步生成文本的特定序列或标记。这些特定的序列或标记通常被称为“结束标记”或“停止标记”。例如，在自然语言处理领域，模型在处理自然语言生成任务时，常见的停止序列包括句号（。）、问号（？）、感叹号（！）等标点符号，这些标点符号通常表示一个句子的逻辑结束。在编程语言中，停止序列可能是 EOF（End of File），用于指示文件内容的结束。

在 TGI 中，停止序列是控制文本生成结束条件的一个实用工具，它允许用户灵活地控制模型的输出结果。当模型在生成文本的过程中遇到停止序列时，会立即终止生成过程，从而不再产生更多的文本。这种机制可以有效地控制生成文本的长度，防止生成的输出过长或陷入无限循环。在复杂的生成场景中，如综合报告生成、代码自动生成或交互式对话，不同的任务可能需要不同的停止序列，模型可以根据这些停止序列判断各个生成任务的结束点。此外，用户可以根据实际需求自定义停止序列，以满足特定的文本生成结束条件。

例如，在 TGI 上进行机器翻译任务时，模型可能在翻译完整个句子后遇到句号或其他停止标记，这时应立即停止进一步生成，以保持翻译的准确性和简洁性。在自动编码或文档生成任务中，停止序列可能包括代码段的结束标记或文档章节的结束词。

使用停止序列的策略在自动文本摘要或内容提取任务中非常重要。生成的摘要应在遇到结尾的摘要性短语或句子后立即停止，以保持摘要的简洁和准确性。通过合理设计和应用停止序列，TGI 能够提高文本生成系统的实用性和效率，同时避免生成冗余或无意义的文本。

4）在 TGI 上，RoPE（Rotary Positional Embedding）缩放技术用于在不重新微调模型的情况下，处理超过模型原始训练时序列长度的输入。这种技术的主要目的是在推理时有效处理长序列，提高模型的应用灵活性和效率。

RoPE 缩放通过调整位置编码，使大模型在推理阶段能够接受并正确处理比训练阶段更长的序列。这是通过对原始位置编码进行数学变换实现的，无须对整个模型重新训练或微调，从而节省大量计算资源和时间。TGI 支持线性与动态缩放模式。在线性缩放模式下，RoPE 缩放通过线性变换扩展位置编码。这种方法简单且计算效率高，适用于序列长度增加不显著的情况。而当输入序列长度变化较大，或模型未针对较长序列进行专门微调时，推荐使用动态缩放模式。此模式通过动态调整位置编码的缩放因子，使模型能够更灵活地适应不同长度的输入序列。

RoPE 的缩放因子定义了用户希望处理的最大序列长度与模型原始最大序列长度之间的比例。例如，如果原始模型的最大序列长度为 512，设置缩放因子为 2，则意味着模型可以处理长度为 $512 \times 2=1024$ 的序列。RoPE 还可以定义最大输入长度，这个长度应该大于或等于由缩放因子计算出来的长度，以确保所有可能的输入都能被模型正确处理。

RoPE 缩放技术在处理长文本时尤其有用，例如在文档摘要、法律文件分析或书籍翻译等任务中。这些场景下输入序列常常超过模型在训练时的序列长度。通过使用 RoPE 缩放，模型可以无须重新微调即可适应这些长序列，处理更加复杂的任务，而不会牺牲推理性能。

5）TGI 通过集成 Open Telemetry 和 Prometheus 进行高效的性能监控和故障诊断，确保了系统的稳定性和可靠性，适用于生产级环境。Open Telemetry 提供了一套全面的 API、库、代理和工具，使开发者能够收集、处理和导出追踪、指标和日志数据。这些功能允许开发者追踪请求在系统中的传递路径和处理过程，对于理解和优化大语言模型推理服务器的性能至关重要。通过利用 Open Telemetry，TGI 能够监控和调试其微服务架构，实现分布式追踪和监控。这种监控不仅有助于系统性能的实时观察，还能在出现问题时提供必要的诊断信息，从而快速定位问题所在。

Prometheus 被设计用来处理和查询多维数据集，使用 PromQL（Prometheus Query Language，Prometheus 查询语言）进行数据查询。在 TGI 的架构中，Prometheus 负责收集、存储和查询系统的度量数据，这些数据反映了系统的运行状态、性能瓶颈和潜在问题。通过定期分析这些度量数据，开发者可以监控系统性能，优化资源分配和使用，从而提高系统的整体运行效率，如图 12.9 所示。

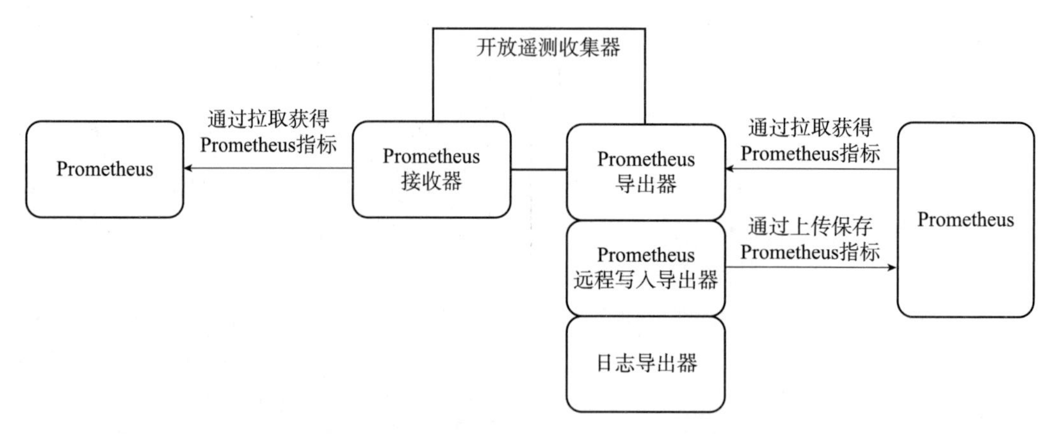

图 12.9　Prometheus 架构

通过综合使用 Open Telemetry 和 Prometheus，开发者可以实现对系统性能的实时监控，并及时发现及解决性能问题。例如，如果推理服务器在处理特定语言模型时出现延迟增加，分布式追踪可以帮助开发者追踪到问题发生的具体服务或进程。此外，Prometheus 的警报系统能够在性能指标超出预设阈值时发送通知，使维护团队能够迅速响应，减少系统停机时间。通过持续地监控和调优，系统的稳定性和可靠性得以提高。这对于在生产环境中运行的大模型推理服务器尤其重要，因为它们通常需要处理大量并发请求和复杂的数据处理任务。系统的任何小的性能退化都可能导致显著影响。

6）TGI 还允许用户通过提供定制化的提示来引导模型输出的功能。这种方法的核心思想是，用户输入的提示将作为模型的输入，模型根据这个输入生成相应的文本输出。用户可以通过提供具体的提示，来引导模型生成特定主题或风格的文本。通过定制化的提示，用户可以更好地控制生成文本的质量，获得更准确、更相关的结果。定制提示生成可应用于多种场景，如创意写作、代码生成、问答系统、聊天机器人等。用户可以实时提供新的提示，与模型进行互动，获取即时的生成结果。